高职高专系列教材

电化学分析技术

郑晓明　主编

牛治刚　邢梅霞　副主编

中国石化出版社

·北京·

内 容 提 要

本书是紧扣高职高专工业分析技术类专业人才培养方案的教学标准编写的。全书分为五章，内容包括电化学分析导论、电位分析法、电导分析法、电解及库仑分析法和极谱及伏安分析法。除了介绍常用电化学分析方法的基本原理、传统型号与新型号仪器的结构和操作方法外，每章后还配有多个典型实验项目，以训练学生的专业基本操作技能。

本书可作为高职高专工业分析技术类专业或其他相近专业理论及实践课程的教材，也可作为化学检验及相关企业岗位培训用书及参考资料。

图书在版编目(CIP)数据

电化学分析技术 / 郑晓明主编 .—北京 ：中国石化出版社，2017.2（2025.2重印）
高职高专系列教材
ISBN 978-7-5114-3625-2

Ⅰ. ①电… Ⅱ. ①郑… Ⅲ. ①电化学分析-高等职业教育-教材 Ⅳ. ①O657.1

中国版本图书馆 CIP 数据核字（2017）第 032321 号

中国石化出版社出版发行

地址:北京市东城区安定门外大街 58 号
邮编:100011 电话:(010)57512500
发行部电话:(010)57512575
http://www.sinopec-press.com
E-mail:press@sinopec.com
北京艾普海德印刷有限公司印刷
全国各地新华书店经销

*

787 毫米×1092 毫米 16 开本 11.25 印张 270 千字
2017 年 3 月第 1 版　2025 年 2 月第 4 次印刷
定价:28.00 元

前　言

仪器分析是化学学科的一个重要分支，也是分析化学的重要组成部分，是测定物质组成、结构和进行化学研究的重要手段。近年来，仪器分析课程在高职高专相关专业教学过程中的地位日益突出，是应用化工技术、石油化工技术、石油炼制技术、煤化工技术和高分子合成技术等专业的基础理论及技能课程，更是工业分析技术、环境监测、食品检验等专业的核心理论及实践课程。

随着高等职业教育教学改革的进一步深化，为了突出职业教育培养高端技能应用型人才的理念，切实保证专业人才培养的质量，“理实一体化”课程建设是教学改革的重点方向之一。目前，多数高职院校已将《仪器分析》课程分解为《光谱分析技术》、《电化学分析技术》和《色谱分析技术》三门课程实施模块化教学，旨在为工业分析类专业学生进一步夯实专业核心理论和技能的基础，而仪器分析方法的基本原理和各类分析仪器的操作技能是一名分析工作者必须要掌握的知识和具备的能力。

本教材紧扣高职高专工业分析技术类专业人才培养方案《电化学分析技术》课程的教学目标和课程标准，是在总结多年教学、课程改革的经验及当今仪器分析发展的基础上编写而成的。

本教材的内容主要包括电位分析法、电导分析法、电解及库仑分析法和极谱及伏安分析法。内容的设计体现了以能力培养为本位的职业教育特色，本着高职高专院校学生“理论够用、重在技能”的培养策略，有意训练学生解决工程实际问题的能力，尽力做到选材面广，内容新颖、实用。在编写过程中，为增强学生的专业实践技能，每种电化学分析方法均编写有多个以掌握基本操作技能为目的的典型实验项目，同时配有与分析方法相对应的传统型号、新型号分析仪器的工作原理、结构、操作步骤和使用维护方法等内容；为帮助引导学生形成章节知识构架，在每章后列有本章知识点小结；为便于学生巩固知识点、技能点和自我检验学习效果，在每章后设置了题型丰富且针对性较强的练习题。在内容体系上，本教材力求突出以下特色：

(1) 理论知识和实践技能的基础性较强。本教材的使用对象主要是高职高专院校工业分析技术类专业学生，因此基本知识、分析方法的基本原理和分析仪器的基本操作技能占了内容的主体。

(2) 侧重于培养应用能力。本教材所涉及的电化学分析方法在后续工程应用性专业课程及化工类企业分析操作岗位实际工作中的应用率很高，因此编写过程是以注重学生的分析方法应用能力为导向的。

(3) 体现“工学结合”的教学理念。本教材贴合“理实一体化”教学模式，即教学过程可在专业实训基地实施完成，将理论原理和实操训练适时地无缝衔接，更有利于学生掌握，秉承“学中做、做中学”的“工学结合”教学理念。

(4) 突出内容的先进性。在介绍经典电化学分析方法相关内容的同时，适当反映仪器的最新前沿发展状况，以便于向现代仪器分析领域延伸。

本教材由兰州石化职业技术学院郑晓明担任主编，牛治刚、邢梅霞担任副主编。牛治刚编写第 1 章、附录；王守伟编写第 3 章；邢梅霞编写第五章；郑晓明编写前言、第 2 章、第 4 章，并对全书进行了统稿。

冷宝林教授、甘黎明副教授、夏德强副教授审阅了全书，并提出了许多宝贵意见。教材的编写还得到了兰州石化职业技术学院石油化学工程学院、教务处领导及工业分析教学团队的大力支持，在此一并表示衷心的感谢。

此外，本教材在编写过程中参考了有关专著、教材、论文、标准等资料，在此，对本书所引用成果的单位和个人表示衷心感谢。

由于编者的学识水平有限，加之时间仓促，书中不妥之处在所难免，敬请各位专家和读者批评指正。

编　者

2017 年 1 月

目　录

第 1 章　电化学分析导论 …………………………………………………………… (1)
1.1　电化学与电化学分析概述 …………………………………………………… (1)
1.1.1　电化学分析法分类 …………………………………………………… (1)
1.1.2　电化学分析方法 ……………………………………………………… (2)
1.1.3　电化学分析法的特点 ………………………………………………… (4)
1.2　化学电池 ……………………………………………………………………… (5)
1.2.1　化学电池概述 ………………………………………………………… (5)
1.2.2　化学电池的表示符号 ………………………………………………… (6)
1.2.3　电极电位 ……………………………………………………………… (7)
1.2.4　电极极化现象 ………………………………………………………… (8)
本章小结 ……………………………………………………………………………… (9)
习题 …………………………………………………………………………………… (10)
第 2 章　电位分析法 ………………………………………………………………… (12)
2.1　电位分析法概述 ……………………………………………………………… (12)
2.1.1　参比电极 ……………………………………………………………… (12)
2.1.2　指示电极 ……………………………………………………………… (14)
2.2　离子选择性电极 ……………………………………………………………… (16)
2.2.1　离子选择性电极的基本构造 ………………………………………… (16)
2.2.2　离子选择性电极的膜电位 …………………………………………… (16)
2.2.3　离子选择性电极的分类 ……………………………………………… (17)
2.2.4　常用的离子选择性电极 ……………………………………………… (17)
2.3　离子选择性电极的性能及影响因素 ………………………………………… (21)
2.3.1　离子选择性系数 ……………………………………………………… (21)
2.3.2　响应时间 ……………………………………………………………… (22)
2.3.3　温度 …………………………………………………………………… (22)
2.3.4　pH 值范围 ……………………………………………………………… (22)
2.3.5　线性范围及检测下限 ………………………………………………… (23)
2.3.6　电极的斜率 …………………………………………………………… (23)
2.3.7　电极的稳定性 ………………………………………………………… (23)
2.4　直接电位法 …………………………………………………………………… (24)
2.4.1　溶液 pH 值的测量 …………………………………………………… (24)
2.4.2　溶液离子活度(浓度)的测定 ………………………………………… (25)
2.4.3　酸度计 ………………………………………………………………… (27)
2.4.4　影响测量准确度的因素 ……………………………………………… (32)

2.5 电位滴定法 …… (33)

2.5.1 电位滴定的基本原理及装置 …… (33)

2.5.2 电位滴定终点的确定方法 …… (33)

2.5.3 自动电位滴定法 …… (35)

2.5.4 电位滴定仪 …… (36)

2.5.5 电位滴定法的特点和应用 …… (41)

2.6 实验技术 …… (41)

2.6.1 电位法测定水的 pH 值 …… (41)

2.6.2 离子选择性电极测定自来水中氟离子的含量 …… (43)

2.6.3 醋酸的电位滴定 …… (46)

2.6.4 重铬酸钾电位法滴定 Fe^{2+} …… (47)

2.6.5 电位滴定法测定酱油中氨基酸态氮的含量 …… (49)

本章小结 …… (50)

习题 …… (51)

第 3 章 电导分析法 …… (55)

3.1 电导分析的基本原理 …… (55)

3.1.1 电导和电导率 …… (55)

3.1.2 摩尔电导率和极限摩尔电导率 …… (56)

3.1.3 离子独立移动定律 …… (58)

3.1.4 离子淌度 …… (58)

3.2 溶液电导的测量 …… (59)

3.2.1 测量方法 …… (59)

3.2.2 电导仪 …… (59)

3.3 直接电导法及其应用 …… (64)

3.3.1 概述 …… (64)

3.3.2 直接电导法的应用 …… (64)

3.4 电导滴定法及其应用 …… (65)

3.4.1 概述 …… (65)

3.4.2 电导滴定法的应用 …… (65)

3.5 实验技术 …… (67)

3.5.1 电导率仪的使用方法和电导率仪工作原理 …… (67)

3.5.2 水的电导率的测定 …… (68)

3.5.3 电导法测定乙酸解离常数 …… (71)

3.5.4 电导滴定法测定食醋中乙酸的含量 …… (74)

本章小结 …… (77)

习题 …… (77)

第 4 章 电解及库仑分析法 …… (80)

4.1 电解分析的基本原理 …… (80)

4.1.1 电解池及电解反应 …… (80)

4.1.2 分解电压与析出电位 …… (81)
4.1.3 超电压及超电位 …… (82)
4.1.4 电解时离子的析出次序 …… (83)
4.2 电解分析法 …… (84)
4.2.1 控制电流电解法 …… (84)
4.2.2 控制电位电解法 …… (85)
4.2.3 汞阴极电解分离法 …… (86)
4.3 库仑分析法 …… (87)
4.3.1 库仑分析基本理论 …… (87)
4.3.2 控制电位库仑分析法 …… (89)
4.3.3 恒电流库仑滴定法 …… (90)
4.3.4 微库仑分析法 …… (93)
4.3.5 库仑仪 …… (95)
4.3.6 库仑分析法的应用 …… (103)
4.4 实验技术 …… (106)
4.4.1 库仑法标定硫代硫酸钠溶液的浓度 …… (106)
4.4.2 电解产生 Fe^{2+} 测定 Cr^{6+} …… (108)
4.4.3 恒电流库仑滴定法测定砷 …… (109)
本章小结 …… (110)
习题 …… (110)
第 5 章 极谱及伏安分析法 …… (114)
5.1 极谱与伏安分析法概述 …… (114)
5.1.1 极谱与伏安分析法的相关概念与特点 …… (114)
5.1.2 极谱分析的基本原理 …… (115)
5.1.3 扩散电流方程式——极谱定量分析基础 …… (117)
5.1.4 半波电位——极谱定性分析依据 …… (119)
5.1.5 干扰电流及其消除方法 …… (121)
5.2 极谱定量分析方法及其应用 …… (123)
5.2.1 极谱波高的测量 …… (123)
5.2.2 极谱定量分析方法 …… (124)
5.2.3 经典极谱分析的应用 …… (125)
5.3 单扫描极谱法 …… (126)
5.3.1 单扫描极谱波的基本电路和装置 …… (126)
5.3.2 峰电流的性质 …… (126)
5.3.3 单扫描极谱法的特点及应用 …… (127)
5.3.4 JP303 型极谱分析仪 …… (127)
5.4 伏安分析法 …… (132)
5.4.1 直流循环伏安法 …… (132)
5.4.2 溶出伏安法 …… (133)

5.4.3 CHI660 系列电化学分析仪/工作站 …… (136)
5.5 实验技术 …… (137)
5.5.1 水样中镉的极谱分析 …… (137)
5.5.2 微量钼的极谱催化波测定 …… (139)
5.5.3 铁氰化钾在电极上的氧化还原 …… (140)
本章小结 …… (143)
习题 …… (143)
附 录 …… (148)
附录一 标准电极电势表(298.16K) …… (148)
附录二 常用电化学分析仪器操作技能鉴定表示例 …… (153)
附录三 几种离子在常用支持电解质中的波峰电位 …… (154)
附录四 常用电化学分析术语汉英对照 …… (156)
附录五 常用仪器分析术语及含义 …… (157)
附录六 国际化学元素相对原子质量表 …… (166)
参考文献 …… (170)

第1章　电化学分析导论

知识目标：

★ 了解电化学及电化学分析的研究内容、电化学分析方法的分类及应用；

★ 掌握化学电池的构造及工作原理；

★ 理解电极极化现象的概念及形成原因。

能力目标：

★ 能从化学电池的示意图中准确识别电池的正、负极或阴、阳极；

★ 会用电池的表达方式准确描述化学电池；

★ 能熟练应用能斯特方程计算电极电位及电池电动势。

1.1　电化学与电化学分析概述

电化学的研究对象是在能量的化学形式和电形式相互转化过程中发生的与氧化和还原两个基本动作的相界电荷转移有关的复相过程和现象，研究的目的是从中发现和总结有应用价值的、关于能量转化的基本规律。电化学分析是利用电化学研究中得到的基本规律来实现对物质定性、定量分析的科学，它是电化学和分析化学结合的产物。近年来，电化学分析与其他学科相互交叉渗透产生了许多新的学科生长点，在教学科研和生产实际中起着十分重要的作用，其应用范围涉及国民经济、国防建设、资源开发和人们的衣、食、住、行等各个方面。可以说，当代科学领域的所谓“四大理论问题”，即：天体、地球、生命、人类的起源与演化，以及人类面临的五大危机，即：资源、能源、人口、粮食、环境的解决都与电化学和电化学分析这一基础学科的研究密切相关，同时，在上述科学研究和生产过程中，都离不开相应的电化学分析仪器。

电化学分析是仪器分析的一个重要分支，是将化学变化和电现象紧密联系起来的学科。应用化学的基本原理和实验技术研究物质的组成，分析测试物质的成分和含量，这就形成了电化学分析方法。它通常是使待测对象组成一个化学电池，通过测量电池的电位、电流、电导等物理量，从而实现对待测物质的分析。

1.1.1　电化学分析法分类

电化学分析法，在不同的时期有不同的分类法。在这里简单地将其分为三类。

第一类是根据在某一特定条件下，化学电池(电解池或电导池)中的电极电位、电量、电流、电压和电导(或电阻)等物理量与溶液浓度的关系进行分析的方法，例如电位测定法、恒电位库仑法、极谱分析法和电导测定法等。这类分析法的特点是操作简便、分析快速，但溶液的电参数与溶液组分间的关系随实验条件而变。它主要用于微量组分的定量分析。

第二类是以化学电池的电极电位、电解电流、电导等物理量的突变作为指示滴定终点的分析方法，因此也称为电容量分析法。例如电位滴定法、库仑滴定法、电流滴定法和电导滴定法等。这类分析方法的精确度比第一类高，但操作麻烦，多数用于常量组分的定量分析。

第三类是将试液中某一被测组分通过电极反应转化为金属或氧化物固相，然后由工作电极上析出的金属或氧化物的重量来确定该组分含量的分析方法，称为电重量分析法，即电解分析法。它主要用于常量无机组分的定量分析与分离。

1.1.2 电化学分析方法

（一）电导分析法

电导法是以测量溶液电导为基础的分析方法，包括电导测定法和电导滴定法。

1. 电导测定法

电导测定法又称直接电导法，是将被测溶液放在由固定面积、固定距离的两个铂电极构成的电导池中，通过测量溶液的电导(或电阻)来确定被测物质含量的方法，本法主要特点是具有很高的灵敏度，但几乎没有选择性。

2. 电导滴定法

电导滴定法是利用中和、沉淀、氧化还原、配位等反应进行容量分析时，根据溶液的电导变化来确定滴定终点的方法。它包括普通电导滴定和高频电导滴定，它适合于对不同电离度的混合酸、极弱酸或极弱碱的电导滴定。

（二）电位分析法

电位分析法是一种基本且经典的分析方法。它是以溶液理论为先导，以能斯特方程为依据，用一个电极电位与被测物质活(浓)度有关的指示电极和另一个电位保持恒定的参比电极与试液组成化学电池，通过测量电池的电动势或指示电极的电极电位对待测物质进行分析的方法，按分析过程的不同，分为直接电位法和电位滴定法。

1. 直接电位法

直接电位法又称电位测定法，它是通过测定化学原电池的电动势来确定待测离子活(浓)度的分析方法，例如最早用玻璃电极精确测定溶液的 pH 值。近年来制成了各种离子选择性电极，可测定 30 多种离子，操作简便、快速且灵敏度高。

2. 电位滴定法

电位滴定法是通过测定化学原电池的电动势变化来确定滴定终点，从而求得待测离子浓度的分析方法。它与化学分析中容量滴定法相似。所不同的是其滴定终点是由观察电位的突跃来确定的，因此它不受有色溶液、浑浊液等的限制。

（三）电解分析法

用一对电极(通常为铂电极)与被测金属离子组成电解池，在恒电流或恒电位下进行电解，由被测离子在已经称重的电极上以金属或其他形式析出的量，计算出其含量的方法，称为电解分析法或电重量分析法。由于各种金属离子在电解时具有不同的析出电位，因此，控制电极电位进行电解，从而使不同元素分离的方法，称为电解分离法。

1. 恒电流电解法

此法在电解过程中不控制阴极电位，而使加到电解池上的电压比待测金属离子的分解电位足够高，以便使电解迅速进行。随着电解作用的进行，待测金属在电极上析出而使其在溶液中的浓度减小。电解池内阻增大，则电解电流逐渐降低，这时可增加外加电压，使电流维持在一个适当的范围内，直至电解完全为止。最后将已知质量的电极干燥称重，由电解前后的质量差即可计算出待测物质的含量。

2. 控制阴极电位电解法

对溶液中几种金属离子进行电解时，分别控制阴极电位在某个恒定的范围内，从而使还原电位具有足够差值的几种离子分别在电极上析出而进行测定或分离的方法，称为控制阴极电位电解法。

(四) 库仑分析法

通过测量被测物质定量地进行某一电极反应，或者被测物质与某一电极反应的产物定量地进行化学反应所消耗的电量(库仑数)而进行定量分析的方法，称为库仑分析法，它包括恒电位库仑分析法和库仑滴定法(又称恒电流库仑分析法)。

1. 恒电位库仑分析法

恒电位库仑分析法又称控制电位库仑分析法，其测定方法类似于控制阴极电位电解法。所不同的是库仑法测量的是电极反应所消耗的电量而不是沉积物的质量。由于恒电位库仑法采用了控制阴极电位的方法进行电解，避免了副反应的发生，因此大大提高了测定的选择性，从而可以测定多种金属离子，并且可测定微量和痕量物质。

2. 恒电流库仑分析法

恒电流库仑分析法又称控制电流库仑分析法或库仑滴定法。它和容量分析相似，也是利用滴定剂与待测组分的中和反应、沉淀反应、氧化还原反应或配位反应等进行滴定的，只不过是滴定剂由电解产生，产生的滴定剂再和被测物质发生反应，由于待测物质与电生滴定剂等当量化合，而电生滴定剂又与电解反应所消耗的电量成正比，因此根据法拉第定律即可求得待测物质的含量或浓度。产生电生滴定剂的工作电极可以是阳极，也可以是阴极，主要根据所产生电生滴定剂的性质来决定。库仑滴定法具有相当高的灵敏度，因此可以用来测定微量和痕量物质。

(五) 极谱分析法和伏安法

用滴汞阴极或其他表面固定的微电极，在电解被测物质溶液过程中，以电流-电压曲线(伏安曲线)为分析依据的一类电化学分析方法。其中指示电极采用表面可作周期性连续更新的滴汞阴极时，称为极谱法；指示电极采用固定微电极(如悬汞电极、玻璃碳汞膜电极等)时，称为伏安法(包括溶出伏安法和伏安滴定法)。

1. 极谱法

极谱分析是利用一个面积很大(因此是去极化电极)的甘汞电极为阳极，用一个面积很小(因此是极化电极)的滴汞电极为阴极和待测溶液组成一个电解池，在电解液中加入大量的惰性电解质并在静止的情况下进行电解。当外加电压增加至阴极电位达到待测离子的析出电位时，电流迅速地增大，但当外加电压继续增加时，电流不再增大而趋于极限值，其电流 i 与外加电压 E 的曲线如图 1-1 所示。这种电流-电压曲线称为极谱图或极谱波。其中扣除残余电流(本底电流)的极限电流称为扩散电流，在一定条

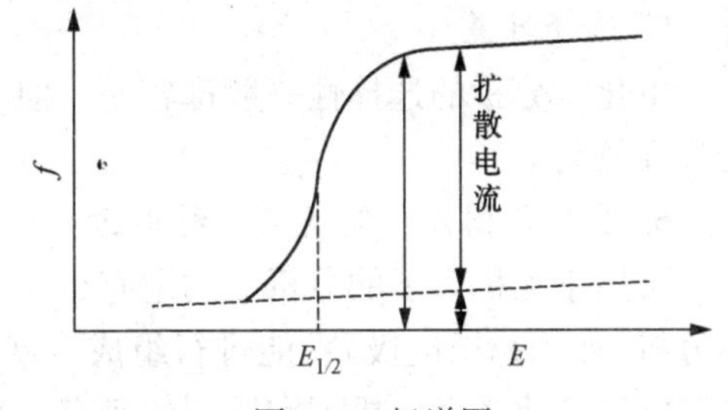

图 1-1 极谱图

件下，它和溶液中待测离子的浓度成正比，这是极谱定量分析的依据；电流等于扩散电流一半时的阴极电位 $E_{1/2}$ 称为半波电位，在一定条件下，各种物质都有一定的半波电位，它与溶液中被还原离子的浓度无关，因此它是极谱定性分析的依据。这种极谱称为经典极谱法，也称直流极谱法。现代极谱分析法还包括方波极谱、脉冲极谱、示波极谱、极谱催化波和反向溶出法等。

2. 溶出伏安法

反向溶出伏安法简称溶出伏安法，它包括阳极溶出伏安法(测定金属离子)和阴极溶出伏安法(测定非金属离子)。溶出伏安法是用一个面积很小的悬汞电极或汞膜电极和一个参比电极与待测溶液组成电解池。先对被测离子进行恒电位电解(需搅拌)，使之还原并富集于工作电极上(测金属离子时为阴极，测非金属离子时为阳极)，然后在溶液静止状态下，改变电极电位方向(向反方向外加电压)，使富集在微电极上的待测离子重新溶出，同时用极谱仪记录溶出过程的极化曲线，则根据所得峰形状，溶出伏安曲线中待测离子的峰高(或峰面积)与其浓度成正比关系，即可进行定量分析。

3. 伏安滴定法

伏安滴定法是以铂电极为指示电极，应用伏安曲线的原理来确定容量分析滴定终点的方法。它分为单指示电极电流滴定法、双指示电极电流滴定法和双指示电极电位滴定法。它们是在电解池中进行滴定，观察滴定过程中电流或电位变化来确定滴定终点的电容量分析法，因此它不同于在原电池中进行滴定的电位滴定法。

1.1.3 电化学分析法的特点

1. 灵敏度较高

适应于痕量甚至超痕量物质的分析。如离子选择性电极法的检出限可达 10^{-7}mol/L，有的电化学分析法检出限可达 10^{-12}mol/L。

2. 准确度高

库仑分析法和电解分析法的准确度很高，前者特别适用于微量成分的测定，后者适用于高含量成分的测定。

3. 测量范围宽

电位分析法、微库仑分析法等可用于微量组分的测定；电解分析法、电容量分析法及库仑分析法则可用于中等含量组分及纯物质的分析。

4. 仪器设备较简单，价格低廉

仪器的调试和操作都较简单，容易实现自动化。尤其适合于化工生产中的自动控制和在线分析。

5. 选择性差

电化学分析的选择性一般都较差。但离子选择性电极法、极谱法及控制阴极电位电解法选择性较高。

6. 应用范围广，能适应多种用途

可用于无机离子的分析，测定有机化合物也日益广泛(如在药物分析中)；可应用于活体分析(如用超微电极)；能进行组成、状态、价态和相态分析；可用于各种化学平衡常数的测定以及化学反应机理和历程的研究。

1.2 化学电池

1.2.1 化学电池概述

简单的化学电池是由两组金属-溶液体系组成的。每一个化学电池有两个电极，分别浸入适当的电解质溶液中，用金属导线从外部将两个电极连接起来，同时使两个电解质溶液接触，构成电流通路。电子通过外电路导线从一个电极流到另一个电极，在溶液中带正负电荷的离子从一个区域移动到另一个区域以输送电荷，最后在金属-溶液界面处发生电极反应，即离子从电极上取得电子或将电子交给电极，发生氧化还原反应。

如果两个电极浸在同一个电解质溶液中，这样构成的电池称为无液体接界电池(或单液电池)[图 1-2(a)]；如果两个电极分别浸在用半透膜隔开的或用盐桥连接的两种不同的电解质溶液中，这样构成的电池称为有液体接界电池(或双液电池)[图 1-2(b)]。由于不同种类或不同浓度的离子会相互扩散，且不同离子的迁移率不同，因此这种电池会在两种不同的电解质溶液接触界面上形成双电层，进而产生电位差，称为液体接界电位。

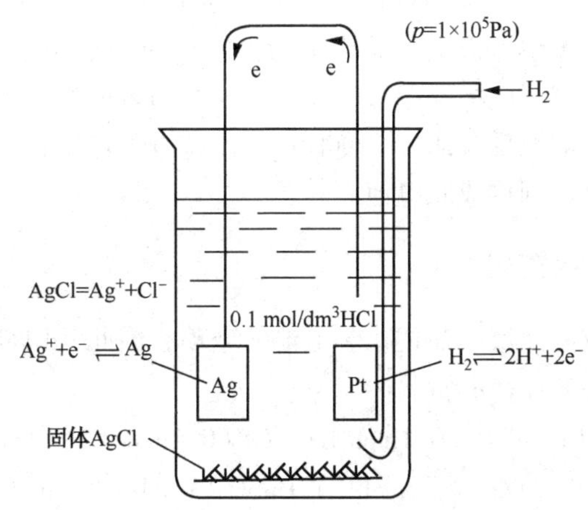

(a)无液体接界电池

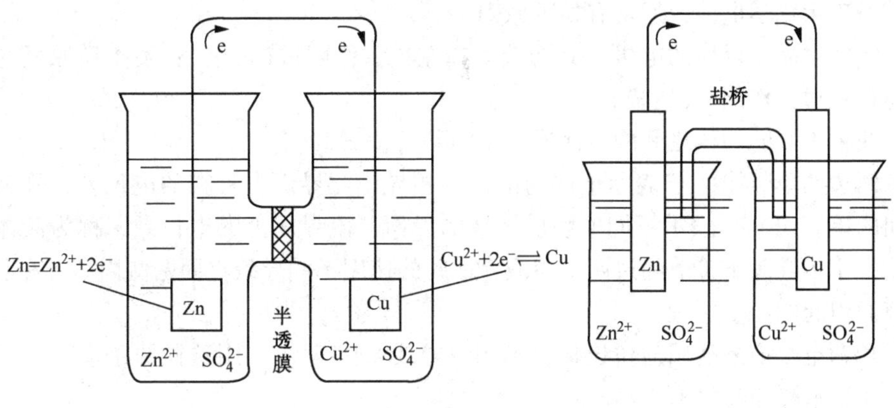

(b)有液体接界电池

图 1-2 化学电池

用半透膜隔开或用盐桥连接两个电解质溶液，除了起到导通电流的作用外，还可以减少液接电位。通过在盐桥中填充适宜电解质溶液[其具有正、负离子迁移数接近，浓度高(如饱和态)，且不与电池中的电解质发生化学反应的特点]，将其与熔化琼脂混合制成糊状物，可消除化学电池中因扩散引起的不可逆现象，有利于电化学分析的定量测试。

在化学电池内，发生氧化反应的电极称为阳极，发生还原反应的电极称为阴极。在图1-2所示的化学电池中，阳极和阴极上所发生的氧化还原反应如下：

图 1-2(a)中电池：

在阳极上 $H_2(g) \longrightarrow 2H^+ + 2e^-$

在阴极上 $Ag^+ + e^- \longrightarrow Ag$

电池反应 $Ag^+ + \frac{1}{2}H_2 = Ag + H^+$

图 1-2(b)中电池：

在阴极上 $Cu^{2+} + 2e^- \longrightarrow Cu$

在阳极上 $Zn \longrightarrow Zn^{2+} + 2e^-$

电池反应 $Zn + Cu^{2+} = Zn^{2+} + Cu$

在上述化学电池内，单个电极上的反应称为电极反应(或半电池反应)，将两个电极反应加和得到电池反应。在书写电极反应和电池反应时必须遵循物量和电荷平衡。若两个电极没有用导线连接起来，半电池反应达到平衡状态，没有电子输出；当用导线将两个电极连通构成通路时，有电流通过，则构成原电池。

1.2.2 化学电池的表示符号

为了避免用示意图或电池反应描述化学电池的繁琐，因此常用符号来表示化学电池。图1-2 所示的化学电池可用符号表示如下：

$$Pt, H_2(g, p=1atm)\ H^+(0.1mol/L), Cl^-(0.1mol/L), AgCl(s), Ag(s)$$

$$Zn(s) | ZnSO_4(x mol/L)\ CuSO_4(y mol/L)\ Cu(s)$$

$$Zn(s) | ZnSO_4(x mol/L) \parallel CuSO_4(y mol/L)\ Cu(s)$$

用符号表示化学电池，通常有如下原则：

(1) 将发生氧化反应的电极及其溶液写在左边，作阳极(负极)；发生还原反应的电极和溶液写在右边，作阴极(正极)。

(2) 两种不同的固体之间的界面通常用“逗号”隔开。

(3) 两边的单竖线“|”表示金属与溶液的相界，此界面上存在的电位差，称为电极电位。中间的单竖线“|”表示不同电解质溶液的界面，该界面上的电位差，称为液体接界电位。它是由于不同离子扩散经过两个溶液界面时的速度不同导致界面两侧阳离子和阴离子分布不均衡而引起的。

(4) 若两电解质溶液用盐桥连接，则用双竖线“‖”表示，用这样两条垂线表示液体接界电位已完全消除。

(5) 各组分都要注明聚集状态(s，l，g 分别表示固、液和气态)，气体要注明压强 p 及所依附的不活泼金属，所有的电解质溶液需注明活度 a(电解质稀溶液可视浓度为活度)。

1.2.3 电极电位

金属可以看成是由离子和自由电子组成的。金属离子以点阵排列，电子在其间运动。如果我们把金属，例如锌片，浸入合适的电解质溶液(如 $ZnSO_4$)中，由于金属中 Zn^{2+} 的化学势大于溶液中 Zn^{2+} 的化学势，锌就不断溶解下来进入溶液中，Zn^{2+} 进入溶液中，电子被留在金属片上，其结果是在金属与溶液的界面上金属带负电，溶液带正电，两相间形成了双电层，建立了电位差，这种双电层将排斥 Zn^{2+} 继续进入溶液，金属表面的负电荷对溶液中的 Zn^{2+} 又有吸引，形成了相间平衡电极电位。对于给定的电荷而言，电极电位是一个确定的常量，对于下述电极反应：

$$aA+bB+ne^- \rightleftharpoons cC+dD$$

电极电位可表示为

$$E = E^{\theta} - \frac{RT}{nF}\ln\frac{a_C^c a_D^d}{a_A^a a_B^b} \tag{1-1}$$

式中，E 为电极电位，V；E^{θ} 为标准电极电位，V；R 为气体常数，8.31441J/(mol · K)；T 为热力学温度，K；n 为参与电极反应的电子数；F 为法拉第常数，96486.7C/mol；a 为参与化学反应各物质的活度，纯凝聚系物质取 1，气体的活度 $a=\frac{p}{p^{\theta}}$ 或 $a=\frac{f}{p^{\theta}}$。

式(1-1)是电极电位的基本关系式。如果以常用对数表示，并将有关常数值代入式(1-1)可写为

$$E = E^{\theta} - \frac{0.0592}{n}\lg\frac{a_C^c a_D^d}{a_A^a a_B^b} \quad (25℃) \tag{1-2}$$

式(1-2)即著名的能斯特(W. H. Nernst)方程。

当溶液浓度很小时，活度可近似用浓度来代替，上式可定为

$$E = E^{\theta} - \frac{0.0592}{n}\lg\frac{[C]^c[D]^d}{[A]^a[B]^b} \quad (25℃) \tag{1-3}$$

如果电极反应为 $M^+ + ne^- \rightleftharpoons M$

根据式(1-2)，在 25℃时则有

$$E = E^{\theta}_{M^{n+}/M} - \frac{0.0592}{n}\lg\frac{a_M}{a_{M^{n+}}} \tag{1-4}$$

金属活度 $a_M=1$，则上式可定为

$$E = E^{\theta}_{M^{n+}/M} + \frac{0.0592}{n}\lg a_{M^{n+}} \tag{1-5}$$

假定是银丝插入 $AgNO_3$ 中，则电极反应为

$$Ag^+ + e^- \rightleftharpoons Ag$$

那么，在 25℃时的电极电位为

$$E = E^{\theta}_{Ag^+/Ag} + 0.0592\lg a_{Ag^+} \tag{1-6}$$

如果电极体系是由金属、该金属难溶盐和该难溶盐的阴离子组成，如 Ag-AgCl-KCl 电极体系，电极反应为

$$Hg_2Cl_2+2e^- \rightleftharpoons 2Hg+2Cl^-$$

$$Sb_2O_3(s)+6H^++6e^- \rightleftharpoons 2Sb(s)+3H_2O$$

代入式(1-2)可得

$$E=E^{\theta}_{AgCl/Ag}-0.0592\lg a_{Cl^-} \tag{1-7}$$

当 a_{Cl^-}一定时，其电极电位是稳定的，因此可以作为参比电极使用。

单个的电极电位是无法测量的，只有将欲研究的电极与另一个作为电位参比标准的电极组成原电池，通过测量该原电池的电动势，才能确定所研究的电极的电位。原电池的电动势为：

$$E_{电池}=E_{阴}-E_{阳}+E_j-IR \tag{1-8}$$

式中，$E_{阴}$ 是阴极(正极)电极电位；$E_{阳}$ 是阳极(负极)电极电位；E_j 是液体接界电位；IR 是溶液引起的电压降。可以设法使 E_j 和 IR 降至忽略不计，这样，上式可简化为 $E_{电池}=E_{阴}-E_{阳}$。如果 $E_{阴}$或 $E_{阳}$是一个已知的电极电位，那么，由测得的电池电动势可计算出另一个电极的电位。已知电极电位的电极可以采用标准氢电极(SHE)，也可以采用银-氯化银电极和饱和甘汞电极。

【例 1-1】 计算下述电池 298K 时的电动势：

$$Cu|Cu^{2+}[a(Cu^{2+})=0.10] \| H^+[a(H^+)=0.01]|H_2(0.9\times10^5Pa),\ Pt$$

已知：$E^{\theta}_{Cu^{2+}/Cu}=0.337V$。

解：该电池的电极反应为：

负极(阳极)：$Cu \longrightarrow Cu^{2+}[a(Cu^{2+})]+2e$

正极(阴极)：$2H^+[a(H^+)]+2e \longrightarrow H_2(g,\ p)$

$$E_+=E^{\theta}_{H^+/H_2}-\frac{RT}{2F}\ln\frac{p(H_2)}{a^2(H^+)}=0V-\frac{0.0592}{2}\lg\frac{0.90}{(0.01)^2}V=-0.117V$$

$$E_-=E^{\theta}_{Cu^{2+}/Cu}-\frac{RT}{2F}\ln\frac{a(Cu)}{a(Cu^{2+})}=0.337V-\frac{0.0592}{2}\lg\frac{1}{0.1}V=0.307V$$

电池的电动势为： $E_{cell}=E_+-E_-=-0.424V$

1.2.4 电极极化现象

在 Ag| $AgNO_3$ 电极体系中，在平衡状态时，溶液中的银离子不断进入金属相，金属相中的银离子不断进入溶液，两个过程速度相同、方向相反。此时电极电位等于电极体系的平衡电位，通常把金属溶解过程叫阳极过程，如 $Ag \longrightarrow Ag^++e^-$；阳离子由溶液析出在金属电极上的过程叫阴极过程，如 $Ag^++e^- \longrightarrow Ag$。当电极上有电流通过时，如果阴极电流比阳极电流大，电极显阴极性质，阳极电流比阴极电流大，电极显阳极性质。上述电极的正向、逆向是同一个反应，如果电流方向改变，电极反应随之向相反的方向进行，那么这种电极反应就是可逆的。

如果一电极的电极反应是可逆的，通过电极的电流非常小，电极反应是在平衡电位下进行的，这种电极称为可逆电极。像 Ag|$AgNO_3$等许多电极都可以近似作为可逆电极，只有可逆电极才满足能斯特方程。

当较大的电流通过电池时，电极电位将偏离可逆电位，不再满足能斯特方程，电极电位改变很大而产生的电流变化很小。在电化学中，无论电解反应还是电池(放电)反应，都会出现这种实测电动势或电极电位偏离平衡值的现象，这种现象统称为电极极化，而实测值与平衡值之差称作超电压(超电位)。按极化现象形成的原因不同通常分为浓差极化和电化学极化。

(一) 浓差极化

浓差极化是由于电极反应过程中，电极表面附近溶液的浓度和主体溶液的浓度发生了差别所引起的。电解作用开始后，阳离子在阴极上还原，致使电极表面附近溶液阳离子减少，浓度低于内部溶液，这种浓度差别的出现是由于阳离子从溶液内部向阴极输送的速度，赶不上阳离子在阴极上还原析出的速度，在阴极上还原的阳离子减少了，必然引起阴极电流的下降。为了维持原来的电流密度，必然要增加额外的电压，也即要使阴极电位比可逆电位更负一些。这种由浓度差引起的极化称为浓差极化。

在外加电压不太大的情况下，将溶液剧烈搅动可以尽量减小浓差极化程度(由于电极表面有扩散层的存在，所以不可能把浓差极化完全除去)。

(二) 电化学极化

电极反应是在电极表面进行的非均相化学反应，反应进行时自然要受到动力学因素约束，因此不得不考虑反应速度的问题。通常每个电极反应都是由几个连续的基本步骤组成的，而它们中又可能有一个是活化能最高的，即是速率最慢的一步，从而成为电极反应过程的控制步骤。为了使电极反应能够连续不断地进行，外电源需要额外增加一定的电压去克服反应的活化能。这种由于电极反应速率的迟缓所引起的极化作用称为电化学极化(又称为动力极化或活化极化)。

电极上电流的形成实际上是电子的流入或流出，而电子的流动速度近似等于光速，但电极上发生的任何得失电子的反应速率却远小于电子的流动速率，因此在阳极必然因过快流出电子而相对带正电，且正电性越来越强，即阳极电位因极化而变得更正，相应的阴极电位则随极化作用的进行而变得更负。

极化这一电极过程，对电池的两个电极都可能发生，影响极化程度的因素很多，主要有：电极的大小和形状、电解质溶液的组成、温度、搅拌情况、电流密度、电池反应中反应物和产物的物理状态、电极的成分及表面状况等。

- 模块一：电化学分析法概述
  - ① 定义
  - ② 分类
  - ③ 特点
  - ④ 应用
- 模块二：电化学电池
  - ① 概念
  - ② 组成及种类
  - ③ 电池反应
  - ④ 电池的表示符号
  - ⑤ 可逆电池
- 模块三：电极电位、能斯特方程
  - ① 电极电位的产生、应用
  - ② 能斯特方程计算电极电位、电池电动势
- 模块四：电极极化作用
  - ① 浓差极化
  - ② 电化学极化

习题

1. 化学电池由哪几部分组成？如何表达电池的图示式？电池的图示式有哪些规定？

2. 电池的阳极和阴极，正极和负极是怎样定义的？阳极就是正极，阴极就是负极的说法对吗？为什么？

3. 电池中“盐桥”的作用是什么？盐桥中的电解质溶液应有什么要求？

4. 何谓电极的极化？产生电极极化的原因有哪些？

5. 如果用反应 $Cr_2O_7^{2-}+6Fe^{2+}+14H^+ \rlap{=}{=}\!=\!=2Cr^{3+}+6Fe^{3+}+7H_2O$ 设计一个电池，在该电池正极进行的反应为________，负极的反应为________。

6. 已知：$Fe^{3+}+e^-=Fe^{2+}$　　$E^\theta=0.77V$

$Cu^{2+}+2e^-=Cu$　　$E^\theta=0.34V$

$Fe^{2+}+2e^-=Fe$　　$E^\theta=-0.44V$

$Al^{3+}+3e^-=Al$　　$E^\theta=-1.66V$

则最强的还原剂是(　　)。

A. Al^{3+}　　B. Fe^{2+}　　C. Fe　　D. Al

7. 当 pH=10 时，氢电极的电极电势是(　　)。

A. -0.59V　　B. -0.30V　　C. 0.30V　　D. 0.59V

8. 下列电对的电极电势与 pH 值无关的是(　　)。

A. MnO_4^-/Mn^{2+}　　B. H_2O_2/H_2O

C. O_2/H_2O_2　　D. $S_2O_8^{2-}/SO_4^{2-}$

9. 有一原电池：Pt | Fe^{3+}(1mol/dm^3)，Fe^{2+}(1mol/dm^3) ‖ Ce^{4+}(1mol/dm^3)，Ce^{3+}(1mol/dm^3) | Pt，则该电池的电池反应是(　　)。

A. $Ce^{3+}+Fe^{3+}=Ce^{4+}+Fe^{2+}$　　B. $Ce^{4+}+Fe^{2+}=Ce^{3+}+Fe^{3+}$

C. $Ce^{3+}+Fe^{2+}=Ce^{4+}+Fe$　　D. $Ce^{4+}+Fe^{3+}=Ce^{3+}+Fe^{2+}$

10. 求下列电极在 25℃时的电极电位。

(1) 金属 Cu 放在 0.50mol/L 的 Cu^{2+}溶液中。已知：$E^\theta(Cu^{2+}/Cu)=0.337V$。

(2) 101.325kPa 氢气通入 0.10mol/L HCl 溶液中。

(3) 0.1mol/LFe^{3+}和 0.01mol/L Fe^{2+}。已知：$E^\theta(Fe^{3+}/Fe^{2+})=0.771V$。

11. 已知：$O_2+4H^++4e^-=2H_2O$　　$E^\theta=1.23V$

$Zn^{2+}+2e^-=Zn$　　$E^\theta=-0.76V$

计算 $2Zn(s)+O_2(g)+4H^+=2Zn^{2+}+2H_2O$，当 $p_{O_2}=20kPa$，$[H^+]=0.20mol/dm^3$，$[Zn^{2+}]=1.0\times10^{-3}mol/dm^3$时，电池的电动势。

12. 有一原电池(－) A | A^{2+} ‖ B^{2+} | B(＋)，当$[A^{2+}]=[B^{2+}]$时，电池的电动势为 0.360V，现若使$[A^{2+}]=0.100mol/dm^3$，$[B^{2+}]=1.00\times10^{-4}mol/dm^3$时，该电池的电动势是多少？

13. 根据反应 $Zn+Hg_2Cl_2=2Hg+ZnCl_2$组成电池，

(1) 写出电池符号；

(2) 如果该电池的标准电动势为1.03V，试计算$ZnCl_2(aq)$浓度为0.040mol/dm^{3}时电池的电动势。

14. 反应$Zn(s)+Hg_2Cl_2(s)=2Hg(l)+Zn^{2+}(aq)+2Cl^-(aq)$，在25℃，当各离子浓度均为1.00mol/dm^{3}时，测得电池的电动势为1.03V，当$[Cl^-]=0.100$mol/dm^{3}时，电池的电动势为1.21V，此条件下$[Zn^{2+}]=$?

15. 已知：$E^\theta(Fe^{3+}/Fe^{2+})=0.77$V，$E^\theta(Cl_2/Cl^-)=1.36$V。问：在25℃、标准大气压下，当$[Cl^-]=0.010$mol/dm^3，$[Fe^{3+}]=1.00$mol/dm^3，$[Fe^{2+}]=0.10$mol/dm^{3}时，下面反应$Fe^{2+}+\frac{1}{2}Cl_2=Fe^{3+}+Cl^-$往哪个方向进行？

16. 写出下列电池的半电池反应和电池反应，计算电动势。

$$Pt\mid Cr^{3+}(1.0\times10^{-4}mol/L),\ Cr^{2+}(0.10mol/L)\parallel Pb^{2+}(8.0\times10^{-2}mol/L)\mid Pb$$

已知：$E^\theta(Cr^{3+}/Cr^{2+})=-0.41$V，$E^\theta(Pb^{2+}/Pb)=-0.126$V

17. 电池：$Hg\mid Hg_2Cl_2$，Cl^-(饱和)$\parallel M^{n+}\mid M$在25℃时的电动势为0.100V；当M^{n+}的浓度稀释为原来的1/50时，电池的电动势为0.050V。试求电池右边半电池反应的电子转移数(n值)。

18. 下列电池的电动势为0.693V(25℃)$Pt，H_2(101325Pa)\mid HAc(0.200mol/L)，NaAc(0.300mol/L)\parallel SCE$

$E_{SCE}=0.2444$V，不考虑离子强度的影响，请计算HAc的离解常数K_a。

19. 有一电池：$Zn\mid Zn^{2+}(0.0100mol/L)\parallel Ag^+(0.300mol/L)\mid Ag$计算该电池298K时的电动势为多少？当电池反应达到平衡外线路无电子流通过时，Ag^+浓度为多少？已知：$E^\theta(Zn^{2+}/Zn)=-0.762$V，$E^\theta(Ag^+/Ag)=0.799$V。

20. 已知下列半电池反应及其标准电极电位：

$HgY^{2-}+2e=Hg+Y^{4-}$　　$E_1^\theta=+0.21$V

$Hg^{2+}+2e=Hg$　　$E_2^\theta=+0.845$V

计算配合物生成反应($Hg^{2+}+Y^{4-}=HgY^{2-}$)的稳定常数K的对数值(25℃)。

第 2 章　电位分析法

知识目标：

★ 掌握电位分析法的概念，了解电位分析法的应用领域；

★ 熟悉电位分析中使用的各类电极的构造和工作原理；

★ 掌握直接电位法和电位滴定法的方法原理；

★ 掌握标准曲线法、标准加入法的定量分析过程。

能力目标：

★ 能形成用电位分析法解决分析问题的的思路，具备电位分析的基本能力；

★ 能正确识别离子选择性电极的组成部件；

★ 能正确操作酸度计，且会测量溶液的 pH 值和离子的活(浓)度；

★ 能正确操作电位滴定仪，且能完成电位滴定实验项目。

2.1　电位分析法概述

电位分析法是实际应用很普遍的分析方法，它是基于电解质溶液和两支电极组成的原电池，在零电流情况下，通过测量两电极间的电位差(即所构成的原电池的电动势)来计算溶液中待测离子含量的方法，其定量依据是能斯特方程式，即 $E=K\pm S\lg a_x$。电位分析法分为两种，一种是直接电位法：测定原电池的电动势 E，然后将其代入能斯特方程式算出离子的浓度。另一种称为电位滴定法：根据滴定过程中原电池电动势或电极电位的突然变化来确定滴定终点，进而计算待测离子浓度的分析方法。

在电位分析中为了测定未知离子的浓度，由两个性质不同的电极与被测溶液组成工作电池，其中一支的电极电位随被测物质活度变化的电极称为指示电极，将另一个与被测物质无关的，提供测量电位参考的电极称为参比电极，电解质溶液由被测试样及其他组分组成。图 2-1 是以甘汞电极作为参比电极的电位测量体系，依靠这种体系可以进行电位测量。下面介绍电位分析中常用的参比电极和指示电极。

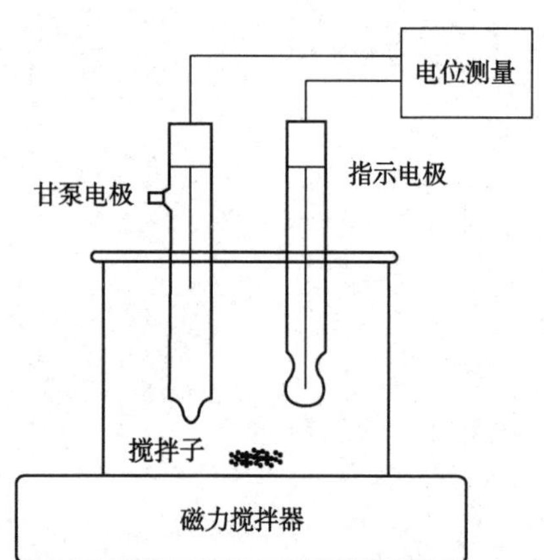

图 2-1　电位测量装置示意图

2.1.1　参比电极

参比电极是一个辅助电极，用来提供测量电池电动势和计算电极电位过程中可参考的电极电位。因此参比电极是决定指示电极电位的重要因素，亦是影响待测离子活度测定准确度的重要因素，理想的参比电极应满足电位值稳定、重现性好、结构简单、容易制作和使用寿命长等要求。

2.1.1.1 标准氢电极

将一片由铂丝连接的镀有蓬松铂黑的铂片浸入 $c(H^+)=1mol/L$ 的强酸溶液中，在 25℃时，不断通入压力为 101.325kPa 的纯氢气至铂片附近，氢气被铂黑所吸附，被氢气饱和了的铂片与酸溶液构成的电极就称为标准氢电极，其符号为 $Pt|H_2(p^\theta)|H^+(a=1)$，简称为 NHE(Normal Hydrogen Electrode)，规定其 $E^\theta\equiv0.0V$。当它与另外一支指示电极组成原电池时，所测得的电池电动势，即是该指示电极的电位。但标准氢电极的制备和操作难度较高，电极中的铂黑易中毒而失活，因此，在实际工作中往往采用一些易于制作、使用方便，在一定条件下电极电势恒定的其他电极作为参比电极。目前常用的参比电极有甘汞电极和银-氯化银电极，它们的电极电位值是相对于标准氢电极(一级标准)而测得的，故称为二级标准。

因规定标准氢电极的电位为零，即氢是一个界限，比氢活泼的金属，其电极电位值为负，活泼性小于氢的金属的电极电位值为正。

2.1.1.2 甘汞电极

甘汞电极由金属汞、甘汞(Hg_2Cl_2)和一定浓度的 KCl 溶液所组成。甘汞电极通过其下端的烧结陶瓷塞或多孔玻璃与电解质溶液相连，这种接口具有较高的阻抗和一定的电流负载能力，因此甘汞电极是一种很好的参比电极。它的结构如图 2-2 所示。

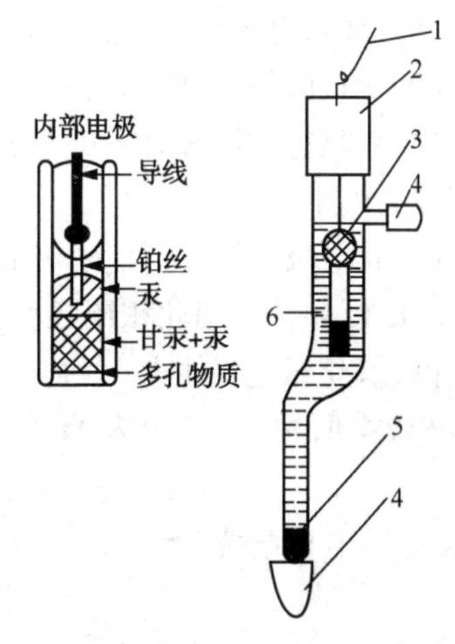

图 2-2 甘汞电极的结构图

1—导线；2—绝缘体；3—内参比电极；4—橡皮帽；5—多孔物质；6—KCl 溶液

其电极反应为：

$$Hg_2Cl_2+2e^-\rightleftharpoons 2Hg+2Cl^-$$

298K 时，电极电位为：

$$E_{Hg_2Cl_2/Hg}=E^\theta_{Hg_2Cl_2/Hg}-0.0592\lg a_{Cl^-} \quad (2-1)$$

由式(2-1)可知，当 Cl^- 活度恒定时，它的电极电位值也恒定，可作参比电极。不同浓度的 KCl 溶液，可使甘汞电极的电极电位值不同。当 KCl 溶液为饱和溶液时称为饱和甘汞电极(Saturated Calomel Electrode，SCE)，在 25℃下其电极电势值为 0.2444V。因为 SCE 的 Cl^- 活度较易控制，所以是最常用的参比电极。实际上，甘汞电极的电极电位随温度和氯化钾的浓度变化而变化，表 2-1 中列出了不同温度和不同氯化钾浓度下甘汞电极的电极电位。

表 2-1 不同温度和不同 KCl 浓度下甘汞电极的电极电位

温度/℃	电极电位/V		
	0.1mol/L KCl	3.5mol/L KCl	饱和 KCl
10		0.256	
25	0.3356	0.250	0.2444
40		0.244	

注：以上电极电位值是相对于标准氢电极的数值。

在使用饱和甘汞电极时，需要注意下面几个问题。

(1) 带有外套管的为双盐桥饱和甘汞电极，型号有：217/801/802/803/811/851 等。若没有外套管则为单盐桥饱和甘汞电极，型号有：212/222/232 等。

(2) 当甘汞电极外壁有 KCl 溶液或晶体附着、液络部被待测溶液玷污时，应及时清洗干净。

(3) 测量时电极应竖式放置，甘汞芯应在饱和 KCl 液面下，电极内 KCl 溶液液面应略高于待测溶液液面，防止待测溶液向甘汞电极扩散。

(4) 电极内 KCl 溶液中不能有气泡，溶液中应保留少许 KCl 晶体。

(5) 甘汞电极在使用时，应先拔去侧部和端部的电极帽，以使盐桥溶液借重力维持一定流速与待测溶液形成通路。

(6) 电极使用时，应每天添加电极内充液，双盐桥饱和甘汞电极应每日更换外盐桥内充液。

(7) 因甘汞电极的电极电位有较大的负温度系数和热滞后性，因此，测量时应防止温度波动，精确测量应该恒温。

(8) 甘汞电极一般不宜在 80℃以上温度的环境中使用。

(9) 因甘汞易光解而引起电位变化，使用和存放时应注意避光。

(10) 双盐桥饱和甘汞电极不用时，取下外盐桥套管，将电极保存在 KCl 溶液中，千万不能使电极干涸。

(11) 电极长期(半年)不用时，应把端部的橡胶帽套上，放在电极盒中保存。

2.1.1.3 银-氯化银电极

银-氯化银电极也是一种广泛应用的参比电极，它是在银丝上镀一层 AgCl，将其浸在 KCl 溶液中所构成。其电极反应为

$$AgCl+e^- \rightleftharpoons Ag+Cl^-$$

298K 时，电极电位为

$$E_{AgCl/Ag}=E^{\theta}_{AgCl/Ag}-0.0592\lg a_{Cl^-} \quad (2-2)$$

银-氯化银电极的电位也是随温度和氯化钾浓度的变化而变化，商品银-氯化银电极的外形类似于图 2-2 中甘汞电极的外形。

在 25℃时，银-氯化银电极在不同浓度的 KCl 溶液中的电极电位见表 2-2。

表 2-2 银-氯化银电极的电极电位(298K)

KCl 溶液浓度/(mol/L)	0.1000	1.000	饱和
Ag-AgCl 电极的电极电位/V	0.2880	0.2223	0.2000

在有些实验中，银-氯化银电极丝(涂有 AgCl 的银丝)可以作为参比电极直接插入反应体系，具有体积小、灵活等优点。另外，银-氯化银电极常在 pH 玻璃电极和其他各种离子选择性电极中用作内参比电极，它不像甘汞电极那样有较大的温度滞后效应，在高达 275℃左右的温度下仍能使用，而且稳定性很好，因此，可在高温下替代甘汞电极。

2.1.2 指示电极

用来指示溶液中待测离子活度的电极称为指示电极。其作用是指示与待测离子浓度相关的电极电位。指示电极对待测离子的指示是有选择性的，一种指示电极往往只能指示一种物

质的浓度，因此，用于电位分析法的指示电极种类很多，通常可分为两大类，一类叫金属基电极，另一类叫离子选择性电极。离子选择性电极相关知识点较多，本节只介绍金属基电极，下一节系统介绍离子选择性电极。

金属基电极的电极电位主要取决于电极表面发生的氧化或还原反应，此类电极的结构及作用原理介绍如下。

2.1.2.1 第一类电极——金属-金属离子电极

金属插入该金属离子的溶液中，就组成金属-金属离子电极，亦称第一类电极，该电极的电极电位能准确地反映溶液中金属离子活度的变化。例如，$Ag|Ag^+$电极的电极反应为：

$$Ag^+ + e^- \rightleftharpoons Ag$$

298K 时，电极电位为：

$$E_{Ag^+/Ag} = E^{\theta}_{Ag^+/Ag} + 0.0592\lg a_{Ag^+} \tag{2-3}$$

$Ag|Ag^+$电极可用来直接测定 Ag^+活度，也可在沉淀滴定或配位滴定过程中指示 Ag^+活度的变化，从而确定滴定终点。某些活泼金属(如铁、钴、镍)表面容易被空气氧化而产生氧化膜，因此不宜用来制备第一类电极。

2.1.2.2 第二类电极——金属-金属难溶盐电极

金属表面涂上该金属的难溶盐或氧化物，将其浸在与该难溶盐具有相同阴离子的溶液中组成的电极，称为金属-金属难溶盐电极，亦称第二类电极。前文叙述的两种参比电极($Hg-Hg_2Cl_2$和 Ag-AgCl)均属于此类指示电极。由式(2-1)和式(2-2)可知，电极电位与溶液中的Cl^-活度有关，所以金属-金属难溶盐电极可用于测定金属难溶盐的阴离子。另外，锑电极是属于表面涂有难溶氧化物(Sb_2O_3)的指示电极，其电极电位与溶液的 pH 值有关，可用于测定溶液的 pH 值。

该电极的电极反应为：

$$Sb_2O_3(s) + 6H^+ + 6e^- \rightleftharpoons 2Sb(s) + 3H_2O$$

其电极电位为：

$$E_{Sb_2O_3/Sb} = E^{\theta}_{Sb_2O_3/Sb} + 0.0592pH(298K) \tag{2-4}$$

2.1.2.3 第三类电极

这类电极是由金属与两种具有相同阴离子的难溶盐(或难离解的配合物)，再与含有第二种难溶盐(或难离解的配合物)的阳离子组成的电极体系。例如，草酸根离子能与银和钙离子生成草酸银和草酸钙难溶盐，在被草酸银和草酸钙饱和过的含有钙离子的溶液中，用银电极可以指示钙离子的活度，该电极体系为 $Ag|Ag_2C_2O_4$，$CaC_2O_4|Ca^{2+}$，其 298K 时的电极电位为：

$$E = E^{\theta} + \frac{0.0592}{2}\lg a(Ca^{2+})$$

式中，E^{θ} 表示条件标准电极电位。对于生成难离解的配合物来说，汞与 EDTA 形成的配合物组成的电极是一个很好的例子，其电极体系为 $Hg|HgY^{2-}$，$CaY^{2-}|Ca^{2+}$。

2.1.2.4 零类电极——惰性金属电极

惰性金属电极是将惰性金属如铂或石墨制成片状或棒状，浸入含有同一元素、不同氧化态的两种离子的溶液中而组成的电极。这类电极的电极电位与两种氧化态离子的活度比有关，惰性金属只是提供了发生氧化还原反应的场所，本身不参与反应。例如，铂与 Fe^{3+} 和

Fe^{2+}组成的电极 Pt|Fe^{3+}，Fe^{3+}，电极反应为

$$Fe^{3+}+e^- \rightleftharpoons Fe^{2+}$$

298K 时的电极电位为：

$$E_{Fe^{3+}/Fe^{2+}}=E^{\theta}_{Fe^{3+}/Fe^{2+}}+0.0592\lg(a_{Fe^{3+}}/a_{Fe^{2+}}) \tag{2-5}$$

此类电极可用于测定组成电极的两种离子的活度比或其中一种离子的活度。

2.2 离子选择性电极

离子选择性电极是一种以电位法测量溶液中某些特定离子活度的指示电极，简称 ISE (Ion Selective Electrode)。按照 IUPAC(International Union of Pure and Applied Chemistry，国际纯粹与应用化学联合会)推荐的定义：离子选择性电极是一类电化学传感器，它的电位与溶液中给定的离子活度的对数呈线性关系。

2.2.1 离子选择性电极的基本构造

从构造上来看，离子选择性电极主要由离子选择性膜(敏感膜)、内参比电极和内参比溶液三大部件组成，其中敏感膜是最关键部件，故离子选择性电极亦称膜电极，如图 2-3 所示。

2.2.2 离子选择性电极的膜电位

离子选择性电极作为指示电极，其工作原理与上述的金属基电极不同，它是通过膜电位的形成来完成对待测离子活(浓)度的指示的。下面阐述膜电位的形成过程。

当离子选择性电极浸入待测溶液后，由于待测溶液中待测离子活度与敏感膜外表面上的待测离子活度不同，两相之间产生活度差，引起待测离子从活度大的一方向活度小的一方扩散。当扩散达到平衡时，待测离子携带的电荷在敏感膜外表面过剩，从而吸引待测溶液中的异性电荷，导致敏感膜外表面与待测溶液界面上形成双电层，产生了外相界电位 $E_{外}$。同理，在敏感膜内表面也会产生一个内相界电位 $E_{内}$。若内参比溶液与外部溶液中的待测离子活度不同，则 $E_{外}$ 与 $E_{内}$ 值也不同，由此产生的敏感膜内外相界电位之差即是离子选择性电极的膜电位，用 ΔE_M 表示，如图 2-4 所示。

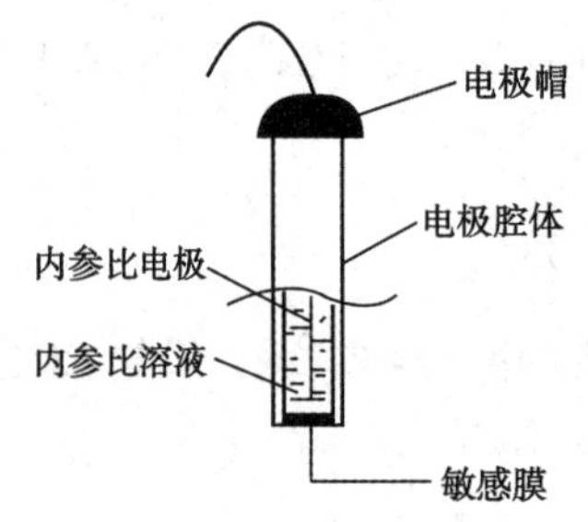

图 2-3　离子选择性电极的构造

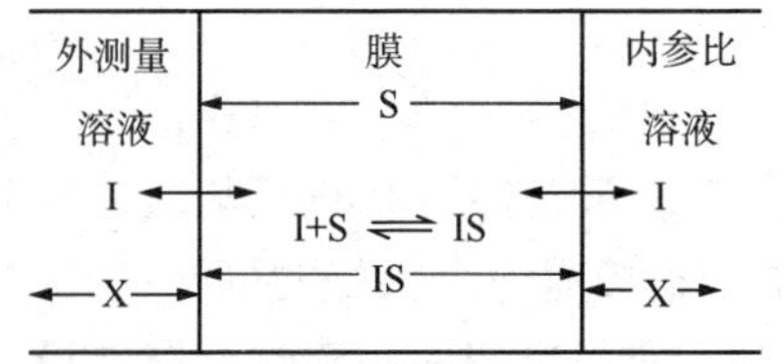

图 2-4　膜电位形成示意图

S—电活性载体；I—响应离子；X—伴随离子

298K 时，可按下面过程计算膜电位：

$$E_{外}=E_{外}^{\theta}\pm\frac{0.0592}{n}\lg a_{外} \tag{2-6}$$

$$E_{内}=E_{内}^{\theta}\pm\frac{0.0592}{n}\lg a_{内} \tag{2-7}$$

$E_{外}^{\theta}\approx E_{内}^{\theta}$，$a_{内}$ 为定值，所以

$$\Delta E_{M}=E_{外}-E_{内}=K\pm\frac{0.0592}{n}\lg a_{外} \tag{2-8}$$

式(2-7)中，第二项对阳离子取正号，对阴离子取负号。

可见，离子选择性电极膜电位的产生不是由于电子得失，而是由于离子在敏感膜表面和外部待测溶液界面间进行扩散、迁移、交换的结果。

2.2.3　离子选择性电极的分类

1976 年，IUPAC 基于离子选择性电极都是膜电极这一事实，根据膜的特征，将离子选择性电极分为基本和敏化离子选择性电极两类：

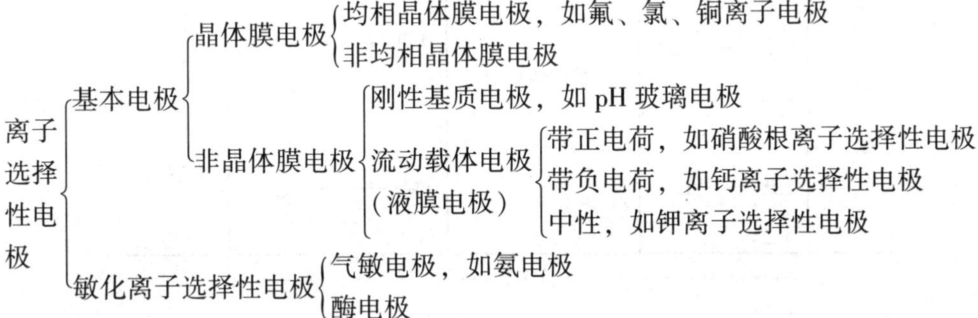

下面介绍两种电位分析中常用的离子选择性电极，分别是 pH 玻璃电极(非晶体膜电极)和氟离子选择性电极(晶体膜电极)。

2.2.4　常用的离子选择性电极

2.2.4.1　pH 玻璃电极

1. 概念

用于测定溶液中 pH 值的玻璃电极是最早使用的一种非晶体膜电极。pH 玻璃电极是对氢离子活度有选择性响应的电极，简称玻璃电极，它的结构如图 2-5 所示。

2. 基本构造

玻璃电极的作用部分主要是下端的玻璃球。球的下半部是由特殊成分的玻璃制成的薄膜(敏感膜)，其组成是在 SiO_2 基体中加入 Na_2O 或 Li_2O 及 CaO(摩尔分数约为 $x_{SiO_2}=72\%$，x_{Na_2O}或 $x_{Li_2O}=22\%$，$x_{CaO}=6\%$)，膜厚约 80~100μm。球内装有浓度为 0.1mol/L 的 HCl 标准溶液(称内参比溶液)，其中插入一支 Ag-AgCl 电极(称内参比电极)，即构成玻璃电极。

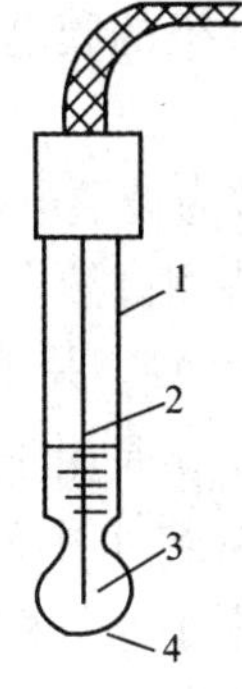

图 2-5　玻璃电极

1—绝缘体；2—内参比电极；3—内参比溶液；4—玻璃膜

3. 膜电位、不对称电位

玻璃电极使用前应浸入水中进行活化。玻璃膜与水溶液接触时，因为膜中的硅酸结构(GI^-)与H^+的结合能力远大于与Na^+的结合能力，所以膜中的Na^+与水中的H^+会发生如下的离子交换：

$$\underset{水溶液}{H^+}+\underset{膜表面}{Na^+GI^-}\rightleftharpoons\underset{水溶液}{Na^+}+\underset{膜表面}{H^+GI^-}$$

当交换达到平衡后，玻璃膜表面的Na^+几乎全部被H^+所取代，形成很薄的、溶胀的水合硅胶层(简称水化层)，如图2-6所示。水化层表面的正电荷点位几乎全部由H^+占据，水化层表面至于玻璃层H^+数目逐渐减少，而Na^+数目逐渐增加，到干玻璃层几乎全部由Na^+占据，形成H^+活度梯度。同理，玻璃膜的内表面上的Na^+也因和内参比溶液中H^+发生交换而形成类似的水化层。

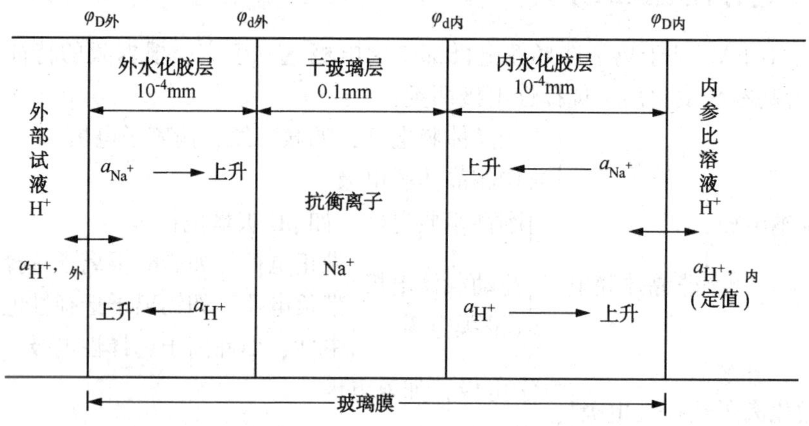

图2-6 浸泡活化后的玻璃膜示意图

经活化的玻璃电极浸入待测溶液后，由于待测溶液中H^+活度与玻璃膜表面的H^+活度不同，两相之间产生活度差，引起H^+从活度大的一方向活度小的一方扩散。当扩散达到平衡时，水化层表面过剩的正电荷吸引溶液中的阴离子，导致水化层与试液界面上形成双电层，产生了外相界电位$E_{外}$。同理，在玻璃膜内表面也会产生一个内相界电位$E_{内}$。若内参比溶液与外部试液的H^+活度不同，则$E_{外}$与$E_{内}$值也不同，由此产生的玻璃膜内外相界电位之差即是玻璃电极的膜电位ΔE_M。298K时，按式(2-8)玻璃电极的膜电位可表示为

$$\Delta E_M=K+0.0592\lg a_{H^+,外}=K-0.0592pH_{外} \quad (2-9)$$

式(2-9)为玻璃电极测定溶液pH的理论依据。

当待测试液中的H^+活度正好等于内参比溶液中的H^+活度时，理论上ΔE_M应该等于零，但实际上ΔE_M并不等于零，这一不为零的ΔE_M称为玻璃电极的不对称电势，用$\Delta E_{不对称}$表示。$\Delta E_{不对称}$是由于玻璃膜内外表面性质的微小差异，导致$E^\theta_{外}\neq E^\theta_{内}$而产生的。但是若将玻璃电极在纯水中浸泡足够时间(24h以上)进行活化，使其表面形成稳定的水化层时，$\Delta E_{不对称}$很小，且稳定(约为1~30mV)，即可满足测定溶液pH的要求。另外，由于玻璃电极中还包含有Ag-AgCl内参比电极，因此玻璃电极的电位应该是内参比电极的电位与膜电位之和，再扣除电极的不对称电位，即

$$E_{玻璃}=E_{AgCl/Ag}+\Delta E_M-\Delta E_{不对称} \quad (2-10)$$

因为内参比电极的电位与不对称电位均认为是定值，可以并入到膜电位表达式中的K项中，所以玻璃电极电位与 pH 值之间的关系为

$$E_{玻璃}=K'-0.0592\text{pH} \tag{2-11}$$

玻璃膜电极对阳离子的选择性与玻璃成分有关。若有意在玻璃中引入 Al_2O_3 或 B_2O_3 成分，则可以增加对碱金属的响应能力，在碱性范围内，玻璃膜电极电位由碱金属离子的活度决定，而与 pH 值无关，这种玻璃电极称为 pM 玻璃电极，pM 玻璃电极中最常用的是 pNa 电极，用来测定钠离子的浓度。

4. 使用注意事项

测定溶液 pH 值的工作电池中，以 pH 玻璃电极作为指示电极。使用 pH 玻璃电极时要注意以下几个问题。

(1) 初次使用或久置重新使用时，应将电极玻璃球泡浸泡在蒸馏水或 0.1mol/L HCl 溶液中活化 24h。

(2) 使用前要仔细检查所选电极的球泡是否有裂纹，内参比电极是否浸入内参比溶液中，内参比溶液内是否有气泡。有裂纹或内参比电极未浸入内参比溶液的电极不能使用。若内参比溶液内有气泡，应稍稍晃动以除去气泡。

(3) 玻璃电极在长期使用或储存中会“老化”，老化的电极不能再使用。玻璃电极的使用期一般为一年。

(4) 玻璃电极玻璃膜很薄，容易因为碰撞或受压而破裂，使用时必须特别注意。

(5) 玻璃球泡沾湿时可以用滤纸吸去水分，但不能擦拭。玻璃球泡不能用浓 H_2SO_4 溶液、铬酸洗液或浓乙醇洗涤，也不能用于含氟较高的溶液中，否则电极将失去功能。

(6) 电极导线绝缘部分及电极插杆应保持清洁干燥。

5. pH 复合电极

把 pH 玻璃电极和参比电极组合在一起的电极就是 pH 复合电极。根据外壳材料的不同分塑壳和玻璃两种。相对于两个电极而言，复合电极最大的好处就是使用方便。pH 复合电极主要由电极球泡、玻璃支持杆、内参比电极、内参比溶液、外壳、外参比电极、外参比溶液、液接界、电极帽、电极导线、插口等组成，如图 2-7 所示。

(1) 电极球泡　电极球泡是由具有氢功能的锂玻璃熔融吹制而成，呈球形，膜厚在0.1~0.2mm 左右，电阻值<250MΩ(25℃)。

(2) 玻璃支持管　玻璃支持管是支持电极球泡的玻璃管体，由电绝缘性优良的铅玻璃制成，其膨胀系数应与电极球泡玻璃一致。

(3) 内参比电极　内参比电极为银-氯化银电极，主要作用是引出电极电位，要求其电位稳定，温度系数小。

(4) 内参比溶液　内参比溶液的零电位为 7pH，是中性磷酸盐和氯化钾的混合溶液，玻璃电极与参比电极构成电池建立零电位的 pH 值，主要取决于内参比溶液的 pH 值及氯离子浓度。

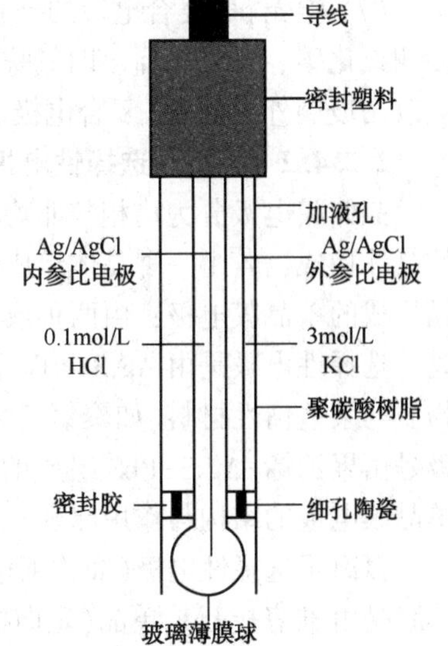

图 2-7　pH 复合电极结构图

（5）电极壳　电极壳是支持玻璃电极和液接界、盛放外参比溶液的壳体，通常由聚碳酸酯（PC）塑压成型或者玻璃制成。

（6）外参比电极　外参比电极为银-氯化银电极，作用是提供与保持一个固定的参比电位，要求电位稳定，重现性好，温度系数小。

（7）外参比溶液　外参比溶液为3mol/L KCl溶液或KCl凝胶电解质。

（8）液接界　液接界是外参比溶液和待测溶液的连接部件，要求渗透量稳定，通常用砂芯的。

（9）电极导线　电极导线为低噪音金属屏蔽线，内芯与内参比电极连接，屏蔽层与外参比电极连接。

pH复合电极在使用时，应注意以下几个方面：

（1）球泡前端不应有气泡，如有气泡应用力甩去。

（2）电极从浸泡瓶中取出后，应在去离子水中晃动并甩干，不要用纸巾擦拭球泡，否则由于静电感应电荷转移到玻璃膜上，会延长电位稳定的时间，更好的方法是使用被测溶液冲洗电极。

（3）pH复合电极插入待测溶液后，要搅拌晃动几下再静止放置，这样会加快电极的响应。尤其使用塑壳pH复合电极时，搅拌晃动要强烈一些，因为球泡和塑壳之间会有一个小小的空腔，电极浸入溶液后有时空腔中的气体来不及排除会产生气泡，使球泡或液接界与溶液接触不良，因此必须用力搅拌晃动以排除气泡。

（4）在黏稠性试样中测试之后，电极必须用去离子水反复冲洗多次，以除去黏附在玻璃膜上的试样。有时还需先用其他溶剂洗去试样，再用水洗去溶剂，浸入浸泡液中活化。

（5）避免接触强酸强碱或腐蚀性溶液，如果测试此类溶液，应尽量减少浸入时间，用后仔细清洗干净。

（6）避免在无水乙醇、浓硫酸等脱水性介质中使用，它们会损坏球泡表面的水合凝胶层。

（7）塑壳pH复合电极的外壳材料是聚碳酸酯塑料（PC）。PC塑料在有些溶剂中会溶解，如四氯化碳、三氯乙烯、四氢呋喃等，如果测试中含有以上溶剂，就会损坏电极外壳，此时应改用玻璃外壳的pH复合电极。

2.2.4.2　氟离子选择性电极

晶体膜电极分为均相与非均相膜电极。均相膜电极是由一种或多种化合物的均相混合物的晶体构成，若由一种晶体组成的电极称为单晶膜电极，如氟离子选择性电极是由氟化镧单晶构成的单晶膜电极；由两种或两种以上晶体组成的电极称为多晶膜电极，如氟以外的卤素离子选择性电极是由Ag_2S与卤化银晶体混合制成的多晶膜电极。非均相膜电极是由电活性物质与某些惰性材料（如聚氯乙烯、聚苯乙烯、硅橡胶和石蜡等）组成，例如铅离子选择电极是由聚乙烯-Ag_2S-PbS组成的非均相晶体膜电极。下面以氟离子选择性电极为例来介绍单晶膜电极的结构与作用原理。

氟离子选择性电极（简称氟电极）是典型的单晶膜电极。其结构如图2-8所示。它的敏感膜是由难溶盐LaF_3单晶（定向掺杂少量EuF_2）薄片制成，电极管内装有0.001mol/L NaF和0.1mol/L NaCl混合溶液作内参比溶液，浸入一根Ag-AgCl内参比电极，即构成氟电极。

氟电极对F^-的特殊响应原理与pH玻璃电极对H^+的响应类似，主要是在LaF_3单晶膜内

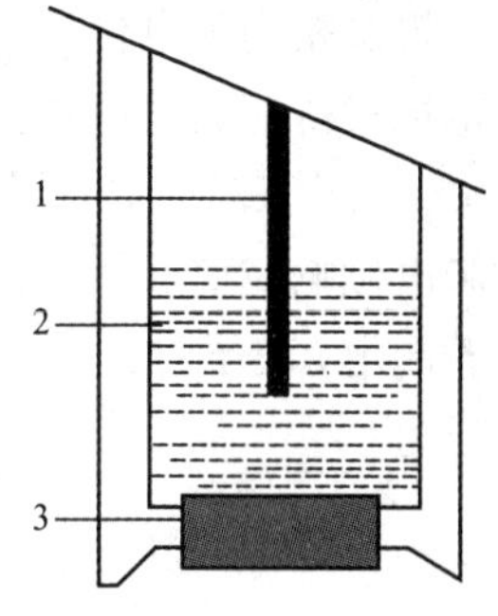

图 2-8　氟离子选择性电极
1—Ag-AgCl 内参比电极；
2—NaF-NaCl 内参比溶液；
3—氟化镧单晶膜

外表面之间产生了相界电位差，即氟离子选择电极的膜电位 ΔE_M，它与溶液中 F^- 活度之间的关系遵循能斯特方程式，在 298K 时

$$\Delta E_M = K - 0.0592\lg a_{F^-} = K + 0.0592\text{pF} \tag{2-12}$$

若将氟电极的晶体膜 LaF_3 改变为 AgCl、AgBr、AgI、CuS、PbS 等难溶盐和 Ag_2S，压片制成薄膜作为电极材料，这样制成的电极可以作为卤素离子、银离子、铜离子、铅离子等各种离子的选择性电极。

氟电极在使用时，需要注意以下几个方面：

（1）氟电极在使用前应在纯水中浸泡数小时或过夜，或在 10^{-3}mol/L 的 NaF 溶液中浸泡活化 1～2h，再用去离子水反复清洗，直至达空白值 300mV 左右，方能正常使用。

（2）试样和标准溶液应在同一温度下测定，用磁力搅拌器搅拌的速度应相等。

（3）测量前电极用去离子水清洗后，应用滤纸擦干，再插入试液中。测定时，应按溶液浓度从稀到浓的顺序测定。每次测定后都应用去离子水清洗至空白电位值，再测定下一个试样溶液，以免影响测量准确度。

（4）电极晶片勿与坚硬物碰擦，晶片上如有油污，用脱脂棉依次以酒精、丙酮轻拭，再用蒸馏水洗净。电极引线和插头要保持干燥。

（5）电极内充液为 10^{-3}mol/L 的 NaF 溶液和 10^{-1}mol/L 的 NaCl 溶液。配制后陈化 12h 后再加入。

（6）为了防止晶片内侧附着气泡，测量前，让晶片朝下，轻击电极杆，以排除晶片上可能附着的气泡。

（7）电极使用完毕，用去离子水清洗至空白值，干燥后保存。间歇使用可浸泡在水中。

2.3　离子选择性电极的性能及影响因素

2.3.1　离子选择性系数

理想的离子选择性电极应只对某特定的离子产生响应，而对共存的其他离子无响应，但实际上不存在这样的电极。例如用玻璃电极测定溶液的 pH 值，当溶液 pH 值大于 9 时，不但 H^+ 能产生响应，Na^+ 也会产生响应，从而影响 pH 值的测定。离子选择性电极所测得的膜电位实际上是待测离子和干扰离子共同参与膜内外表面离子的迁移、扩散、交换而产生的总的响应值。为减小干扰离子对测定的影响，干扰离子所产生的膜电位响应越小越好。

衡量离子选择性电极对各种共存离子响应能力大小的参数是选择性系数 $K_{i,j}$，$K_{i,j}$ 称为干扰离子对待测离子的选择性系数。设待测离子（i 离子）和干扰离子（j 离子）分别带电荷 n_i 和 n_j，若在相同的测量条件下提供相同膜电位所需的待测离子和干扰离子的活度分别为 a_i 和 a_j，则离子选择性系数 $K_{i,j}$ 的定义式为

$$K_{i,j} = \frac{a_i}{(a_j)^{n_i/n_j}} \tag{2-13}$$

可见，提供相同膜电位所需干扰离子的活度越大或待测离子的活度越小，选择性系数 $K_{i,j}$ 越小，电极对待测离子的选择性就越好。例如测定 pH 值用的玻璃电极，Na^+ 对 H^+ 的选择性系数为 $K_{H^+,Na^+}=10^{-9}$，则表示当 Na^+ 活度是 H^+ 活度的 10^9 倍时，两者在该电极敏感膜上产生相同的膜电位响应值，也可以说，此电极对 H^+ 响应比干扰离子 Na^+ 的响应灵敏 10^9 倍。

若测定 i 离子时，共存的 j 离子产生干扰，且已知选择性系数为 $K_{i,j}$，则膜电位的表达式应修正为

$$\Delta E_M=K\pm\frac{0.0592}{n_i}\lg[a_i+K_{i,j}(a_j)^{n_i/n_j}] \quad (2-14)$$

另外，利用选择性系数 $K_{i,j}$ 还可以估算某种干扰离子在测定中产生的相对误差大小，相对误差的计算式为

$$相对误差=\frac{K_{i,j}\times(a_j)^{n_i/n_j}}{a_i}\times100\% \quad (2-15)$$

例如，$K_{i,j}=10^{-9}$，当待测离子活度等于干扰离子活度（$a_i=a_j$），且 $n_i=n_j$ 时，干扰离子引起的相对误差为 $\frac{10^{-9}\times a_j}{a_i}\times100\%=10^{-7}\%$。

2.3.2 响应时间

膜电极的响应时间又称电位平衡时间，它是指离子选择性电极和参比电极一起接触试液开始，到电池电动势达到稳定值（允许波动在 1mV 以内）所需的时间。离子选择性电极的响应时间愈短愈好。电极响应时间的长短与待测溶液的浓度、试液中其他电解质的存在情况、测量的顺序（由浓溶液到稀溶液或者相反）及前后两种溶液之间浓度差等有关；也与参比电极的稳定性、溶液的搅拌速度等有关。一般可以通过搅拌溶液来缩短响应时间。如果测定浓溶液后再测稀溶液，则应使用纯水将电极清洗数次后再测定，以恢复电极的正常响应时间。

2.3.3 温度

使用电极时，温度的变化不仅影响测定的电位值，而且还会影响电极正常的响应性能。各类选择性电极都有一定的能正常使用的温度范围。电极允许使用的温度范围与膜的类型有关。一般使用温度下限为-5℃左右，上限为 80～100℃，有些液膜电极只能用到 50℃左右。

2.3.4 pH 值范围

离子选择性电极正常工作时允许的 pH 值范围与电极的类型和待测溶液浓度有关。大多数电极在接近中性的介质中测量，而且有较宽的 pH 值范围。玻璃电极适用的 pH 值范围一般为 1～10。用玻璃电极测定溶液的 pH 值时，若溶液碱度过高，由于 H^+ 浓度过小，其他阳离子在溶液和界面间可能进行交换而使得 pH 值测量结果偏低，尤其是 Na^+ 的干扰较显著，这种误差称为“碱差”或“钠差”；如果在酸度过高的溶液中测量 pH 值，测量结果偏高，这种误差称为“酸差”。现在常使用的商品 pH 玻璃电极中，231 型 pH 玻璃电极在 pH 值>13 时才发生较显著碱差，其适用的 pH 范围为 1～13；221 型 pH 玻璃电极适用的 pH 值范围则为 1～10。因此，应根据待测溶液具体情况选择合适型号的 pH 值玻璃电极。

为了提高氟离子选择电极的测量准确度，使用氟电极时，要求待测溶液的 pH 值应控制

在 5~7 之间。若溶液的碱度过高，在电极膜表面会发生下列反应

$$LaF_3+3OH^- \xlongequal{} La(OH)_3\downarrow+3F^-$$

由于 LaF_3 中的 F^- 释放出来，使试液中 F^- 活度增加，测定结果偏高；若溶液的酸度偏高，溶液中的 F^- 易与 H^+ 反应，生成 HF 或 HF_2^-，使试液中的 F^- 活度减小，测定结果偏低。又如，氯离子选择性电极使用的 pH 值范围为 2~11，硝酸银电极对于 0. 1mol/L 的 NO_3^- 适用 pH 值为 2. 5~10. 0，而对 10^{-3}mol/L 的 NO_3^- 时适用 pH 值为 3. 5~8. 5。

2. 3. 5 线性范围及检测下限

离子选择性电极的电位与待测离子活度的对数值只在一定范围内符合线性关系，该范围称为线性范围。线性范围测量方法是：将离子选择性电极和参比电极与不同活度(浓度)的待测离子的标准溶液组成电池并测出相应的电池电动势 E，然后以 E 值为纵坐标，$\lg a_i$(或 pa_i)为横坐标绘制曲线(如图 2-9 所示)。图中直线部分 AB 相对应的活度(浓度)范围即为线性范围。离子选择性电极的线性范围通常为 10^{-1}~10^{-6}mol/L。

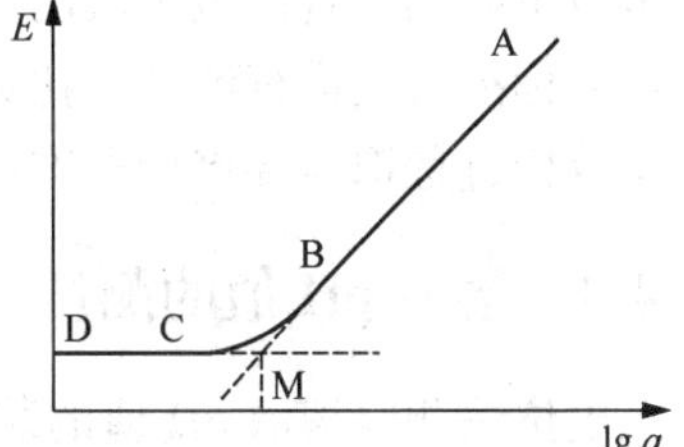

图 2-9 线性范围与检测下限

曲线(见图 2-9)两直线部分外延的交点 M 所对应的离子活度(浓度)称为检测下限。在检测下限附近，电极电位不稳定，测量结果的重现性和准确度较差。

膜电极的线性范围与检测下限易受实验条件、溶液组成(溶液 pH 值和干扰离子含量)以及电极预处理情况等的影响而发生变化，因此，控制实验条件稳定和试液 pH 值在电极正常工作范围内等是很必要的。例如，氟离子选择性电极对 F^- 的最佳响应范围是 10^{-6}~1mol/L，其测量下限取决于 LaF_3 的溶度积。

2. 3. 6 电极的斜率

在电极的测定线性范围内，离子活度变化 10 倍所引起的电位变化值称为电极的斜率，常用 S 表示，即

$$S=\frac{2.303RT}{nF}(\lg 10a_i-\lg a_i)=\frac{2.303RT}{nF}$$

所以，电极斜率的理论值为 $2.303RT/nF$，在一定温度下为常数。在 25℃时，将已知常数代入，对一价离子是 59. 2mV；对二价离子是 29. 6mV。在实际测量中，电极斜率与理论值有一定的偏差，该偏差是不可能消除的，当实际值达到理论值的 95%以上时，认为电极是可以准确测量的。

2. 3. 7 电极的稳定性

电极的稳定性是指一定时间(如 8h 或 24h)内，电极在同一溶液中的响应值变化，也称为响应值的漂移。电极表面的玷污或物质性质的变化会影响电极的稳定性。对电极进行良好的清洗、浸泡处理等即能改善这种情况。电极密封不良、胶黏剂选择不当或内部导线接触不良等也会导致电位测量值不稳定。对于稳定性较差的电极需要在测定前后对响应值进行校正。

2.4 直接电位法

电位分析法有两种分析方式：直接电位法和电位滴定法。直接电位法是利用测定工作电池的电动势，然后根据能斯特方程式，计算待测离子活度的定量方法。本法应用最多的是利用玻璃电极测定溶液 pH 值以及用离子选择性电极测定某些离子的浓度。

从理论上，将指示电极和参比电极一起浸入待测溶液中组成原电池，测量电池电动势，就可以得到指示电极电位，由电极电位根据能斯特方程可以计算出待测物质的浓度。

但实际上，所测得的电池电动势包括了液体接界电位，对测量会产生影响，而且指示电极测定的是活度而不是浓度，活度和浓度其实是有一定差别的；另外，膜电极所存在的不对称电位也限制了直接电位法的应用。因此，直接电位法不是由电池电动势计算溶液浓度，而是依靠标准溶液进行测定，比如后面要介绍的 pH 值实用定义及标准曲线法、标准加入法等定量分析过程都需要借助标准溶液来解决实际问题。

2.4.1 溶液 pH 值的测量

电位法测定溶液 pH 值的装置见图 2-10。玻璃电极作指示电极、饱和甘汞电极作参比电极，将两个电极插入被测试液中，组成工作电池。该电池符号可写成

$$(-)\,\mathrm{Ag,\ AgCl}\,|\,\text{内参比溶液}\,|\,\text{玻璃膜}\,|\,\text{试液}\,\|\,\mathrm{KCl}(\text{饱和})\,|\,\mathrm{Hg_2Cl_2,\ Hg}\,(+)$$

$$E_{\text{玻璃}} \qquad\qquad \Delta E_L \qquad\qquad E_{\text{甘汞}}$$

电池电动势为

$$E=E_{\text{甘汞}}+\Delta E_L-E_{\text{玻璃}} \tag{2-16}$$

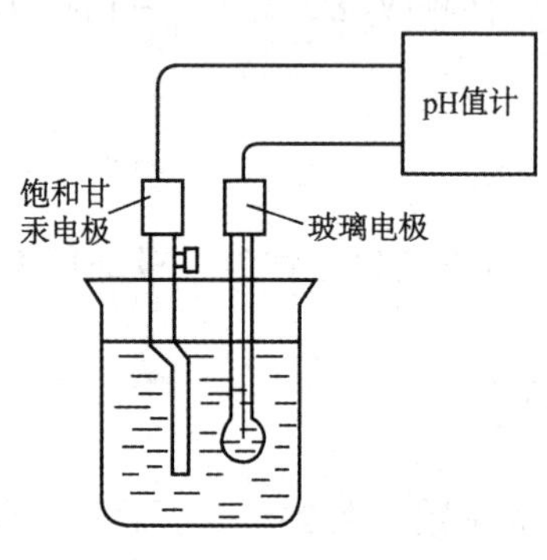

图 2-10 溶液 pH 值测量装置示意图

式中的 ΔE_L 为液体接界电势，是在甘汞电极内的 KCl 溶液与待测溶液的接触界面两侧形成双电层而产生的。在实际测定中，由于使用盐桥，使液体接界电势降至最小。

将玻璃电极电位的表达式(2-11)代入式(2-16)，得：

$$E=E_{\text{甘汞}}+\Delta E_L-(K'-0.0592\mathrm{pH})$$

在一定条件下，上式中的 $E_{\text{甘汞}}$ 和 ΔE_L 及 K' 为固定值，则上式可写成

$$E=K''+0.0592\mathrm{pH} \tag{2-17}$$

式(2-17)就是直接电位法测量溶液 pH 值的理论依据。若 K'' 已知，则通过测量电动势，即可求出溶液的 pH 值。但 K'' 值包括难以测量和计算的 $E_{\text{不对称}}$ 和 ΔE_L，因此在实际测量中，不能用式(2-17)直接计算 pH 值，一般采用直接比较法。该法以已知 pH 值的标准缓冲溶液为参比，通过比较待测溶液和标准缓冲溶液的电动势来确定待测溶液的 pH 值。设待测溶液和标准缓冲溶液的 pH 值分别为 $\mathrm{pH_x}$、$\mathrm{pH_s}$，相应的电动势分别为 E_x、E_s，则

$$E_x=K_x+0.0592\mathrm{pH_x} \tag{2-18a}$$

$$E_s=K_s+0.0592\mathrm{pH_s} \tag{2-18b}$$

若两溶液的 H^+ 活度相差很小，则在测量条件相同时，$K_x \approx K_s$，两式相减整理可得

$$pH_x = pH_s + \frac{E_x - E_s}{0.0592} \tag{2-19}$$

可见，只要准确测出 pH 值标准缓冲溶液与待测溶液的电动势，即可利用式(2-19)计算待测溶液的 pH 值。式(2-19)称为 pH 值的实用定义。实际用酸度计测定溶液 pH 值时，需要先用标准缓冲溶液对酸度计进行定位，然后直接读出未知溶液的 pH 值，这一定量分析方法叫做直接比较法。

其实，用标准缓冲溶液对仪器定位的过程就是校准标准曲线截距的过程，也即是在比较，而温度校准则是调整曲线的斜率。经过校准操作后，pH 值的刻度就符合测量的要求了，可以对未知溶液进行测定，未知溶液的 pH 值可以由酸度计直接读出。实验中用作标准的缓冲溶液的 pH 值见表 2-3。

表 2-3 标准缓冲溶液 pH 值

温度/℃	0.05mol/L 草酸氢钾	饱和酒石酸氢钾(25℃)	0.05mol/L 邻苯二甲酸氢钾	磷酸二氢钾(0.025mol/L)和磷酸氢二钠(0.025mol/L)的混合液
0	1.666	—	4.003	6.984
10	1.670	—	5.998	6.923
20	1.675	—	4.002	6.881
25	1.679	3.557	4.008	6.865
30	1.683	3.552	4.015	6.853
35	1.688	3.549	4.024	6.844
40	1.694	3.547	4.035	6.838

pH 值测定的准确度决定于标准缓冲溶液的准确度，也决定于标准溶液和待测溶液组成接近的程度。此外，玻璃电极一般适用于 pH 值为 1~10，pH 值>10 时会产生碱误差，读数偏低，pH 值<l 时会产生酸误差，读数偏高。

2.4.2 溶液离子活度(浓度)的测定

(一) 测定原理

与玻璃电极测定溶液 pH 值的方法类似，把离子选择性电极与参比电极插入待测溶液中组成原电池，通过测量电池电动势，再根据离子活度与电动势之间的关系，求得离子活度。对各种离子选择性电极，25℃时，其电动势与离子活度之间的关系式为

$$E = K \pm \frac{0.0592}{n} \lg a_i \tag{2-20}$$

如果离子选择性电极作正极，待测离子为阳离子时，式(2-20)中右边第二项取正号；待测离子为阴离子时取负号。

在实际分析工作中需要测定的是浓度而不是活度，为此将活度与浓度的关系 $a=\gamma c$ 代入式(2-20)中可得

$$E = K \pm \frac{0.0592}{n} \lg \gamma_i \pm \frac{0.0592}{n} \lg c_i$$

在一定条件下，活度系数 γ_i 是一个常数，则可将上式中的两个常数项合并，得

$$E=K'\pm\frac{0.0592}{n}\lg c_i \tag{2-21}$$

也就是说，欲将浓度直接代入能斯特方程计算，须保证活度系数 γ_i 恒定不变，但离子强度随溶液中离子浓度的变化而变化，γ_i 也相应发生变化。所以在实际测定中，须在标准溶液和待测溶液中加入离子强度调节剂，使标准溶液与待测溶液的活度系数保持不变。例如测定 F^- 时，加入一定量的总离子强度调节缓冲剂(Total Ionic Strength Adjustment Buffer，TISAB)，其组成为0.1mol/L NaCl、0.25mol/L HAc、0.75mol/L NaAc 及0.001mol/L 柠檬酸钠，TISAB 可使溶液维持较大且稳定的离子强度($I=1.75$)，也使溶液保持适宜的 pH 值(pH≈5.5)，同时，加入柠檬酸钠可以掩蔽干扰离子的响应。

(二) 定量分析方法

测定离子浓度通常采用标准曲线法和标准加入法定量分析。现分别介绍如下。

1. 标准曲线法

标准曲线法是在相同的条件下用标准物先配制一系列不同浓度的标准溶液，利用离子选择性电极和参比电极组成的系列原电池，测量相应的电动势，然后根据实验数据绘制 E_s-$\lg c_s$[或 E_s-($-\lg c_s$)]关系曲线，如图 2-11 所示。该曲线称为标准曲线，在一定浓度范围内，标准曲线是一条直线。在相同实验条件下测定待测溶液的 E_x 值，即可从标准曲线上反向查得待测离子的浓度的对数值，进而算得待测离子的浓度。

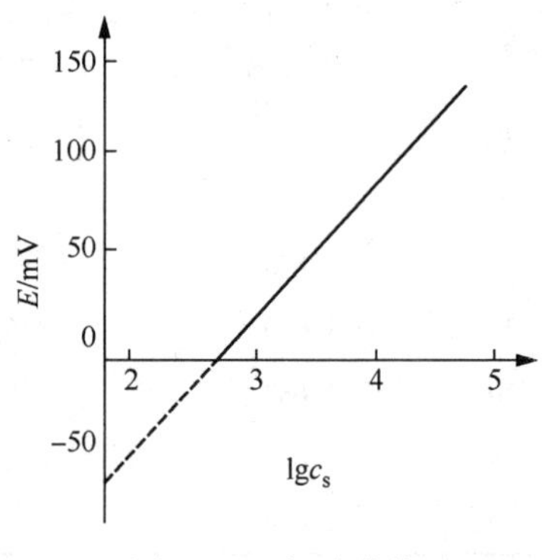

图 2-11　标准曲线

标准曲线法要求标准溶液与待测溶液具有相近的离子强度和组成，否则将会因 γ 值变化而引起误差。因此，当试样溶液组成比较复杂时，难以做到试液与标液的测定条件一致，需要靠回收率实验对方法的准确性加以验证。如果采用标准加入法，则在一定程度上减免这一误差。

2. 标准加入法

标准加入法是将一定体积和一定浓度的标准溶液加入到已知体积的待测试液中，根据加入前后的电动势变化来计算待测离子的浓度。下面介绍其原理。

设浓度为 c_x 的待测离子试液的体积为 V_x(mL)，测得其电池电动势为 E_x，则有

$$E_x=K\pm\frac{0.0592}{n}\lg(x_1\gamma_1c_x) \tag{2-22a}$$

式中，x_1 为游离离子的摩尔分数。

然后在原试样中准确加入浓度为 c_s(约为 c_x 的 100 倍)、体积为 V_s(约为 V_x 的 1/100)的待测离子的标准溶液，在相同实验条件下测得电池电动势为 E_{x+s}，则有

$$E_{x+s}=K\pm\frac{0.0592}{n}\lg(x_2\gamma_2c_x+x_2\gamma_2\Delta c) \tag{2-22b}$$

式中，x_2 和 γ_2 是加入标准溶液后的游离离子的摩尔分数和活度系数；Δc 是试样浓度的增量，应为

$$\Delta c=\frac{c_sV_s}{V_x+V_s}\approx\frac{c_sV_s}{V_x} \tag{2-22c}$$

因为 V_s 远小于 V_x，所以可认为 $\gamma_1 \approx \gamma_2$、$x_1 \approx x_2$。则两次测量电动势的差值为

$$|E_{x+s}-E_x| = \Delta E = \frac{0.0592}{n}\lg\left(1+\frac{\Delta c}{c_x}\right) \tag{2-22d}$$

令 $S=\frac{0.0592}{n}$，并代入上式后整理得

$$c_x = \Delta c\ (10^{\Delta E/S}-1)^{-1} \tag{2-23}$$

式中，S 为常数；Δc 可由式(2-23)求得，所以根据测得的 ΔE 值可算出 c_x。

标准加入法的特点是仅需一种标准溶液，操作简单快速。

【例 2-1】 将钙离子选择电极和饱和甘汞电极插入 100.00mL 水样中，用直接电位法测定水样中的 Ca^{2+}。25℃时，测得钙离子电极电位为-0.0619V(对 SCE)，加入 0.0731mol/L 的 $Ca(NO_3)_2$ 标准溶液 1.00mL，搅拌平衡后，测得钙离子电极电位为-0.0483V(对 SCE)。试计算原水样中 Ca^{2+} 的浓度。

解：由标准加入法计算公式

$$S=0.0592/2$$

$$\Delta c = c_s V_s / V_x = 1.00\times 0.0731/100 = 7.31\times 10^{-4}$$

$$\Delta E = -0.0483-(-0.0619) = 0.0136\text{V}$$

$$\Delta c\ (10^{\Delta E/S}-1)^{-1} = 7.31\times 10^{-4}\times (10^{0.461}-1)^{-1}$$

$$= 3.87\times 10^{-4}\text{mol/L}$$

试样中 Ca^{2+} 的浓度为 3.87×10^{-4}mol/L。

2.4.3 酸度计

酸度计广泛应用于工农业生产、环保、食品科学等研究领域中，以 pH 值表示的酸度是一个重要的物化特性参数。主要用于测定各种溶液的酸碱度(pH 值)和测量电动势或电极电位(mV 值)。此外，pH 值测量还广泛应用于生物、医学环境分析和海洋调查等方面，因此酸度计性能的好坏直接影响仪器分析结果的准确性。

(一) pHS-2 型酸度计

1. 测定原理

pHS-2 型酸度计适用于 pH 值、离子选择性电极及其他金属电极电位的测定。pHS-2 型酸度计若配上适当的电极和滴定管、搅拌装置也可以进行电位滴定的操作；若配上适当的记录式电子电位差计，可以自动记录电极电位。图 2-12 为 pHS-2 型酸度计原理示意图。

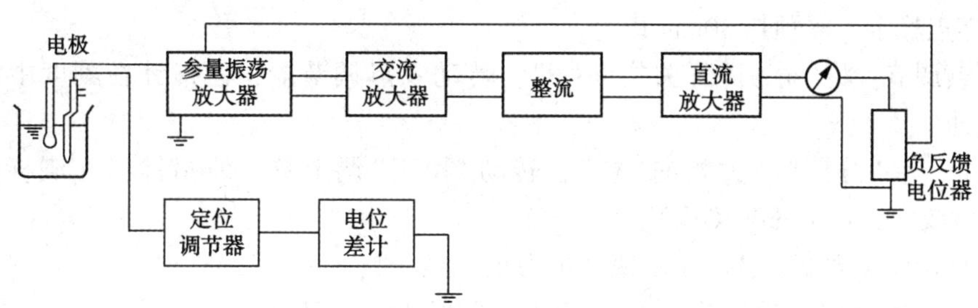

图 2-12 pHS-2 型酸度计原理示意图

该仪器的技术指标如下：

测量范围：pH：0~14，pH 分 7 档量程，每一量程为 2pH。

mV：0~+1400mV、0~-1400mV，每一量程为 200mV。

最小分度：pH 为 0.02pH；mV 为 2mV。

pHS-2 型酸度计测定 pH 值时用玻璃电极作指示电极，饱和甘汞电极作参比电极，电极对在待测溶液中不同酸度(或离子浓度)产生不同的直流电位信号，该信号经放大器放大后，可以指示 pH 值(或 mV 值)。

2. 操作步骤

仪器面板如图 2-13 所示。

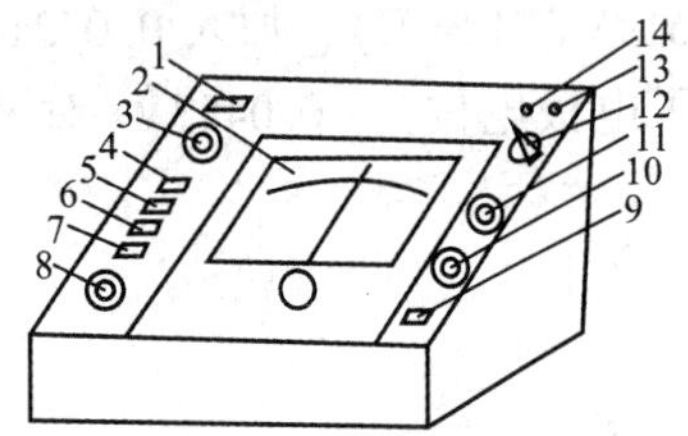

图 2-13　pHS-2 型酸度计外形图

1—指示灯；2—指示表；3—温度补偿器；4—电源按键；5—pH 按键；6—+mV 按键；7—-mV 按键；8—零点调节器；9—读数开关；10—定位调节器；11—校正调节器；12—pH-mV 分档开关；13—离子电极插座；14—甘汞电极接线柱

(1) 测量 pH 值

① 预热：接通电源，按下 pH 按键，指示灯亮。预热 30min 以上。

② 温度补偿：将“温度”补偿器旋至待测溶液的温度值或室温。

③ 零点调节：将“分档”开关指向“6”，转动零点调节器，使指针指在刻度中心“1”刻线处。

④ 校正：将“分档”开关指向“校”，转动“校正”调节器，使指针指在满刻度“2.0”刻线处。

⑤ 重复操作步骤③、④至示值稳定为止。

⑥ 安装电极：玻璃电极插头插入插座，甘汞电极引线接在接线柱上。

⑦ 定位：该型号的酸度计属于单点定位。在待测溶液与标准缓冲溶液温度相同的情况下，查出该温度下标准缓冲溶液的 pH 值。在小烧杯中倒入标准缓冲溶液，放入搅拌子，浸入电极，开动搅拌器，将“分档”开关旋至与已知 pH 值相应的档，按下读数开关，转动定位调节器，使指针指示值与标准溶液的 pH 值相等(分档开关的指示值加上指针的指示值)。调好后，松开读数开关，撤去溶液，淋洗电极，再用滤纸吸干电极上附着的水分。

⑧ 测量：将电极浸入待测溶液中，按下读数开关，调节分档开关，至能读出指示值，分档开关的指示值加上指针的指示值即为被测溶液的 pH 值。

(2) 测量电动势

① 预热：接通电源，根据电极连接的情况，按下“+mV”按键或“-mV”按键，指示灯亮。为使零点稳定，需预热 30min 以上。

② 零点调节：将“分档”开关指向“6”，转动零点调节器，使指针在刻度中心“1”或“-1”刻线处。

③ 校正：将“分档”开关指向“校”，转动“校正”调节器，使指针指在满标处“2.0”(+mV刻度)或“-2.0”(-mV 刻度)。

④ 重复操作步骤②、③，至示值稳定为止。

⑤ 定位：将“分档”开关指向“0”，按下“读数”开关，转动“定位”调节器，使指针指在刻度“0”处，松开“读数”开关。

⑥ 安装电极：将电极分别插入插座和接于接线柱上。

⑦ 测量：将电极浸入待测溶液中，按下“读数”开关，调节“分档”开关，至能读出指示值，分档开关的指示值与指针指示值之和再乘以 100，即为电动势的数值(mV)。

(二) pHS-25 型酸度计

1. 概述

pHS-25 型 pH 计是一台液晶(LCD)数字显示的 pH 计(如图 2-14 所示)。仪器适用于石化企业、工矿企业、农业医药、环保等单位，用于取样测定水溶液的 pH 值和测量电极电位(mV 值)。

仪器可以在下列环境条件下连续使用：

① 环境温度：5~35℃；

② 相对湿度：≤80%；

③ 被测溶液温度：5~60℃；

④ 供电电源：220V±22V，频率 50Hz±0.5Hz，附直流稳压电源；

⑤ 无显著的振动。

图 2-14 pHS-25 型 pH 计

2. 仪器使用方法

(1) 仪器使用前的准备：在电极插入前，仪器输入端必须插入 Q_9 短路杆，使输入端短路以保护仪器。仪器供电电源为交流电源，把直流稳压电源插在 220V 交流电源上，并把电极安装在电极架上然后将 Q_9 短路插头拔去，把复合电极插头插在仪器的电极插座上，电极下端玻璃球泡较薄，以免碰坏。电极插头在使用前应保持清洁干燥，切忌与污物接触。

(2) 仪器选择开关置“pH”档或“mV”档，开启电源，仪器预热几分钟。

(3) 仪器的校正：仪器在使用之前，即测待测溶液之前，先要校正。一般在连续使用时，每天校正一次已能达到要求。

仪器的校正方法分为二种：

① 一点校正法：用于分析精度要求不高的情况。

a. 仪器插上电极，选择开关置于“pH”档。

b. 仪器斜率调节器调节在 100%位置(即顺时针旋到底的位置)。

c. 选择一种最接近样品 pH 值的缓冲溶液(pH=7)，并把电极放入这一缓冲溶液中，调节温度调节器，使所指示的温度与溶液的温度相同，并摇动试杯，使溶液均匀。

d. 待读数稳定后，该读数应为缓冲溶液的 pH 值，否则，调节定位调节器。

e. 清洗电极，并吸干电极球泡表面的余水。

② 两点校正法：用于分析精度要求较高情况。

a. 仪器插上电极，选择开关置 pH 档，斜率调节器调节在 100%。

b. 选择二种缓冲溶液也即被测溶液的 pH 值在该两种之间或接近的情况，如 pH=4 和 7。

c. 把电极放入第一种缓冲溶液(pH=7)，调节温度调节器，使所指示的温度与溶液一致。

d. 待读数稳定后，该读数应为该缓冲溶液的 pH 值，否则调节定位调节器。

e. 电极放入第二种缓冲溶液(如 pH=4)，摇动试杯，使溶液均匀。

f. 待读数稳定后，该读数应为该缓冲溶液的 pH 值，否则，调节斜率调节器。

g. 清洗电极，并吸干电极球泡表面的余水。

(4) 经校正的仪器，各调节器不应再有变动。不用时电极的球泡最好浸泡在蒸馏水中，在一般情况下 24 小时之内不需要校正。但遇到下列情况之一，则仪器最好事先进行校正。

① 溶液温度与标定时的温度有较大的变化时；

② 干燥过久的电极；

③ 换过了的新电极；

④ “定位”调节器有变动，或可能有变动时；

⑤ 测量过浓酸(pH<2)或浓碱(pH>12)之后；

⑥ 测量过含有氟化物的溶液而酸度在 pH<7 的溶液之后和较浓的有机溶液之后。

(5) 测量 pH 值：已经标定过的仪器，即可用来测量被测溶液。

① 被测溶液和定位溶液温度相同时：

a. “定位”保持不变；

b. 将电极夹向上移出，用蒸馏水清洗电极头部，并用滤纸吸干；

c. 把电极插在被测溶液之内，摇动试杯使溶液均匀后读出该溶液 pH 值。

② 被测溶液和定位溶液温度不同时：

a. “定位”保持不变；

b. 用蒸馏水清洗电极头部，用滤纸吸干。用温度计测出被测溶液的温度值；

c. 调节“温度”调节器，使指示在该温度值上；

d. 把电极插在被测试溶液内，摇动试杯使溶液均匀后，读出溶液的 pH 值。

(6) 测量电极电位(mV 值)：

① 校正：

a. 拨出测量电极插头，插上短路插头，置“mV”档。

b. 使读数在±0mV(温度调节器、斜率调节器在测 mV 值时不起作用)。

② 测量：

a. 接上各适当的离子选择电极；

b. 用蒸馏水清洗电极，用滤纸吸干；

c. 把电极插在被测溶液内，将溶液搅拌均匀后，即可读出该离子选择电极的电极电位(mV 值)并自动显示正、负极性。

(7) 如果被测信号超出仪器的测量范围或测量端开路时，显示部分发出超载报警。

(8) 仪器有斜率调节器，因此可做两点校正法，以准确测定样品。

3. 仪器复校

为了保证仪器的使用准确度，有必要进行定期的复校。至于复校的周期，用户可依仪表的长期稳定性指标和实际测量对准确度的要求自选决定。复校主要是对仪表进行零位校正和满度校正。

(1) mV 档复校：用电子电位差计校验。

① “选择”置 mV 档，电位差计输出 0mV。

② 此时仪器读数应在±0 之间，若不为 0，可调节 W_6 调节器，令其读数在±0 之间。

③ 电极插口插上 Q_9 连接插头接上电位差计。

④ 输入±1400mV，视仪器读数是否相符，如不符，可调节 W_5电位器，令其误差在±1个字之内。

(2) pH 档复校：用电位差计检验，可按表 2-4 输入毫伏数，温度补偿调节在 30℃。斜率调节器在 100%。

表 2-4 pH 档复校参数表

pH 值	0	1	2	3	4	5	6	7
mV 值	421.05	360.90	300.75	240.60	180.45	120.30	60.15	0
pH 值	8	9	10	11	12	13	14	
mV 值	-60.15	-120.3	-180.45	-240.6	-300.75	-360.9	-421.05	

当电位差计输出的信号为-421.05mV，仪器的显示应为 14.00pH，如不符可调节 W4 电位器，使显示为 14.00pH，信号为+421.05 时，显示即为 0.01pH。

(三) 酸度计的使用注意事项

(1) 测量前必须把仪器和标准溶液以及待测溶液提前放在实验室。对于 0.01 级以上的电位差计，应在室温 18~22℃条件下工作。

(2) 仪器探头在测量前必须清洗干净，玻璃电极一定要在蒸馏水中充分浸泡 24h 以上来进行活化，以保证不对称电位尽可能恒定。

(3) 在测量两种标准溶液以及每次使用之前，一定要将电极上的残留溶液冲洗干净，以免污染下一个标准溶液，电极玻璃膜很薄，因此电极冲洗后要用滤纸将电极上残留的蒸馏水吸干，而不是擦干，以免损坏电极。

(4) 测量时必须使探头和温度计充分浸到被测溶液中，并保持一段时间，使其数值稳定后才读数。

(5) 标准缓冲液一般可使用 2~3 个月，如有浑浊、发霉或沉淀等现象时，不能继续使用。

(6) 取与供试液 pH 值较接近的第一种标准缓冲液对仪器进行校正(定位)，使仪器示值与标准缓冲液数值一致。

(7) 对于采用两点校正的酸度计，在仪器定位后，再用第二种标准缓冲液核对仪器示值，误差应不大于±0.02pH 单位。若大于此偏差，则小心调节斜率，使示值与第二种标准缓冲液的表列数值相符。重复上述定位与斜率调节操作，至仪器示值与标准缓冲液的规定数值相差不大于 0.02pH 单位。否则，须检查仪器或更换电极后，再行校正符合要求。

(8) 配制标准缓冲液与溶解用的水，应是新煮沸过的冷蒸馏水，其 pH 值应为 5.5~7.0。

(四) 酸度计的常用维护方法

除正确使用外，对酸度计的维护和测量时的注意事项也需要了解。以下是酸度计的常用维护方法：

(1) 仪器的输入端(即电极插口)必须保持清洁，不用时将接续器插入，以防灰尘侵入，在环境温度较高时，应把电极用净布擦干。

(2) 玻璃电极球泡的玻璃很薄，因此易使它与烧杯等硬物相碰。防止球泡破碎，一般安装时，甘汞电极下端应略低于玻璃电极球泡，以便在摇动时球泡不会碰到烧杯底。

(3) 在按下读数开关时，如果发现指针严重甩动，应放开读数开关检查分档开关，位置及其他调节器是否恰当，电极头是否浸入溶液。

(4) 转动温度调节旋钮时勿用力太大，以防止移动紧固螺丝位置造成误差。

(5) 当被测信号较大，发生指针严重甩动的现象时，应转动分档开关使指针在刻度之内，并需等待 1min 左右，使指针稳定为止。

(6) 探头不能用脱水物质如浓乙醇、浓硫酸等物质清洗，会引起电极表面失水而损坏氢功能。

(7) 指针酸度计测量完毕时，必须先放开读数开关，再移去溶液，如果不放开读数开关就移去溶液则指针甩动厉害，影响后面测定的准确性。

2.4.4 影响测量准确度的因素

影响测量准确度的因素主要有以下几种。

1. 温度

在直接电位法中电动势与离子活度之间的关系符合能斯特方程式，即

$$E=K\pm\frac{2.303RT}{nF}\lg a_i \tag{2-24}$$

显然，温度与 $E-\lg a_i$ 直线的斜率有关。另外，因 K 项与参比电极电位、膜电位和液接电位等有关，而这些电位值都是温度的函数，所以在整个测定过程中须保持温度恒定，以保证能斯特方程的线性关系较严格的成立，进而提高测定的准确度。在实际测定中通过由仪器对温度进行校正或补偿的方法来维持温度不变。

2. 电动势的测定误差

电动势的测量误差直接影响离子活度测定的准确度。若将式(2-24)微分，得

$$dE=\frac{RT}{nF}\frac{da}{a}$$

当 $T=298$K 时

$$\frac{RT}{nF}=\frac{0.02568}{n},\quad \frac{da}{a}=\frac{ndE}{0.02568}$$

如果微分符号 d 替换为微差符号 Δ，可得如下活度的相对误差表达式

$$\frac{\Delta a}{a}=\frac{n\Delta E}{0.02568}\approx 39n\Delta E \tag{2-25}$$

可见，活度的相对误差与电动势的测量误差 ΔE 及离子的电荷数 n 有关。例如，电动势的测量误差 $\Delta E=1$mV 时，一价离子的相对误差 3.9%，而二价离子的相对误差增至 7.8%。由此可知，为了减小活度测量的相对误差，所用仪器须具有高的准确度和灵敏度，以便减小电动势的测量误差。另外，直接电位法较适宜测量低价离子，若被测离子是高价离子，应尽可能将它还原为低价离子后再测定。

3. 共存的干扰离子

若干扰离子在测定电极上有响应，直接影响待测离子的测定，其影响程度可用离子选择性系数来衡量。如果共存的干扰离子与被测离子反应并生成在电极上无响应的物质或与电极膜反应改变膜的特性时，都影响测定的准确度。为了消除干扰离子的影响，一般采用掩蔽或分离的方法。

4. 其他因素

除上述影响因素外，还应考虑以下几个方面的因素。正确选择适宜的 pH 值，避免 H^+ 或 OH^-的干扰，例如使用氟离子选择性电极时，应控制 pH 值为 5~7。离子选择性电极可以检测的线性范围一般为10^{-6}~10^{-1}mol/L，所以试液中待测离子的浓度应与线性检测范围相符。

2.5 电位滴定法

2.5.1 电位滴定的基本原理及装置

将指示电极与参比电极插入被滴定溶液中组成原电池，不断搅拌下，由滴定管滴入滴定剂，根据滴定过程中电池电动势的变化来确定滴定终点的方法称为电位滴定法。电位滴定装置如图 2-15 所示。

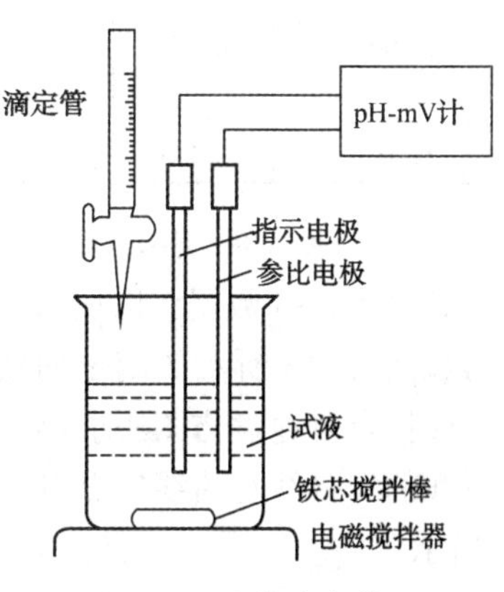

图 2-15 电位滴定装置

电位滴定法和普通滴定法类似，关键都是找到滴定终点。普通滴定法是依靠指示剂颜色变化来指示滴定终点的，如果待测溶液本身有颜色或浑浊时，终点的指示就比较困难，或者根本找不到合适的指示剂。而电位滴定法是通过滴定过程中电动势(或电极电位)的突跃来确定滴定终点的，所以，电位滴定法不需要准确地测量电动势(或电极电位)，温度、液体接界电位的影响也并不重要，其准确度优于直接电位法。在滴定到达终点前后，滴液中的待测离子浓度往往连续变化 n 个数量级，引起电位的突跃，被测组分的含量仍然通过终点处消耗滴定剂的体积来计算。使用不同的指示电极，电位滴定法可以进行酸碱滴定、氧化还原滴定、配位滴定和沉淀滴定。在滴定过程中，随着滴定剂的不断加入，电极电位 E 不断发生变化，电极电位发生突跃时，说明滴定到达终点。

2.5.2 电位滴定终点的确定方法

在电位滴定过程中，每滴加一定体积的滴定剂后，测定电池的电动势(瞬时电动势)，一直到超过化学计量点为止。记录所有滴定点的数据可得到一系列的滴定剂用量 V(mL)和对应的电动势 E(mV)。例如，用 0.1000mol/L $AgNO_3$溶液滴定 Cl^-时所得数据经整理后列于表 2-5。下面利用表中的数据讨论确定终点的三种方法。

表 2-5 用 0.1000mol/L $AgNO_3$溶液滴定 Cl^-溶液的数据

加入 $AgNO_3$体积 V/mL	E/mV	$\Delta E/\Delta V$	$\Delta^2E/\Delta V^2$	加入 $AgNO_3$体积 V/mL	E/mV	$\Delta E/\Delta V$	$\Delta^2E/\Delta V^2$
5.00	0.062					0.110	
		0.002		24.20	0.194		2.8
15.00	0.085					0.39	

续表

加入 $AgNO_3$ 体积 V/mL	E/mV	$\Delta E/\Delta V$	$\Delta^2 E/\Delta V^2$	加入 $AgNO_3$ 体积 V/mL	E/mV	$\Delta E/\Delta V$	$\Delta^2 E/\Delta V^2$
		0.004		24.30	0.233		4.4
20.00	0.107					0.83	
		0.008		24.40	0.316		−5.9
22.00	0.123					0.24	
		0.015		24.50	0.34		−1.3
23.00	0.138					0.11	
		0.016		24.60	0.351		−0.4
23.50	0.146					0.07	
		0.050		24.70	0.358		
23.80	0.161					0.05	
		0.065		25.00	0.373		
24.00	0.174					0.024	
		0.090		25.50	0.385		
24.10	0.183						

1. 滴定曲线法（E-V 曲线法）

利用表 2-5 数据，以加入滴定剂体积 V 为横坐标，电动势 E 为纵坐标，绘制 E-V 曲线，可得如图 2-16 所示的滴定曲线。曲线中电动势发生突跃的转折点对应的体积即为滴定终点，转折点可通过作图法求得。如在 S 形滴定曲线上绘制两条与两拐点相切的平行直线，两平行线的等分线与曲线的交点就是转折点，这一确定终点的方法称为平行切线法，如图 2-16 所示。

2. 一阶微商曲线法（$\Delta E/\Delta V$-$\overline{V}$ 曲线法）

此法的理论依据为 E-V 曲线的拐点就是一阶微商曲线的极大值。以 E 的变化值 ΔE 与相对应的加入滴定剂体积的增量 ΔV 的比值 $\Delta E/\Delta V$ 为纵坐标，以对应的体积平均值 $\overline{V}$ 为横坐标作图，可得到一阶微商曲线，如图 2-17 所示。例如表 2-5 中 24.30mL 和 24.40mL 之间的相应数据为 $\Delta E/\Delta V=0.83$，$\overline{V}=24.35$mL。曲线上最高点对应的横坐标即为滴定终点体积。

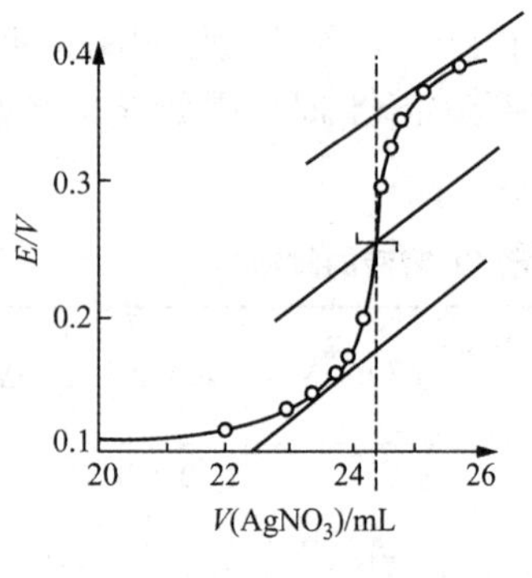

图 2-16　E-V 曲线

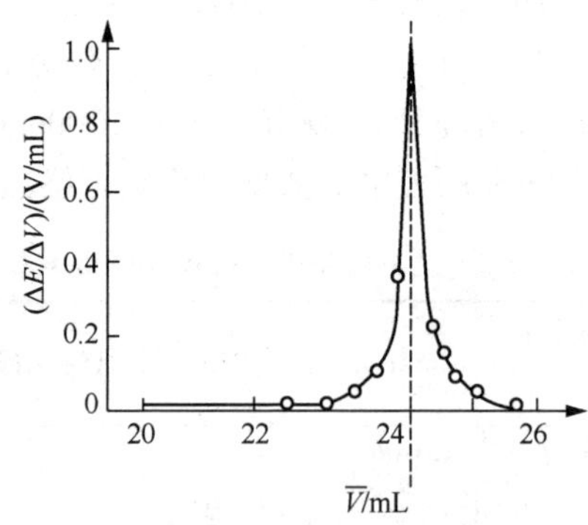

图 2-17　$\Delta E/\Delta V$-$\overline{V}$ 曲线

3. 二阶微商法

（1）$\Delta^2E/\Delta V^2-\overline{V}$ 曲线法：因为二阶微商等于零的点对应的就是一阶微商曲线上的最高点，也即是滴定曲线上的斜率最大点。因此，以 $\Delta^2E/\Delta V^2$ 为纵坐标，对应的 $\overline{V}$ 为横坐标，绘制 $\Delta^2E/\Delta V^2-\overline{V}$ 曲线，如图 2-18 所示。曲线上 $\Delta^2E/\Delta V^2=0$ 所对应的体积即为滴定终点体积。

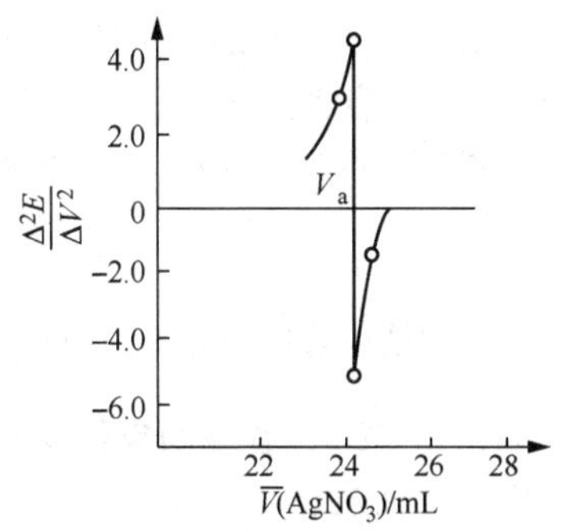

图 2-18 $\Delta^2E/\Delta V^2-\overline{V}$ 曲线

（2）内插计算法：二阶微商法除了曲线法求滴定终点以外，还可以利用实验数据以内插法计算滴定终点体积。例如根据表 2-5 中数据，一阶微商值 0.39 和 0.83 对应的平均体积分别为 24.25mL 和 24.35mL，则二阶微商值可计算如下：

$$\Delta^2E/\Delta V^2=\frac{(\Delta E/\Delta V)_2-(\Delta E/\Delta V)_1}{\overline{V}_2-\overline{V}_1}=\frac{0.83-0.39}{24.35-24.25}=+4.4$$

同理，利用一阶微商值 0.83 和 0.24 及对应的平均体积 24.35mL 和 24.45mL，可计算二阶微商值为

$$\Delta^2E/\Delta V^2=\frac{(\Delta E/\Delta V)_3-(\Delta E/\Delta V)_2}{\overline{V}_3-\overline{V}_2}=\frac{0.24-0.83}{24.45-24.35}=-5.9$$

因为二阶微商值对应的体积 $\left(\overline{\overline{V}}=\frac{\overline{V}_1+\overline{V}_2}{2}\right)$ 分别为 24.30mL 和 24.40mL，所以二阶微商值为零时对应的体积一定在 24.30～24.40mL 之间，用内插法可求算相应的体积。设滴定终点体积为 V_{ep}，如图 2-19 所示，则根据内插法计算如下：

V/mL	24.30	V_{ep}	24.40
$\Delta^2E/\Delta V^2$	4.4	0	-5.9

图 2-19 内插计算法

$$\frac{24.30-V_{ep}}{4.4-0}=\frac{24.30-24.40}{4.4-(-5.9)}$$

$$V_{ep}=24.30+4.4\times\frac{0.1}{4.4+5.9}=24.34\text{mL}$$

用二阶微商计算法确定滴定终点，因为不必绘制曲线，是一种简便、快速、准确的方法，在实际工作中广泛被应用。

2.5.3 自动电位滴定法

在上述电位滴定过程中，用人工操作进行滴定并随时测量、记录滴定电池的电动势，最后通过绘图法或计算法来确定终点，这种方法麻烦且费时。随着电子技术和自动化技术发展，出现了以仪器代替人工滴定的自动电位滴定仪。

自动电位滴定仪确定终点的方法通常有三种：

第一种是保持滴定速度恒定，自动记录完整的 $E-V$ 滴定曲线，然后采用平行切线法确定滴定终点。

第二种是将滴定电池的电动势同预设置的某一终点电动势相比较，两信号差值 ΔE 经放大后用来控制滴定速度，ΔE 越大，滴定速度越快。近终点时滴定速度降低，终点时自动停

止滴定，最后由滴定管读取终点处滴定剂的消耗体积，进而计算待测组分含量。

第三种是基于在化学计量点时，滴定电池电动势的二阶微商值由大降至最小，依靠这一突然变化来启动继电器，并控制电磁阀将滴定管的滴定通路关闭，再从滴定管上读出滴定终点时滴定剂的消耗体积。这种仪器不需要预先设定终点电动势就可以进行滴定，自动化程度较高。

2.5.4 电位滴定仪

（一）ZD-3 型自动电位滴定仪

1. 工作原理

ZD-3 型自动电位滴定仪由滴定放大器、滴定控制器、滴定装置、滴定管、手动控制器和记录仪等部件组成。可以作预设终点自动滴定、恒 pH 滴定及 pH 或 mV 测量。如图 2-20 所示。

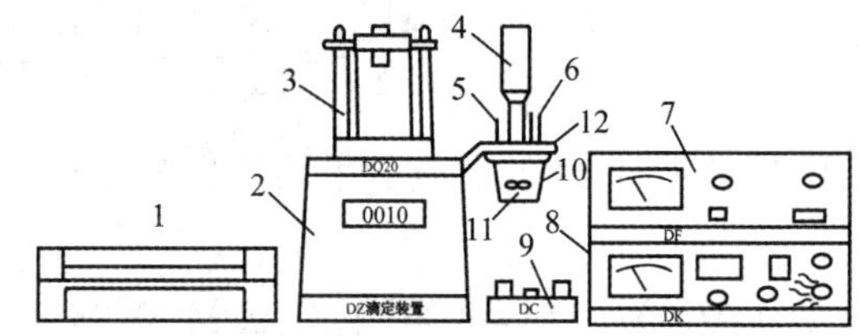

图 2-20　ZD-3 型自动电位滴定仪部件图

1—台式记录仪；2—DZ 滴定装置；3—DQ 滴定管；4—搅拌器；5—毛细滴定管；6—电极；7—DF 放大器；8—DK 控制器；9—DC 操作单元；10—滴定烧杯；11—搅拌器螺旋桨；12—滴定池固定架

指示电极与参比电极之间的电位差 E 经前置级转换为低输出阻抗的信号后分四路传送：①至滴定控制器用以控制滴定；②至非线性放大器放大后由电表指示出电位值；③至同步记录仪用以记录被测定溶液在滴定过程中的 S 形滴定曲线；④至一阶微分放大器变为对时间的一次微分后作为同步记录仪的输入信号，供记录一阶微分曲线。

滴定控制器(DK)由终点电位设定电路、比较电路、非线性放大器、电压-频率转换器及终点延时电路组成。电极电位与设定电位比较，其差值经非线性放大器放大后转换成为脉冲信号，控制滴定装置(DZ)单元内的步进电机动作，使滴定管滴液的速度与差值成正比，差值大时滴定的速度快，差值为零时，脉冲频率为零，滴定管就停止滴液。假如在一个设定的延迟时间周期内没有脉冲达到滴定管，则滴定管不会动作，之后若再和设定电位有任何偏离，都不会使 DZ 单元内的步进电机动作，从而达到滴定终点。

2. 仪器操作方法

（1）仪器的准备：按照仪器说明正确连接各部件；根据需要正确连接和安装电极；仪器安装好以后，应反复核对无误，再调整各个开关的位置如下：DF 放大器中极化电源开关关掉，选择开关放在“停”位上。DC 滴定控制的选择开关放在“间断”，DZ 滴定装置的选择开关放在“手动”，并关掉 DF 放大器和 DZ 滴定装置上电源开关，然后再插上电源线，打开电源开关，经 15min 预热后再行使用。

（2）ZD-3 型 DZ 滴定装置的操作方法：

① 首先检查并确认 DC 操作面板上的“选择”开关在“间断”的位置上后再开机。

② 根据需要将 DZ“选择”开关放在所需要的位置上，如手动滴定，一次微分滴定时放手

动；预设终点滴定时放在自动上。

③ 搅拌器电源线接在DZ机后的搅拌电源接线柱上。使用时调节搅拌器顶端的旋钮即可调节搅拌速度。

④ 如需记录仪记录滴定曲线，可将XWT-1044S(或LM17)记录仪的外脉冲输入线接在DZ机后的接线柱上。

⑤ 全部连接都连接在预定的位置后，将吸液管插入储液瓶，滴液管插入烧杯内。三通阀门放在吸液位置上。

⑥ 开启电源，仪器即自动回到零，直至显示0mL，即自动停止吸液。

⑦ 如用DC单元发出滴定指令，阀门放在滴液位置，把DC单元“选择”开关放在连续位置，滴定管开始连续滴定。待一管溶液全部滴完，显示10.00mL，滴定管自动停止操作，把DC的“选择”开关扳到“间断”位置阀门放到补液位置，只需按一下补液按钮，滴定管即自动开始补液，将储液瓶内的溶液吸入滴液管，直到补满自动停止补液。

⑧ 反复重复第⑦步的操作，直到吸液管、滴液管、滴定管、阀门内都充满溶液，没有气泡时即可进行分析滴定。如调换滴定溶液，应对滴定管进行清洗。

⑨ 滴定速度的调节：

a. DZ选择开关放在自动时，滴定速度完全由DK控制，此时DC单元上的“速度”调节旋钮没有调节作用；

b. DZ选择开关置于手动时，滴定速度可由DC单元面板上的速度调节旋钮调节，速度调节旋钮是一只带推拉开关的电位器，速度调节分二档，速度旋钮拉出为慢，推回原处为快，这是粗调。旋转速度旋钮可细调速度。

⑩ 需要间断滴定，则把DC单元的“选择”开关放在“间断”的位置，用手去按“手动”按钮；即滴定，放开即停止滴定。“手动”时速度也可用“速度”旋钮调节。需连续滴定则把DC的“选择”放在连续位置上即可，放在间断的位置上即停止滴定。

3. 维护与保养

(1) 如果仪器要滴定不同品种的样品时，原液路部分标准液要彻底清洗。

(2) 如有数字显示乱跳，一般是电源接地不良或周围有强电磁干扰。

(3) 在作pH值测量或用玻璃电极进行滴定分析时，如数字漂移，很难稳定时，有可能是由于电极老化，需及时更换(玻璃电极寿命一般一年左右)。

(二) ZDJ-4A型自动电位滴定仪

1. 仪器简介及特点

ZDJ-4A型自动电位滴定仪是一种分析精度高的实验室分析仪器(如图2-21所示)，它主要用于高等院校、科研机构、石油化工、制药、药检、冶金等各行业的各种成分的化学分析，具有如下特点：

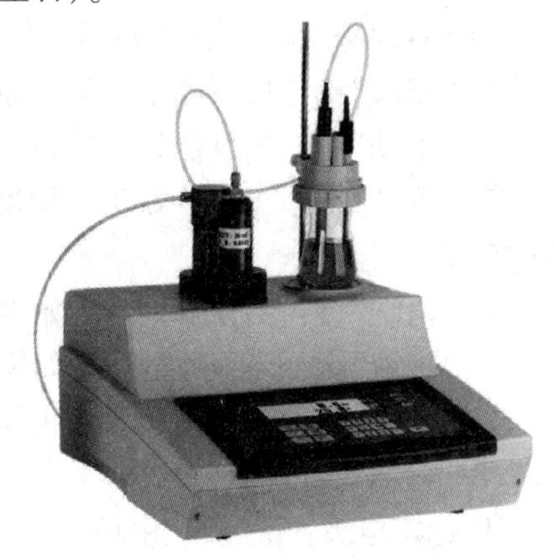

图2-21 ZDJ-4A型自动电位滴定仪

(1) 仪器采用微处理器技术，采用液晶显示屏，能显示有关测试方法和测量结果。良好操作界面，采用中文显示、菜单、快捷键等操作方法。仪器具有断电保护功能，在仪器使用完毕关机后或非正常断电情况下，仪器内部储存的测量数据和设置的参数不会丢失。

（2）仪器选用不同电极可进行：酸碱滴定、氧化还原滴定、沉淀滴定、络合滴定、非水滴定等多种滴定和 pH 值测量。仪器用预滴定、预设终点滴定、空白滴定或手动滴定功能可生成专用滴定模式，扩大了仪器使用范围。

（3）仪器传动系统进行了改进，有效地降低了仪器的噪声。搅拌系统采用 PWM 调制技术，软件调速。滴定系统采用抗高氯酸腐蚀的材料，可进行非水滴定。

（4）仪器可外接(TP-16 型、TP-24 型或 TP-40 型)串行打印机，打印测量数据、滴定曲线和计算结果。

（5）仪器提供与计算机通讯软件，在计算机上即时显示滴定曲线及其一阶、二阶导数和作图谱对比分析。可对滴定模式进行编辑和修改，实现遥控操作。并可进行结果的统计。

2. 仪器操作方法

（1）操作前准备：

① 开机前，首先应对仪器做一次检查。看仪器正常使用条件是否能完全保证，看基本部件安装是否到位，看各供流管路接头连接是否可靠。检查电气线路各种连接是否匹配、正确。

② 使用复合电极测试时，复合电极的电气插头应插入电极插口(1)上；使用测量电极与参比电极测试时，插口(1)上应插入 Q_9短路插头，其他两个电极分别与测量电极接口(2)接线柱(-)连接好。[注意：任何测试，电极插口(1)都不得空置]。

③ 检查滴定剂的容积，不能少于 5mL。

④ 如果选择“氧化还原滴定”模式，溶液杯内溶液不能少于 100mL。

⑤ 如上次试验采用了会产生沉淀或结晶的滴定剂(如硝酸银 $AgNO_3$)，应对滴定管做认真清洗，以免产生结晶损坏阀门。

⑥ 开机前不得更换滴定管，必须使仪器上在用的滴定管完成一次补液动作后，使活塞处于下死点位置时，方可进行更换)。

⑦ 上次开机完毕后与本次开机的时间间隔不得少于 1min。

（2）键盘说明：

① “输入”键：相当于计算机中的回车键，按压此键可将参数或命令输入仪器，并使仪器进入到下一步工作状态。在以后的操作步骤说明中用“↙”表示按压此键。

② “Yes/No”键：人-机对话时，答“是”或“否”。按一次为“Yes”，再按一次为“No”。

③ “修改”键：按下此键，可将原来设定的某一个参数进行修改，用户可重新改换参数。

④ “手动”键：当仪器处于起始准备状态时，按此键仪器即进入手动滴定模式。

⑤ “测试”键：当仪器处于起始准备状态时，按此键仪器可进入“mV”测量功能或打印测试功能。

⑥ “清洗”键：当仪器处于起始准备状态时，按此键仪器即能自动进行滴定清洗。

⑦ “补液”键：当仪器处于起始准备状态时，按此键仪器即能自动补液至满管。

⑧ “终止”键：按此键，可终止仪器正进行的任何操作，返回起始准备状态。

（3）参数设置说明：

① 标定电极：pH 玻璃电极需定期进行标定，并记录下该电极的零 pH 电位(E_0)值。以后在温度变化不大的情况下，可以不做电极标定，并输入记录下的 E_0值。

② 滴定管体积校准系数：通常，仪器可不做此项标定。如确需进行标定时(仪器使用多年，对滴定管精度有所怀疑)，在化验室熟悉本仪器的技术人员指导下，执行滴定管体积校准程序。

③ 滴定剂浓度标定：标定后仪器自动输入该参数值。

④ 样品体积：移取样品的体积。单位：毫升。

⑤ 本底体积：滴定烧杯内样品体积加蒸馏水稀释后的总体积。单位：毫升。

⑥ 弱酸在水中的离解常数：各种弱酸的各级离解常数为 K_a、K_{a1}、K_{a2}。

⑦ 弱碱在水中的离解常数：各种弱碱的各级离解常数为 K_b、K_{b1}、K_{b2}。

⑧ 滴加速度：根据体系滴定终点突跃的大小来确定滴加速度 A 值，A 值如表 2-6 所示。

表 2-6　滴加速度 A 值

A 值	突跃大小	实　例
0~2	≥50mV	用滴定水中的钙、镁含量
3~5	≥100mV	$AgNO_3$ 滴定 NaCl
6~9	≥200mV	NaOH 滴定 HCl

注意：此参数仅在预设终点滴定模式中使用。

(4) 滴定模式说明：

仪器有手动滴定、预设终点滴定(pH 和 mV)、强酸滴定(强酸滴定强碱或弱碱)、强碱滴定(强碱滴定强酸或弱酸)、混合酸滴定、多元酸滴定、多元碱滴定、沉淀滴定、氧化还原滴定等十二种滴定模式。

3. 使用注意事项

(1) 键盘中的“终止”键要慎用，使用该键后，仪器自动回至起始准备状态，操作者输入的各种数据将会消失！

(2) 由于用 CRAN 法判断终点(预设终点滴定除外)，要求加入滴定剂体积不能太小(至少要大于 5mL)，这样要求操作者正确配制滴定剂的浓度(一般为 0.1mol/L)否则将影响分析。

(3) 由于模式中终点判断需精确的 pH 值，所以 pH 电极需定期进行标定，以正确地测出电极的斜率及零 pH 电位(E_0)值。

(4) 仪器使用环境温度及滴定液温度不得超过 35℃，否则将引起滴定管装置中的活塞变形，而影响使用。

(三) 916Ti-Touch 型自动电位滴定仪

1. 仪器简介

916Ti-Touch 是瑞士万通(Metrohm)全新的一体式电位滴定仪，如图 2-22 所示。体积小巧，但具有丰富的滴定模式：DET 模式(动态滴定)、MET 模式(等量滴定)、SET 模式(设定终点滴定，可以设置一个或二个终点)和 MAT 模式(手动滴定)。

916Ti-Touch 型自动电位滴定仪可连接 USB 存储器或网络，将实验结果存入 USB 存储器或网络电脑中，系统所有组件以及实验结果都可以进行监控，对于不正常的数据能做出明显提示，自动化程度很高。

916Ti-Touch 型自动电位滴定仪的核心部件就是多思™ Dosino 加液单元和爱·智能™滴定管单元，如图 2-23 所示。

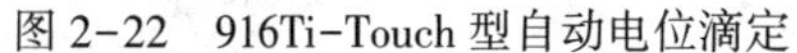

图 2-22　916Ti-Touch 型自动电位滴定

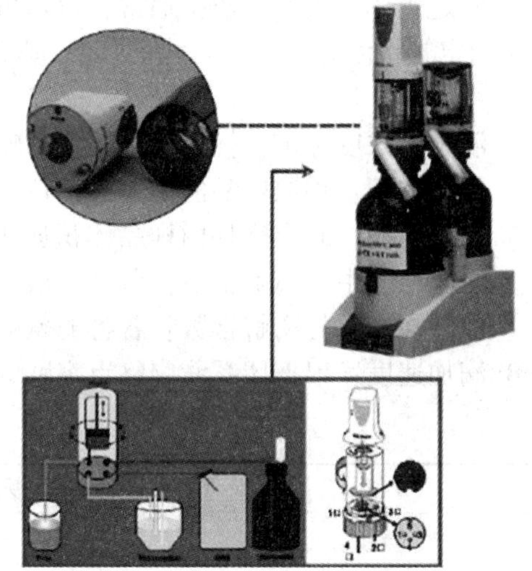

图 2-23　加液单元和滴定管单元

多思™Dosino 加液单元具有以下几个方面特点：

① 采用顶压式活塞，无死体积；

② 四通路结构设计包括了 1 个空气接口，可以选择通入空气，从而实现"一键式"自动排空、清洗、充液、滴定；

③ 仪器状态指示灯可时时指示加液单元的工作状态。

爱·智能™滴定管单元具有以下几个方面特点：

① 通过内置的 EEPROM 数据芯片自动记录滴定管及滴定剂的重要信息，包括滴定剂的名称、滴定剂浓度、滴定度、滴定管体积、滴定剂批号、滴定剂有效期、滴定剂使用的历史记录等信息等；

② 活塞与滴定管管壁之间具有很好的密封性，避免发生漏液现象；

③ 采用了通透式的机身设计，可直接观察滴定管情况，随时了解流路切换阀的位置。

2. 操作方法

(1) 滴定准备操作：

① 打开仪器，选择对话框语言。

② 选择一种滴定方法，输入用户姓名和样本数据。

③ 简单的滴定操作：

a. 按准备键，用以冲洗滴定管路，使其中无气泡；

b. 在界面上选择"Dosing"键，进行定量给料准备；用去离子水冲洗电极、滴定管、螺旋桨搅拌器；

c. 放置样品：在样品容器中溶解样品，把样品容器放置在滴定台上，在样品溶液中浸泡电极，滴定管头和搅拌器。

(2) 滴定操作：

① 启动选择好的滴定方法，按下启动固定键；

② 仪器屏幕上出现了滴定曲线及各个参数值；

③ 按下屏幕上的"Live display"，可以从主界面切换到实时测量界面；

④ 如果仪器连接了打印机的话，滴定完成后，滴定曲线和结果会打印出来。

3. 使用注意事项

（1）在第一次使用仪器前必须进行冲洗管路的操作，之后每天至少操作一次；

（2）必须先关掉仪器的主开关之后，才能切断电源，否则会造成数据丢失；

（3）不能用笔或者其他坚硬的物体触碰触摸屏；

（4）确保滴定管滴入的容器体积是滴定管容积的好几倍。

2.5.5　电位滴定法的特点和应用

（一）特点

电位滴定法与使用指示剂的滴定分析相比有很多的优越性，它除了适用于没有适当指示剂及浓度很稀的试液的各种滴定反应类型滴定外，还特别适用于浑浊、荧光性的、有色的甚至不透明溶液的滴定。采用自动电位滴定仪，还可提高分析精度，减少人为误差，加快分析速度和实现全自动操作。

（二）应用

目前，指示电极的研发水平提高很快，因此种类丰富，使用不同的指示电极，电位滴定法可应用于酸碱滴定、氧化还原滴定、配位滴定和沉淀滴定。酸碱滴定时用 pH 玻璃电极作指示电极。在氧化还原滴定中，可用铂电极作指示电极。在配位滴定中，若用 EDTA 作滴定剂，可用汞电极作指示电极。在沉淀滴定中，若用硝酸银滴定卤素离子，可以用银电极作指示电极。

2.6　实验技术

2.6.1　电位法测定水的 pH 值

（一）实验目的

（1）学习直接电位法测定溶液 pH 值的方法及实验操作。

（2）学习酸度计的使用方法。

（二）实验原理

在日常生活和工业生产中，水质必须符合一定的要求，pH 值是常规检测项目之一。卫生部颁发的生活饮用水水质标准，pH 值要求为 6.5～8.5，工业用水 pH 值标准根据具体工艺而定。

以玻璃电极作为指示电极，饱和甘汞电极作参比电极，插入待测溶液组成测定 pH 值的原电池：

$$\underset{\text{玻璃电极}}{\mathrm{Ag \mid AgCl,\ HCl(0.1mol/L)}} \mid \underset{\text{被测液}}{\mathrm{H}(x)} \parallel \underset{\text{甘汞电极}}{\mathrm{KCl(饱和),\ Hg_2Cl_2 \mid Hg}}$$

在一定条件下，测得电池的电动势 E 是 pH 值的线性函数：

$$E=K+0.0592\mathrm{pH}(25℃)$$

上式中的 K 在一定条件下为定值，但不能准确测定或计算得到。K 值包括饱和甘汞电极的电位、玻璃膜的不对称电位及内参比电极电位和溶液间的液接电位等。温度的变化也会影

响 K 值，对不同的电极 K 值也是不确定的。

因此在实际工作中无法由测得的电位值直接计算 pH 值，常用和待测溶液 pH 值接近的标准缓冲溶液进行校正，抵消 K 值对测量的影响。当电极对分别插入 pH_s 标准缓冲溶液和 pH_x 未知溶液中，电动势 E_s 和 E_x 分别为：

$$E_s = K + 0.0592pH_s (25℃);$$

$$E_x = K + 0.0592pH_x (25℃)$$

两式相减，得：$pH_x = pH_s + (E_x - E_s)/0.0592 = pH_s + \Delta E/0.0592$

在酸度计上，pH 值的指示值按照 $\Delta E/0.0592$ 分度，该分度系统适用温度为 25℃，其他温度下的测量可以通过调节温度补偿旋钮加以修正。

对单点校正的酸度计来说，实际测定分温度补偿、定位、测量等过程。温度补偿是将"温度"旋钮调节至溶液的温度；定位是将电极对插入已知 pH_s 的标准缓冲溶液中，用"定位"旋钮调节仪器指示值和 pH_s 相等，此过程将 K 值抵消；测定是将电极对插入待测溶液中，直接读出 pH_x 值。

pH 值测量结果的准确度取决于标准缓冲溶液 pH_s 的准确度、两支电极的性能及酸度计的精度和质量。一般情况下，用一种 pH_s 值的标准缓冲溶液定位后，测第二种标准缓冲溶液的 pH_s 值时，误差应小于允许值，否则应查找原因。

常用的标准溶液有：0.05mol/L 邻苯二甲酸氢钾（$KHC_8H_4O_4$，pH = 4.00，20℃）；0.025mol/L 等摩尔浓度的 $KH_2PO_4-Na_2HPO_4$（pH = 6.88，20℃）；0.01mol/L 的硼砂溶液（$Na_2B_4O_7 \cdot 10H_2O$，pH = 9.23）等。校正时应选用与待测溶液的 pH 值接近的标准缓冲溶液，可以减少测量误差。

（三）仪器和试剂

1. 仪器

pHS-25 型酸度计或其他型号精密酸度计，231 型玻璃电极，232 型饱和甘汞电极或 pH 复合电极，温度计，100mL 塑料烧杯等。

2. 试剂

（1）pH = 4.00 标准缓冲溶液　称取在 115℃ ± 5℃ 烘干 2～3h 的分析纯邻苯二甲酸氢钾（$KHC_8H_4O_4$）10.12g，溶于不含 CO_2 的去离子水中，在容量瓶中稀释至 1000mL，混匀，储于塑料瓶中。

（2）pH = 6.88 标准缓冲溶液　称取分析纯磷酸二氢钾（KH_2PO_4）3.39g 和磷酸氢二钠（Na_2HPO_4）3.55g，溶于不含 CO_2 的去离子水中，在容量瓶中稀释至 1000mL，混匀，储于塑料瓶中。

（3）pH = 9.23 标准缓冲溶液　称取分析纯硼酸钠（$Na_2B_4O_7 \cdot 10H_2O$）3.81g，溶于不含 CO_2 的去离子水中，在容量瓶中稀释至 1000mL，储于塑料瓶中。

（4）试样。

（5）pH 试纸。

（四）实验步骤

（1）电极的准备：玻璃电极应无裂纹，Ag-AgCl 内参比电极应浸入内参比溶液中。电极使用前必须在蒸馏水中浸泡活化 24h 以上。甘汞电极内充装饱和 KCl 溶液，并浸没内部小玻璃管的下口，且有少量 KCl 晶体，KCl 溶液应能缓慢从电极下端陶瓷芯的毛细孔渗出。擦干电极外部，用滤纸贴在陶瓷芯下端，滤纸上应有湿印。

（2）酸度计调节：接通电源，预热20min，测量试液温度，调节温度补偿旋钮至试液温度，按下 pH 键，分档开关置“6”，调节“零点”旋钮至指针为“1.00”，分档开关换至“校正”，调节“校正”旋钮至指针恰在“2.00”，如此反复数次至指针不偏移即可。

（3）安装电极：将准备好的电极安装到电极夹上，饱和甘汞电极的下端要略低于玻璃电极球泡，以防止玻璃电极破损。将玻璃电极的插头插入高阻插孔内，并用小螺丝紧固，甘汞电极导线连接到另一个接头上。

（4）定位：取一个洁净的 100mL 塑料烧杯用 pH = 6.86 的标准缓冲溶液充分荡洗三次后，倒入约 50mL 该溶液，将电极插入该溶液中，小心轻摇几下烧杯，以促使电极平衡。按下“读数”按钮，调节“定位”旋钮使仪器的读数等于 6.86。随后松开“读数”按钮，取出电极，移去试杯，用蒸馏水清洗电极，并用滤纸吸干电极外壁水，将电极插入另一和待测试液的 pH 值接近的标准缓冲溶液中，轻摇几下，按下“读数”按钮，记录 pH 值。

（5）测量待测试样：用待测样将电极和烧杯冲洗 3~4 次后，装入试样和搅拌棒，搅拌 1~2min后，按下读数开关，直接读出 pH_x 值。

（6）依次测量其他试样，必要时用和待测试样 pH 值相近的其他标准溶液定位。

（7）测量完毕后，关闭电源，将电极和烧杯冲洗干净，妥善保存。填写使用记录。

（五）注意事项

（1）玻璃电极不能在很浓的酸或碱液中使用，不可在无水或脱水的液体（四氯化碳、无水乙醇等）中浸泡电极；忌用浓硫酸或铬酸洗液洗涤电极薄膜；玻璃电极安装时下端应稍高于甘汞电极的下端，以免在搅拌时碰坏电极。

（2）每次测量后都要用蒸馏水清洗电极，用滤纸吸干外壁后再进行下一次测量。暂不使用时应将电极浸泡在蒸馏水中。

（3）如果使用电磁搅拌，由于搅拌时的电磁干扰等因素会使指针不稳定，因此读数时要关闭电磁搅拌，待指针稳定后再读数，或者用手摇动代替电磁搅拌。

（4）标准缓冲溶液通常能稳定两个月，如发现浑浊、发霉、沉淀等现象时不能继续使用。标准缓冲溶液的 pH 值会因温度不同而稍有差异，不同温度下的 pH 值可查相应的手册。

（六）思考题

（1）电位法测定水的 pH 值的原理是什么？

（2）pH 计为什么要用已知 pH 值的标准缓冲溶液校正？校正时应注意哪些问题？

（3）玻璃电极在使用前应如何处理？为什么？

（4）为什么定位时应选用与被测液 pH 值接近的标准缓冲溶液？

2.6.2 离子选择性电极测定自来水中氟离子的含量

（一）实验目的

（1）了解用离子选择性电极测定水中氟离子含量的原理和方法。

（2）掌握标准曲线法、标准加入法、pX 直接测定法。

（3）了解氟离子选择性电极的结构、特性和使用条件。

（二）实验原理

氟离子选择性电极由三氟化镧（LaF_3）单晶敏感膜、Ag-AgCl 内参比电极和 0.001mol/L

NaF-0.1mol/L NaCl 内参比溶液构成。在保持溶液的温度，离子强度和 pH 值不变的条件下，电极膜可将溶液中氟离子活度转变成电位信号。当氟电极插入溶液时其敏感膜对 F^- 离子产生响应，在膜和溶液间产生一定的膜电位：

$$E_M = K - 2.303\frac{RT}{F}\lg\alpha_{F^-}$$

在一定条件下，膜电位与 $\lg\alpha_{F^-}$ 值成直线关系。当氟电极与饱和甘汞电极插入溶液中组成原电池时，电池的电动势 E 在一定条件下也与 $\lg\alpha_{F^-}$ 值成直线关系：

$$E = K' - 2.303\frac{RT}{F}\lg\alpha_{F^-}$$

式中，K' 值为包括内、外参比电极的电位、液接电位等的常数。通过测量电池的电动势可以测定氟离子的活度。当溶液的总离子强度不变，离子的活度系数为一定值时，则有：

$$E = K' - 2.303\frac{RT}{F}\lg c_{F^-} = K' + 2.303\frac{RT}{F}\text{pF}$$

E 与氟离子浓度的对数值成直线关系。因此，为了测定氟离子浓度，常在标准溶液和试样溶液中同时加入相等的足够量的由惰性电解质、缓冲溶液和掩蔽剂（通常可用柠檬酸，DCTA，EDTA，磺基水杨酸及磷酸盐等）组成的总离子强度调节缓冲溶液（TISAB），使它们的总离子强度相同，且 pH 值稳定在氟电极正常工作的范围内（5～7），同时掩蔽干扰离子（如 Al、Fe、Zr、Th、Ca、Mg、Li 及稀土元素等）的响应。当氟离子浓度在 $1\sim10^{-6}$mol/L 范围内时，氟电极电位与 pF 成直线关系，可用标准曲线法或标准加入法进行测定。

（三）仪器和试剂

1. 仪器

pHS-25 型酸度计或精密酸度计（pXJ-1C 型），pF-1 型氟电极，232 型甘汞电极，电磁搅拌器，50mL 容量瓶，100mL 容量瓶，100mL 烧杯，10mL 吸量管，20mL 移液管。

2. 试剂

（1）0.1mol/L NaF 标准溶液：称取在 120℃下干燥 2h 的分析纯氟化钠 3.4000g，用去离子水溶解后转移至 1000mL 容量瓶中，稀释至 1000mL，混匀，转移至塑料瓶中保存。

（2）总离子强度调节缓冲溶液（TISAB）：溶解 58.8g 柠檬酸钠和 20.2g 硝酸钾于适量水中，再加入约 800mL 水，以 1∶2 盐酸或 2%氢氧化钠调节溶液的 pH 值为 6.8，稀释至 1000mL，摇匀备用。

（四）实验步骤

1. 氟电极的准备和注意事项

（1）氟电极在使用前放在装有 0.001mol/L 氟化钠溶液的烧杯中浸泡 1～2h，进行活化处理。

（2）用蒸馏水清洗电极到空白电位，即清洗到氟电极和甘汞电极组成电池在去离子水中的电位约为-300mV，并且两次测定值相近方可使用。

（3）在测量时，电极用蒸馏水冲洗后，应用滤纸擦干后进行测试，试样和标准溶液应在同一温度，试样和标准溶液的搅拌速度应相等。

（4）电极浸入溶液时要防止三氟化镧晶片外侧附有气泡，同样晶片内侧及内参比溶液中也不得有气泡，否则影响测定。

2. 仪器调节

打开电源，预热 10~20min，按下 pHS-2 型酸度计的“-mV”及“读数”键，调节“定位”旋钮至 0mV。若用离子计，则预热后，短接输入端，调至 0mV。连接电极接头。

3. 标准曲线法

（1）溶液的配制：准确吸取 0.100mol/L F^-标准溶液 10.00mL，置于 100mL 容量瓶中，加入 TISAB 10.00mL，用水稀释至刻度，摇匀，得 pF=2.00 的溶液。

吸取 pF=2.00 溶液 10.00mL，置于 100mL 容量瓶中，加入 TISAB 9.00mL，用水稀释至刻度，摇匀，得 pF=3.00 的溶液。

依照上述步骤，配置 pF=4.00、pF=5.00 和 pF=6.00 溶液。

（2）将上述溶液分别倒入烘干的 100mL 烧杯中，放入搅拌棒，用数字离子计或 pHS-2 型酸度计，按由稀到浓的次序，测出对应不同浓度溶液的电动势值，记下数据。在不同浓度溶液的测定之间必须充分清洗电极，电极不宜在浓溶液中长时间的浸泡。

以测得的电动势值 E(mV)为纵坐标，以 pF 值为横坐标，绘制标准曲线。

（3）水样中氟离子浓度的测定：移取水样 20.00mL 于 100mL 容量瓶中，用 TISAB 稀释至刻度，摇匀，测定电动势值。根据电动势值在标准曲线上查得 pF 值，并由 pF 值计算水样中的氟离子浓度(以 g/L 表示)。清洗电极及各种玻璃仪器。

4. 一次标准加入法

（1）准确吸取 20.00mL 自来水于 100mL 容量瓶中，加入 TISAB 溶液 10mL，用去离子水稀释至刻度，摇匀后全部转入干燥的塑料烧杯中，测定电动势值 E_x(用仪器的 mV 测量功能)。

（2）向上述待测试液中准确加入 1.00mL 浓度为 100μg/mL 的 F^-标准溶液，搅拌均匀，测定其电动势值 E_{x+s}。

（3）将空白溶液(即标准系列中的 0 号)全部加到上面测过 E_{x+s}的溶液中，搅拌均匀，测定其电动势值 E_0。

（4）数据记录及处理

$E_x=$　　mV；$E_{x+s}=$　　mV；$E_0=$　　mV；

$c_s=100\mu g/mL$；$V_s=1.00mL$；$V_x=100.0mL$；

水样试液中氟含量可由下式计算：

$$c_F=\frac{\Delta c}{10^{|E_{x+s}-E_x|/S}-1}$$

式中，Δc 为加入 F^-标准溶液后增加的 F^-浓度，μg/mL，可由下式计算得到：

$$\Delta c=\frac{c_sV_s}{V_s+V_x}\approx\frac{c_sV_s}{V_x}$$

式中，S 为电极的响应斜率，$S=\dfrac{2.303RT}{nF}$

S 的理论值和实际值常有出入，为避免引入误差，需找到实际值，可由计算标准曲线的斜率求得，也可采用稀释一倍的方法求得。稀释法是在测出 E_x和 E_{x+s}后的溶液中加入同体积的空白溶液，然后测定其电动势值 E_0，则实际斜率为：

$$S=\frac{E_0-E_{x+s}}{\lg 2}=\frac{E_0-E_{x+s}}{0.301}$$

水样氟含量可由下式计算：

$$c^0_{F^-}=\frac{c_{F^-}\times 100.00}{20.00}$$

（五）思考题

（1）用氟电极测定氟离子浓度的原理是什么？

（2）溶液的酸度对测定有何影响？

（3）总离子强度调节缓冲溶液（TISAB）应包含哪些组分？各起什么作用？

（4）测定标准溶液的电位值时，为什么按由稀到浓的次序测定？

（5）试通过实验比较标准加入法和标准曲线法的优缺点。

（6）实验中如何保证标准加入法的准确度？

2.6.3　醋酸的电位滴定

（一）实验目的

（1）掌握用酸碱电位滴定法测定醋酸浓度的方法和基本操作，观察 pH 滴定突跃与酸碱指示剂变色的关系。

（2）学习绘制电位滴定曲线并由曲线确定终点的体积、计算含量和电离常数的方法。

（二）实验原理

在酸碱电位滴定过程中，随着滴定剂的加入，待测物与滴定剂发生反应，溶液 pH 值不断变化，由加入滴定剂的体积（mL）和测得相应的 pH 值，可绘制 pH-V 滴定曲线（或 ΔpH/ΔV-V 一阶微分曲线、Δ^2pH/ΔV^2-V 二阶微分曲线），由曲线确定滴定终点，并由测得的数据计算出被测酸（碱）含量和电离常数。

例如用氢氧化钠溶液滴定醋酸（HAc），可得如图 2-24 所示的滴定曲线，图中滴定的终点位于曲线斜率最大处，即滴定曲线陡峭部分的中点。根据终点对应的 NaOH 溶液的体积计算醋酸的含量。当滴定曲线在等当点附近突越明显时，终点位置容易确定而且比较准确，若突越不太明显，则可绘制 ΔpH/ΔV-V 曲线，所得曲线的最高点即滴定的终点。

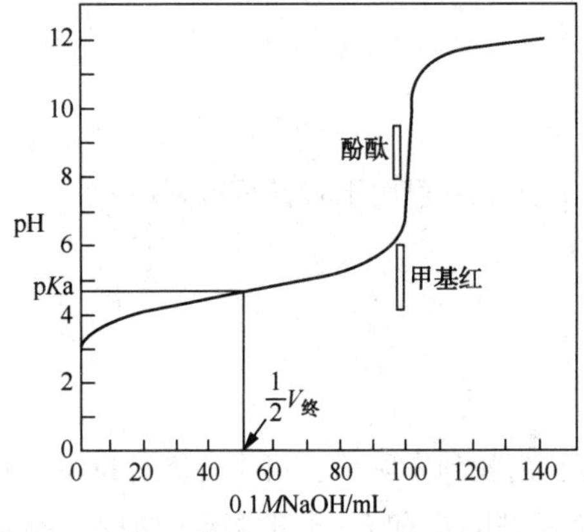

图 2-24　醋酸的电位滴定曲线

醋酸在水中的电离常数：

$$K_a=\frac{[H^+]\cdot[Ac^-]}{[HAc]}$$

当醋酸被氢氧化钠滴定了一半时，溶液中 $[Ac^-]=[HAc]$，根据上式得：$[H^+]=K_a$ 或 pH = p*K*a。滴定曲线中 $\frac{1}{2}V_{终点}$ 对应的 pH 即为 pK_a，由此可得醋酸的电离常数 K_a。

多元酸的滴定：若其相邻的电离常数比值足够大（K_{a1}/K_{a2} 或 K_{a2}/K_{a3} 大于 10^5），则在滴定曲线上有 2~3 个滴定突跃，由此可找出各步滴定的终点，求出各级电离常数。

（三）仪器和试剂

1. 仪器

pHS-25 型酸度计或 ZD-3 型电位滴定仪，231 型玻璃电极和 232 型甘汞电极各一支，电磁搅拌器一台，碱式滴定管一支，20mL 移液管一支，200mL 烧杯 2 个，吸耳球等。

2. 试剂

0.1mol/L 氢氧化钠标准溶液，0.1mol/L 醋酸溶液，pH = 4.00 和 pH = 6.86 两种标准缓冲溶液。

（四）操作步骤

（1）按照仪器使用说明，安装电极，调节零点，校正满刻度，设定温度补偿值，用 pH = 4.00 和 pH = 6.86 的标准缓冲溶液定位，并洗净电极。

（2）准确吸取 HAc 溶液 20.00mL 于 200mL 烧杯中，用蒸馏水稀释至约 100mL，加入酚酞指示剂 2 滴，放入电极和搅拌棒，开动电磁搅拌器，用 0.1mol/L NaOH 标准溶液滴定，测量并记录相应的 pH 值。

（3）重复上述滴定 2~3 次，第一次滴定速度可以较快一些，其主要任务是找出滴定突跃体积范围，第 2 和第 3 次滴定时在突跃体积前后 1~2mL 时，要每加 0.1mL 或 0.2mL NaOH 测定一次 pH 值（读数时必须关闭搅拌器）。在开始滴定或突跃后的滴定，可每加 2.0mL NaOH 测定一次 pH 值。

（4）实验结束，清洗仪器，填写仪器使用记录。

（五）数据及处理

根据第 2 次和第 3 次滴定的数据在坐标纸上绘出用 NaOH 滴定 HAc 的 pH-V 滴定曲线、$\Delta pH/\Delta V-V$ 一阶微分曲线和 $\Delta^2 pH/\Delta V^2-V$ 二阶微分曲线，由曲线确定终点体积 V，也可用二阶微分内插法计算出终点体积 V，进而计算醋酸的含量。

（六）思考题

（1）测定醋酸的 pK_a 值的精确度如何？与文献值比较有无差异？为什么？

（2）在滴定过程中，以酚酞为指示剂的终点与电位法终点是否一致？

2.6.4 重铬酸钾电位法滴定 Fe^{2+}

（一）实验目的

（1）学习氧化还原电位滴定法的原理和实验方法；

（2）学习安装电位滴定装置。

（二）实验原理

电位滴定法是氧化还原滴定法中最理想的方法。用重铬酸钾溶液滴定 Fe^{2+} 的反应为：

$$Cr_2O_7^{2-}+6Fe^{2+}+14H^+ \longrightarrow 2Cr^{3+}+6Fe^{3+}+7H_2O$$

两个电对的氧化型和还原型都是离子，这类氧化还原滴定可用惰性金属铂电极作指示电极，饱和甘汞电极作参比电极组成原电池，在滴定过程中，指示电极的电位随滴定剂的加入而变化，在等当点附近产生电位突跃（0.86~1.07V），可用作图法和二阶微商内插法确定终点。

（三）仪器和试剂

1. 仪器

pHS-25 型酸度计或 ZDJ-4A 型电位滴定仪，铂电极和甘汞电极，25mL 酸式滴定管，20mL 移液管，吸耳球，100mL 和 250mL 烧杯。

2. 试剂

（1）0.003mol/L 重铬酸钾标准溶液。

（2）0.01mol/L 硫酸亚铁铵溶液。

称取约 4g 硫酸亚铁铵[$FeSO_4 \cdot (NH_4)_2SO_4 \cdot 6H_2O$]，加 6mol/L 硫酸溶液 10mL 和少量水使之溶解，用水稀释至 1000mL，摇匀。

（3）H_2SO_4+H_3PO_4(1+1)。

（四）操作步骤

1. 准备工作

（1）将铂电极浸入热的 10%的硝酸溶液中数分钟，取出用水冲洗干净，再用蒸馏水冲洗，置电极夹上。

（2）检查饱和甘汞电极内部液位、晶体、气泡及微孔滤芯渗漏情况，并作适当处理后，用蒸馏水冲洗干净后，套上充满饱和氯化钾溶液的盐桥套管，用橡皮圈紧固，置于电极夹上。

（3）仪器通电，预热 20min。将自动电位滴定计的“选择”旋钮旋至“mV 测量”，先不要插入电极，按下“读数”开关，用“校正”旋钮调节指针在 0mV 处。搅拌装置的搅拌“选择”放在“1”的位置，“滴定”旋钮放在“手动”位置。

（4）将 0.003mol/L 重铬酸钾标准溶液装入滴定管中，滴定管的下端与电磁阀上的橡皮管连接，下面放一烧杯，按动“滴定开始”开关，使重铬酸钾溶液冲洗橡皮管及其下的玻璃管尖，并使之充满，最后调节液面至 0.00mL 处。

2. 试液中 Fe^{2+} 含量的测定

（1）在 150mL 烧杯中准确放入 20.00mL Fe^{2+} 溶液和 10mL 硫磷混酸，用蒸馏水稀释至约 50mL，将烧杯放在搅拌台上，将用滤纸擦干净的电极放入烧杯中适当的位置，并放入一个搅拌棒，打开搅拌器开关，调节转速使搅拌均匀。

（2）将铂电极接入“+”极，将甘汞电极与电极插头连接并接入“-”极（安装时要将电极插头按下并用小螺钉固紧），按下“读数”开关，读出滴定前溶液的电位。

（3）滴加重铬酸钾溶液，待电位稳定后读取电位值及其对应的体积。在滴定开始时，每加 5mL 标准溶液读一次数，然后依次减少加入量为 1.0mL、0.5mL，在化学计量点附近（电位突跃前后 1mL 左右）每加 0.1mL 记录一次，过化学计量点后再每加 0.5mL 或 1.0mL 记录一次，直至电位值变化不明显为止，平行测定三次。

（4）在教师的指导下，进行自动电位滴定操作。

3. 结束工作

关闭仪器和搅拌装置电源开关，清洗滴定管、电极等，清理工作台面，填写仪器使用记录。

注意：(1)滴定速度不能太快，尤其是接近化学计量点处，否则体积不准。

(2)滴入滴定剂时继续搅拌至电位显示稳定后，停止搅拌，再读数。

（五）数据及处理

（1）由测得的数据绘制 $E-V$ 曲线、$\Delta E/\Delta V-V$ 曲线、$\Delta^2 E/\Delta V^2-V$ 曲线，并由上述曲线确定滴定终点处消耗滴定剂的体积和终点处的电动势，计算出硫酸亚铁铵溶液的浓度。

（2）由实验数据用二阶微商内插法计算终点体积和终点电动势，计算硫酸亚铁铵溶液的浓度。

（六）思考题

（1）为什么氧化还原滴定可以用铂电极作指示电极？滴定前为什么也能测得一定的电位？

（2）由 $E-V$ 曲线得到的终点体积与二阶微商内插法的计算值是否一致？二者的准确性如何？

2.6.5　电位滴定法测定酱油中氨基酸态氮的含量

（一）实验原理

根据氨基酸的两性作用，加入甲醛以固定氨基的碱性，使羧基显示出酸性，将酸度计的玻璃电极及甘汞电极（或复合电极）插入被测液中构成原电池，用碱液滴定，根据酸度计指示的 pH 值判断和控制滴定终点。

（二）仪器与试剂

1. 仪器

自动电位滴定仪，烧杯（250mL），20mL 移液管。

2. 试剂

pH=6.18 标准缓冲溶液，pH=4.00 标准缓冲溶液，20%中性甲醛溶液；0.1mol/L 左右的 NaOH 标准溶液。

（三）实验操作方法

1. 清洗和润洗管路

开机，按“F_3”清洗键，用蒸馏水清洗 3 次滴定管路，随后用滴定剂清洗 3 次滴定管路，使溶液充满整个滴定管道。

2. pH 值标定

pH 值标定即对仪器进行两点校正，选择合适的缓冲溶液进行两点标定。

3. 滴定模式选择和参数设置

选择预设终点滴定模式，设置第一滴定终点为 pH=8.2，第一预控点待定。第二滴定终点为 pH=9.2，第二预控点待定。

4. 酱油中总酸测定

吸取酱油稀释液 10.00mL（酱油稀释 5 倍）于 50mL 烧杯中，加水 30mL，放入磁力转子，开动磁力搅拌器使转速适当。选择预控滴定模式，滴定至 pH=8.2，记录消耗的 NaOH 体积 V_1，计算酱油中总酸含量。

5. 氨基酸的滴定

在上述滴定至 pH=8.2 的溶液中加入 10.00mL 的中性甲醛溶液，再用 NaOH 标准溶液滴定至 pH=9.2，记下消耗的 NaOH 溶液体积 V_2，计算氨基酸态氮含量。

(四) 原始数据记录

数据记录表格可参考表 2-7。

表 2-7　电位滴定法测定酱油中氨基酸态氮含量数据记录表

组　　别	平　　行	实验条件				
		酱油移取体积	第一终点	第一预控点	第二终点	第二预控点
原始数据						
第一终点到达时间	第一终点体积 V_1	第二终点到达时间	第二终点体积 V_2	总时间	总体积	

(五) 结果表示

(1) 酱油中总酸含量以 mol/L 表示。

(2) 酱油中氨基酸总量以氨基酸态氮含量(g/100g)表示。

(六) 思考题

(1) 为什么本实验不需要使用酸碱指示剂?

(2) 自动电位滴定法与手动滴定法有何区别?

- 模块一：电位分析法概述
  - ①定义
  - ②分类
  - ③特点
- 模块二：电位分析使用的电极
  - ①参比电极(NHE、SCE、Ag-AgCl)
  - ②指示电极(金属基电极、ISE)
- 模块三：离子选择性电极
  - ①响应原理
  - ②基本结构
  - ③性能指标
- 模块四：直接电位法及应用
  - ①基本原理
  - ②测定装置
  - ③测溶液 pH 值(直接比较法)
  - ④测定离子活度(TISAB、定量分析方法)
  - ⑤酸度计
- 模块五：电位滴定法及应用
  - ①电位滴定法原理
  - ②滴定装置
  - ③终点确定方法 ($E-V$、$\Delta E/\Delta V-V$、$\Delta^2 E/\Delta V^2-V$、内插法)
  - ④应用
  - ⑤电位滴定仪

习题

一、解释下列名词术语

电化学分析法　电位分析法　直接电位法　电位滴定法　参比电极　指示电极　不对称电位　离子选择性电极　离子选择性电极的选择性系数　电极的响应时间　电极的线性范围　电极检测下限　电极的斜率　电极的稳定性　pH 实用定义　离子强度调节剂　离子强度调节缓冲剂　迟滞效应

二、选择题

1. 在电位法中作为指示电极，其电位应与被测离子的活(浓)度的关系是(　　)

A. 无关　　B. 成正比

C. 与被测离子活(浓)度的对数成正比　　D. 符合能斯特方程

2. 常用的参比电极是(　　)

A. 玻璃电极　　B. 气敏电极

C. 饱和甘汞电极　　D. 银-氯化银电极

3. 关于 pH 玻璃电极膜电位的产生原因，下列说法正确的是(　　)

A. 氢离子在玻璃表面还原而传递电子

B. 钠离子在玻璃膜中移动

C. 氢离子穿透玻璃膜而使膜内外氢离子产生浓度差

D. 氢离子在玻璃膜表面进行离子交换和扩散的结果

4. 离子选择性电极的选择系数可用于(　　)

A. 估计电极的检测线　　B. 估计共存离子的干扰程度

C. 校正方法误差　　D. 估计电极的线性响应范围

5. 用离子选择性电极测量时，需用磁力搅拌器搅拌溶液这是为了(　　)

A. 减小浓差极化　　B. 加快响应速度

C. 使电极表面保持干净　　D. 降低电极电阻

6. 用玻璃电极测量溶液的 pH 时，采用的定量分析方法为(　　)

A. 标准曲线法　　B. 直接比较法

C. 一次标准加入法　　D. 增量法

7. 用氟离子选择性电极测定水中(含微量的 Fe^{3+}，Al^{3+}，Ca^{2+}，Cl^-)的氟离子时，应选用的离子强度调节缓冲液为(　　)

A. 0. 1mol/L KNO_3　　B. 0. 1mol/L NaOH

C. 0. 05mol/L 柠檬酸钠(pH 值调至 5~6)　　D. 0. 1mol/L NaAc(pH 值调至 5~6)

8. 用离子选择性电极以标准曲线法进行定量分析时，应要求(　　)

A. 试液与标准系列溶液的离子强度相一致

B. 试液与标准系列溶液的离子强度大于 1

C. 试液与标准系列溶液中待测离子活度相一致

D. 试液与标准系列溶液中待测离子强度相一致

9. 在电位滴定中，以 $E-V$ 作图绘制滴定曲线，滴定终点为(　　)

A. 曲线的最大斜率点　　B. 曲线的最小斜率点

C. E 为最正值的点　　D. E 为最负值的点

10. 在电位滴定中，以 $\Delta E/\Delta V-\bar{V}$ 作图绘制曲线，滴定终点为(　　)

A. 曲线突跃的转折点　　B. 曲线的最大斜率点

C. 曲线的最小斜率点　　D. 曲线的斜率为零时的点

11. 在电位滴定中，以 $\Delta^2E/\Delta V^2-\bar{V}$ 作图绘制曲线，滴定终点为(　　)

A. $\Delta^2E/\Delta V^2$ 为最正值的点　　B. $\Delta^2E/\Delta V^2$ 为最负值的点

C. $\Delta^2E/\Delta V^2$ 为零时的点　　D. 曲线的斜率为零时的点

三、填空题

1. 玻璃电极在使用前，需在蒸馏水中浸泡 24h 以上，目的是________；饱和甘汞电极使用温度不得超过________℃，这是因为温度较高时________。

2. 离子选择性电极的电极斜率的理论值为________。25℃时一价正离子的电极斜率是________；二价正离子是________。

3. 已知 $n_i=n_j$，$K_{i,j}=0.001$ 这说明 j 离子活度为 i 离子活度________倍时 j 离子所提供的电位才等于 i 离子所提供的电位。

4. 对于钠离子选择性电极，已知 $K_{Na^+,K^+}=10^{-3}$ 这说明电极对 Na^+ 的响应比对 K^+ 的响应灵敏________倍。

5. 某钠电极，其选择性系数 K_{Na^+,H^+} 约为 30。如用此电极测定 pNa 等于 3 的钠离子溶液，并要求测定误差小于 3%，则试液的 pH 值应大于________。

6. 用离子选择性电极测定浓度为 1.0×10^{-4}mol/L 某一价离子 i，某二价的干扰离子 j 的浓度为 4.0×10^{-4}mol/L，则测定的相对误差为________。(已知 $K_{i,j}=10^{-3}$)

四、简答题

1. 用离子选择性电极，以标准加入法进行定量分析时，对加入的标准溶液的体积和浓度有什么要求？为什么？

2. 在用离子选择性电极法测量离子浓度时，加入 TISAB 的作用是什么？

3. 在使用标准加入法测定离子浓度时，电极的实际斜率应如何测量？

4. 影响直接电位法测定准确度的因素有哪些？

5. 电位滴定法与用指示剂指示滴定终点的滴定分析法及直接电位法有什么区别？

五、计算题

1. 298K 时将 Ag 电极浸入浓度为 1×10^{-3}mol/L $AgNO_3$ 溶液中，计算该银电极的电极电位。若银电极的电极电位为 0.5000V，则 $AgNO_3$ 溶液的浓度为多少？

2. 将氯离子选择性电极与甘汞电极插入 $c(Cl^-)=10^{-4}$mol/L 的溶液中，25℃时测得电池电动势为 130mV。用同一电极在相同温度下测定未知含氯离子溶液，得电池电动势为 238mV，求试液中氯离子浓度。

3. 测定 3.30×10^{-4} mol/L 的 $CaCl_2$ 溶液的活度，若溶液中存在 0.20mol/L 的 NaCl，试计算：

(1) 由于 NaCl 的存在所引起的测量相对误差是多少？(已知 $K_{Ca^{2+},Na^+}=0.00167$)

（2）若要使误差减小至2%，允许NaCl的最高浓度是多少？

4. 设溶液中pBr=3、pCl=1，如果用溴电极测定溴离子活度，将产生多大误差？已知电极的$K_{Br^-,Cl^-}=6\times10^{-3}$。

5. pH玻璃电极和饱和甘汞电极组成工作电池，25℃时测定pH=9.18的硼酸标准溶液时，电池电动势是0.220V；而测定一未知pH试液时，电池电动势是0.180。求未知试液pH。

6. 当下列电池中溶液是pH=4.00的缓冲溶液时，在25℃测得电池电动势为0.209V。

$$玻璃电极 \mid H^+(a=x) \parallel SCE$$

当缓冲溶液由未知溶液代替时，测得电动势为(1)0.312V；(2)0.088V；(3)0.17V，求每种溶液的pH。

7. 以Pb^{2+}选择性电极测定Pb^{2+}标准溶液，得如下数据：

$c(Pb^{2+})/(mol/L)$	1.00×10^{-5}	1.00×10^{-4}	1.00×10^{-3}	1.00×10^{-2}
E/mV	−208.0	−181.6	−158.0	−132.2

（1）绘制标准曲线；（2）若对未知试液测得E=−154.0mV，求未知试液中Pb^{2+}浓度。

8. 以氟离子选择性电极用标准加入法测定试样中F^-浓度时，原试样是5.00mL，测定时稀释至100mL后，测其电动势。在加入1.00mL0.0100mol/L NaF标准溶液后测得电池电动势改变了18.0mV。求试液中F^-的含量。

9. 用0.1052mol/L NaOH标准溶液电位滴定25.00mL HCl溶液，以玻璃电极作指示电极，饱和甘汞电极作参比电极，测得以下数据：

V(NaOH)/mL	24.50	25.50	25.60	25.70	25.80	25.90	26.00
pH	3.00	3.37	3.41	3.45	3.50	3.75	7.50
V(NaOH)/mL	26.10	26.20	26.30	26.40	26.50	27.00	27.50
pH	10.20	10.35	10.47	10.52	10.56	10.74	10.92

计算：（1）用二阶微商计算法确定滴定终点体积；

（2）HCl溶液的浓度。

10. 测定海带中碘离子的含量时，称取10.56g海带，经化学处理制成溶液，稀释到约200mL，用银电极−双盐桥饱和甘汞电极，以0.1026mol/L $AgNO_3$标准溶液进行滴定，测得如下数据：

$V(AgNO_3)$/mL	5.00	10.00	15.00	16.00	16.50	16.60	16.70
E/mV	−234	−210	−175	−166	−160	−153	−142
$V(AgNO_3)$/mL	16.80	16.90	17.00	17.10	17.20	18.00	20.00
E/mV	−123	+244	+312	+332	+338	+363	+375

计算：（1）用二阶微商计算法确定终点体积；

（2）海带试样中KI的含量[已知M(KI)=166.0g/mol]；

（3）滴定终点时电池电动势。

11. 用银电极作指示电极，双盐桥饱和甘汞电极作参比电极，以0.1000mol/L $AgNO_3$标准溶液滴定 10.00ml Cl^-和 I^-的混合液，测得以下数据：

$V(AgNO_3)$/mL	0.00	0.50	1.50	2.00	2.10	2.20	2.30	2.40	2.50	2.60	3.00	3.50
E/mV	-218	-214	-194	-173	-163	-148	-108	83	108	116	125	133
$V(AgNO_3)$/mL	4.50	5.00	5.50	5.60	5.70	5.80	5.90	6.00	6.10	6.20	7.00	7.50
E/mV	148	158	177	183	190	201	219	285	315	328	365	377

计算：(1) 根据 $E-V(AgNO_3)$的曲线，从曲线拐点确定终点；

(2) 绘制 $\Delta E/\Delta V-\bar{V}$ 曲线，确定终点；

(3) 用二阶微商计算法，确定终点时滴定剂体积；

(4)根据(3)的值，计算 Cl^-和 I^-的含量(以 mg/mL 表示)。

第 3 章　电导分析法

知识目标：

★掌握电导分析法的概念，了解电导分析法的应用领域；

★熟悉电导分析相关物理量及其物理意义；

★掌握直接电导法和电导滴定法的原理；

★掌握电导池测量电导（或电导率）的原理。

能力目标：

★能完成电导、电导率、摩尔电导率、离子淌度等相关物理量之间的相互计算；

★会用电导率判断水的纯度高低；

★能正确分析电导滴定曲线变化规律。

电解质溶液能导电，而且当溶液中离子浓度发生变化时，其导电性也随之改变。用溶液的导电性来指示溶液中离子的浓度就形成了电导分析法。电导分析法最先应用于测定电解质溶液的溶度积，解离度和其他一些特性。由于溶液的导电性取决于溶液中所有共存离子的导电性的总和，所以，对于复杂物质中各组分的分别测定受到相当的限制，但电导法是一种简单方便而且十分灵敏的分析方法，至今仍保留着在某些方面的应用，例如：水质纯度的检验、用做气相色谱的鉴定器等。

若用溶液导电性的突变来指示滴定终点，则形成了电导滴定法，电导滴定法的准确度较高，并且能用于较简单的混合物中各个分量的测定。高频电导滴定允许电极不接触溶液，测定溶液的高频电导或介电常数，避免被测溶液受到污染，使用上也更为方便。

3.1　电导分析的基本原理

3.1.1　电导和电导率

所有物质都能在一定程度上传导电流，通常把有导电能力的物质称为导体。按导电方式不同，可将导体分为两大类：

第一类为电子导体，它是依靠电子的定向移动而形成电流的。例如：金属导体、某些金属氧化物、石墨等都是属于此类导体。第二类导体为离子导体，它是借助离子在电极作用下的定向移动进行导电的，这类导体主要包括以水或非水作溶剂的电解质溶液和固体电解质。

电子导体的导电能力一般要比离子导体大得多，例如金属银的导电能力要比硝酸银溶液的导电能力大 10^6倍。不同电解质溶液的导电能力也有很大的差别，例如一些有机溶剂的电解质溶液，其导电能力约为以水为溶剂的电解质溶液的 1/10。

电解质溶液导电的通路可由电阻和电容组成的等效电路来表示。图 3-1(a)表示电导池，

图 3-1(b)为其等效电路。图中 R_1 和 R_2 表示导线电阻(通常可忽略)，C_1 和 C_2 分别为两个电极的双电层电容，C_p 为两电极间的电容，R 为两电极间电解质溶液的电阻。

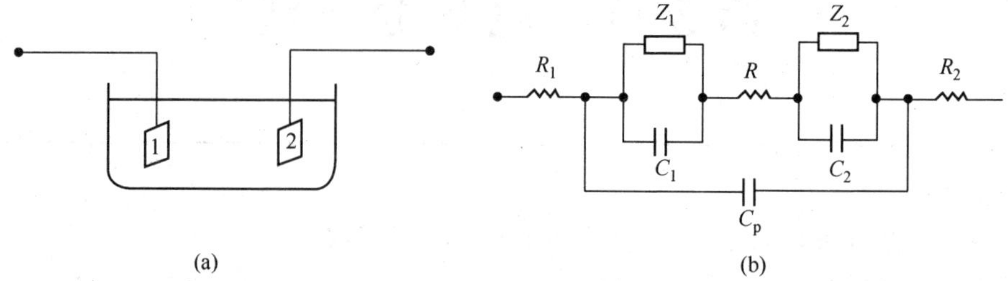

图 3-1　电导池及其等效电路

(a)电导池；(b)等效电路

量度导体导电能力大小的物理量称为电导，用符号 G 表示，它与导体的电阻(R)互为倒数关系，单位为西门子(简记为西)，用符号 S 或 Ω^{-1} 表示。根据欧姆定律有：

$$G=\frac{1}{R}=\frac{I}{E} \tag{3-1}$$

式中，I 为通过导体的电流；E 为两电极间的电位差。

在给定条件下(如温度、压力等)，电导 G 不仅取决于构成导体材料的本质性质，而且还与导体的形状、大小有关。若导体为均匀的棒状，其横截面积为 A，长度为 l，则其纵向电导为

$$G=\kappa\frac{A}{l} \tag{3-2}$$

式中，κ 为比例系数，表示电导率，与电阻率互为倒数关系，单位 S/m(西/米)，其物理意义为：当 $A=1\text{m}^2$，$l=1\text{m}$ 时立方液体柱(单位体积导体)所具有的电导；l/A 为电导池常数，用符号 θ 表示。综合式(3-1)和式(3-2)，可得

$$G=\frac{1}{R}=\kappa\cdot\frac{1}{\theta} \tag{3-3}$$

$$\kappa=G\cdot\theta=\frac{\theta}{R} \tag{3-4}$$

电解质溶液的电导率与电解质的本性、溶液的性质以及温度有关，而且与溶液的浓度有关。因为在不同浓度下，1m^3 体积的溶液内所含的正、负离子的数目是不同的。电解质溶液的电导率和浓度的关系如图 3-2(a)所示。由图可知，几种常见的电解质溶液的电导率曲线都有一个极大点。这是因为随着溶液浓度的增大，单位体积内离子数目增大，使溶液的电导随着增大，但当浓度增大到一定值的时候，因为离子间的相互作用力增强，或者是电解质的离解度降低，导致电导率下降。

3.1.2　摩尔电导率和极限摩尔电导率

可用摩尔电导率来表示不同电解质溶液的导电能力。摩尔电导率的定义是：两块平行的大面积电极相距 1m 时，它们之间有 1mol 的电解质溶液，此时该体系所具有的电导，称为该溶液的摩尔电导率，用符号 Λ_m 表示，Λ_m 的单位是 $\text{S}\cdot\text{m}^2/\text{mol}$。它与电导率的关系为

$$\Lambda_m=\kappa V \tag{3-5}$$

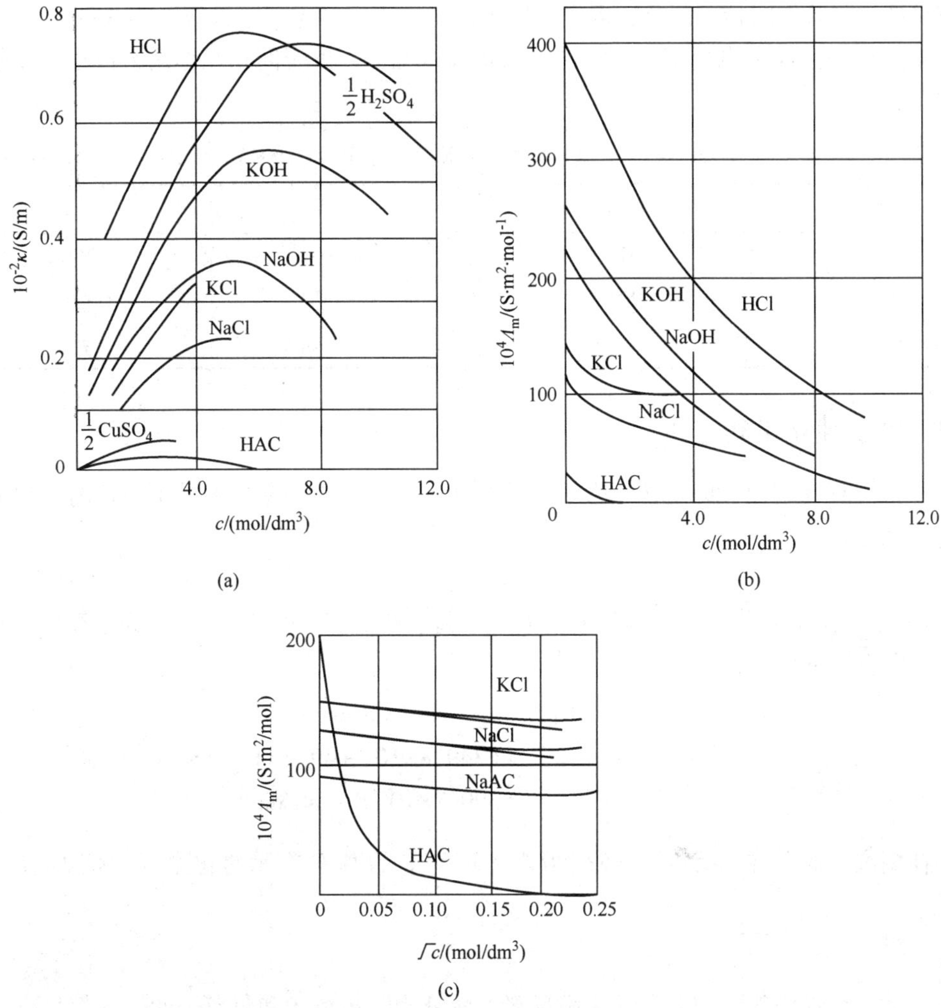

图 3-2 电解质溶液的电导率与浓度的关系

(a)溶液电导率与浓度的关系；(b)溶液摩尔电导率与浓度的关系；(c)溶液摩尔电导率与浓度平方根的关系

式中，V为含 1mol 电解质溶液的体积。

若溶液中物质浓度为c(mol/m^3)，将$V=\frac{1}{c}$代入式(3-5)有

$$\Lambda_m=\frac{\kappa}{c} \tag{3-6}$$

电解质溶液的摩尔电导率与浓度的关系如图 3-2(b)和(c)所示。由图可知，摩尔电导率随电解质溶液浓度的增大而下降。由于弱电解质在溶液中主要以分子形式存在，离解产生的离子数量很少，当溶液浓度增大时，电离度随之迅速降低，摩尔电导率迅速下降，故图中醋酸溶液的下降曲线与其他强电解质的有所不同。

图 3-2(c)表示了一些电解质的Λ_m与$\sqrt{c}$的关系，把图中曲线外推到$\sqrt{c}=0$处，此时的摩尔电导率的数值就是该电解质的极限摩尔电导率，用符号$\Lambda_{0,m}$表示。由于$\Lambda_{0,m}$不再随浓度的改变而改变，因此它可作为各种电解质在水溶液中电导能力的特征常数。弱电解质溶液的

$\Lambda_{0,m}$值很难由实验作图精确测定，但可借助于离子独立运动定律来计算，表 3-1 列举了一些电解质溶液的极限摩尔电导率，在溶液无限稀释情况下，离子间相互作用力最小，摩尔电导率达到最大值。

表 3-1　一些电解质的极限摩尔电导率(298K)　　$S \cdot m^2/mol$

电解质	$10^4\Lambda_{0,m}$	电解质	$10^4\Lambda_{0,m}$
HCl	423.2	NaOH	248.4
NaCl	123.5	CH_3COOH	390.7
KNO_3	145.0	CH_3COONa	90.0

3.1.3　离子独立移动定律

离子独立移动定律，即指在无限稀释的溶液中，电解质的摩尔电导率为正离子和负离子摩尔电导率之和。

$$\Lambda_{0,m}=\lambda_{0,+}+\lambda_{0,-} \tag{3-7}$$

式中，$\lambda_{0,+}$和$\lambda_{0,-}$分别代表无限稀释的溶液中正离子和负离子摩尔电导率(为了简便，在$\lambda_{0,+}$和$\lambda_{0,-}$中省去了下标 m)。

$$\begin{aligned}\Lambda_{0,m}(HAc)&=\lambda_0(H^+)+\lambda_0(Ac^-)\\&=(349.8\times10^{-4}+49.9\times10^{-4})S\cdot m^2/mol\\&=390.7\times10^{-4}S\cdot m^2/mol\end{aligned}$$

在使用离子摩尔电导率时，必须指明浓度为 c 的基本单元的化学式。例如 Mg^{2+}，$\frac{1}{2}Mg^{2+}$，$\frac{1}{3}Al^{3+}$等。

离子独立移动定律也说明，在无限稀释的溶液中，正离子和负离子的电导都只决定于离子的本性，不受共存的其他离子的影响。因此在温度和溶剂一定时，只要溶液无限稀释，同一种离子的极限摩尔电导率是一个定值。若已知离子的极限摩尔电导率，便可以利用这个定律计算弱电解质的极限摩尔电导率。例如 298K 时，醋酸的极限摩尔电导率可计算为

$$\begin{aligned}\Lambda_{0,m}(HAc)&=\lambda_0(H^+)+\lambda_0(Ac^-)\\&=[\lambda_0(H^+)+\lambda_0(Cl^-)]+[\lambda_0(Na^+)+\lambda_0(Ac^-)]-[\lambda_0(Na^+)+\lambda_0(Cl^-)]\\&=\Lambda_{0,m}(HCl)+\Lambda_{0,m}(NaAc)-\Lambda_{0,m}(NaCl)\\&=(423.2\times10^{-4}+91.0\times10^{-4}-123.5\times10^{-4})S\cdot m^2/mol\\&=390.7\times10^{-4}S\cdot m^2/mol\end{aligned}$$

根据这个定律，还可以应用几种强电解质的极限摩尔电导率来计算弱电解质的极限摩尔电导率。

3.1.4　离子淌度

离子在外电场作用下将以不同的速度向两极定向移动，其移动速度与电位梯度(或电场强度)成正比。

$$v_+=U_+\frac{dE}{dl} \qquad v_-=U_-\frac{dE}{dl}$$

式中，$\frac{dE}{dl}$为电位梯度，即单位距离的电位降，其单位为V/m。U_+、U_-分别为电位梯度(或电场强度)为$1V/m$时正、负离子的迁移速度，称为离子迁移率(又称为离子淌度)，它反映了离子运动的特性。在无限稀释的溶液中，离子淌度用$U_{A,0}$表示时，称为离子A的极限淌度。

在电解质完全电离的情况下，离子淌度和摩尔电导率之间有如下关系：

$$\Lambda_m=(U_++U_-)F \tag{3-8}$$

$$\lambda_{m,+}=U_+F \text{ 和 } \lambda_{m,-}=U_-F \tag{3-9}$$

式中，F为法拉第常数。

由式(3-8)和式(3-9)可知：

(1) 摩尔电导率随浓度的变化，是由U_+和U_-的变化引起的。

(2) 电解质中正、负离子摩尔电导率也是由U_+和U_-所决定的。

3.2 溶液电导的测量

3.2.1 测量方法

溶液电导的测定，实际上就是测定溶液的电阻。因此测量电导的方法与测量电阻的方法基本相同。常用的方法是用惠斯顿电桥测量盛有电解质溶液的电导池的电阻。电极材料一般选用铂，也可采用石墨、钽、镍和不锈钢等其他材料。电导池的电极由一对具有固定面积和位置的平行片组成，使用时插入其电解质溶液，所构成的电导池的性能与电导池常数θ直接相关。在实际测定中，为使所测数值处于仪器灵敏度最高的范围内，对于浓溶液应选用电导池常数较小的电导池，对于稀溶液则应选用电导池常数较大者。电导池常数通常用KCl标准溶液进行测定，在选用KCl标准溶液时，尽量选用电阻值接近待测溶液的电阻值的浓度，以减少测量误差。

通常应用电导池测量介质的电导率范围应在$3\times10^{-5}\sim10^{-3}$S/cm之间。常数太小时测定不可能十分准确，太大时仪器的平衡点难以确定。因此，测量电解质水溶液的电导率应在$10^{-7}\sim10^{-1}$S/cm之间。

为了减少极化效应和电容的干扰，铂电极上往往镀上一层“铂黑”以增大电极的面积。但是由于铂黑颗粒对溶液中某些反应可能有催化等作用的影响，并且可能从溶液中吸附大量的溶质从而改变其浓度，因而有时仍用光亮铂片电极。

3.2.2 电导仪

电导仪是用来测量溶液电导的仪器。电导仪的构造除电导池外，一般还包括测量电源、测量电路和指示器等部分。

(一) 电导仪的基本结构

1. 测量电源

直流电是不能通过电容器的。因此，若在此网络上施加一较小的直流电压，如果尚不能引起电极反应，则除瞬时电流外，不会有直流电流通过。但在较高电压下，引起电极反应时，溶液中离子浓度会发生变化，所以直流电不适宜用于电导分析。

如果两电极上加以交流电压，当外加电压还未达到电极上能发生电极反应所需电压之前，电极早已能导电了，即已经产生了电导信号，则可以对待测组分进行分析了。即使外加电压达到了电极反应所需的电压，但在交流电压的作用下，电极上发生的氧化和还原反应会迅速交替进行，其净结果相当于没发生反应，也就不会导致溶液中离子浓度的变化。综上所述，通常用交流电源作为电导的测量电源。

2. 测量电路

常见电导仪都可测电解质溶液的电阻或电导。测量电路可分为分压式、电桥平衡式和欧姆计式电路 3 种。

分压式电路原理如图 3-3 所示。

$$E_m=\frac{R_mE}{(R_x+R_m)}$$

由式(3-1)可得

$$G_x=\frac{1}{R_x}\qquad E_m=\frac{R_mE}{\frac{1}{G_x}+R_m}$$

当 R_m 远小于 R_x 时：$E_m=R_mG_xE$

进行测量时，只要把分压电阻 R_m 控制得足够小，便可使分压 E_m 的值与溶液电导值 G_x 呈线性关系。测量时可采用电表，在 G_x 值保持不变时，改变 R_m 的大小，E_m 值随之改变，故可用以改变测量范围。

平衡电桥式电路如图 3-4 所示，R_1 和 R_2 为标准电阻，R_1 与 R_2 组成电路比例臂。$\frac{R_1}{R_2}$值可选 0.1，1.0 及 10 等数值。R_3 是可调精密电阻，R_X 为电导池的电阻。由于极间电容和分布电容的存在，须用可变电容 C 来平衡。当外加交流电压于电桥时，调 R_3 和 R_1、R_2，使之达到平衡点(显示零)，则

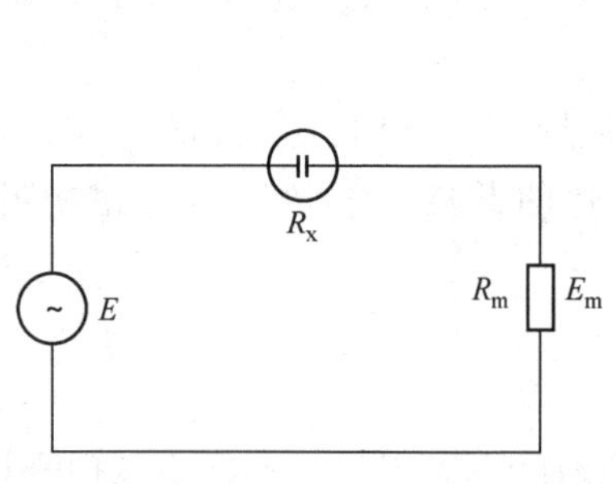

图 3-3　分压式电路原理

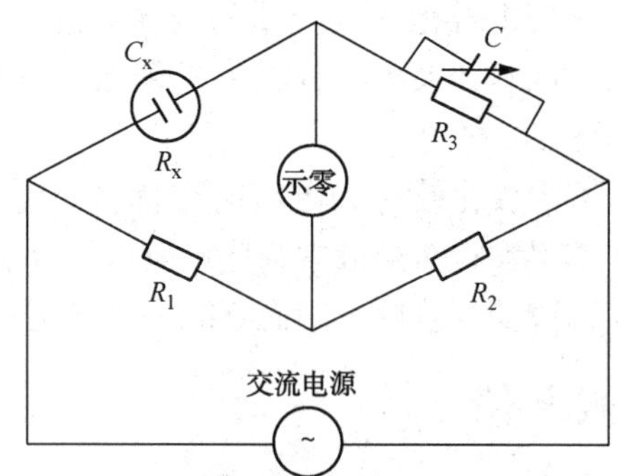

图 3-4　平衡电桥式电路

$$R_x=\frac{R_1}{R_2}\cdot R_3\qquad C_x=\frac{R_2}{R_1}\cdot C$$

可变电容 C 用以补偿寄生电容，它随测量电源及测量电池而不同。平衡电桥电路不受

电场影响，示零器的灵敏度足够高时测量精密度较高。

欧姆计式的原理如图 3-5 所示，被测电阻 R_x 与电源 E、内阻 R 及指示器串联。

$$R_x=0\text{ 时，}I_m=\frac{E}{R}$$

$$R_x\neq 0\text{ 时，}I_x=\frac{E}{R+R_x}$$

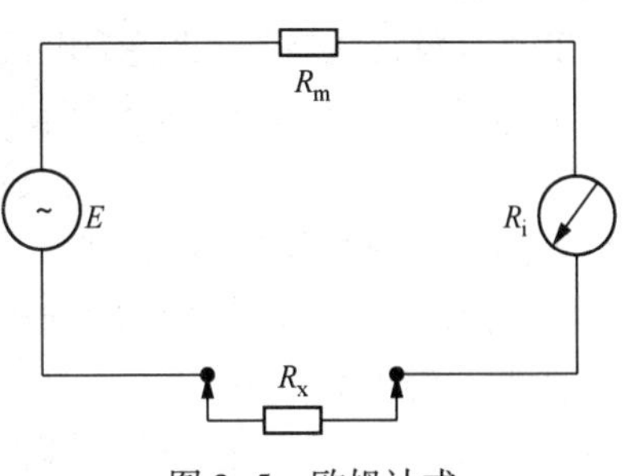

图 3-5　欧姆计式

欧姆计式电路结构简单，可以在测量时直接读数。但误差较大，可用于精度要求不高的电导测量中。

3. 指示器

在平衡电桥式电路中常用耳机作指示器，目前市售仪器已很少采用这种方法。电极和示波器也较为广泛。定型的仪器中多采用电表或数字显示器等作为指示器。为了提高灵敏度并装备信号放大器等装置，各级放大器输出都只有深度的负反馈，不但能保证良好的温度特性，而且减少了检波二极管的非线性特征，使指示器具有较好的精度。

（二）DDS-307A 电导率仪

1. 概述

DDS-307A 型电导率仪是实验室测量水溶液电导率必备的仪器，仪器采用全新设计的外形、大屏幕 LCD 段码式液晶，显示清晰、美观。该仪器广泛地应用于石油化工、生物医药、污水处理、环境监测、矿山冶炼等行业及大专院校和科研单位。若配用适当常数的电导电极，可用于测量电子半导体、核能工业和电厂纯水或超纯水的电导率。

仪器的主要特点如下：

（1）仪器采用大屏幕 LCD 段码式液晶；

（2）可同时显示电导率/温度值，显示清晰；

（3）具有电导电极常数补偿功能；

（4）具有溶液的手动温度补偿功能。

2. 仪器结构

（1）仪器外形结构如图 3-6 所示。

（2）仪器后面板结构如图 3-7 所示。

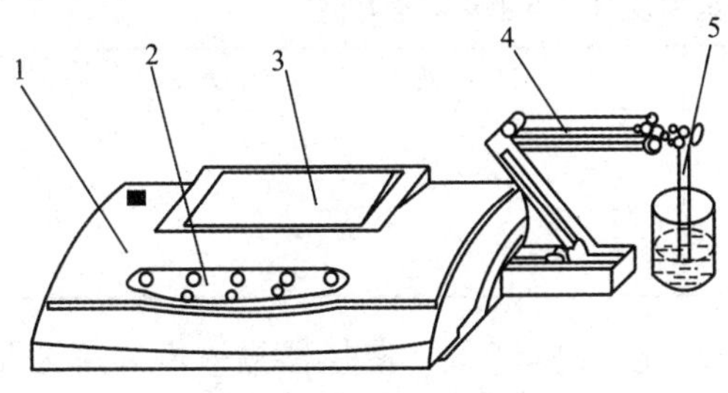

图 3-6　仪器外形结构

1—机箱；2—键盘；3—显示屏；4—多功能电极架；5—电极

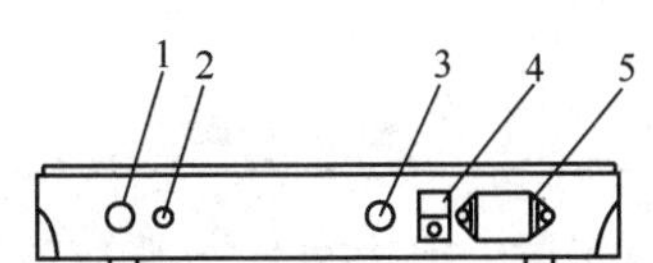

图 3-7　仪器后面板结构

1—测量电极插座；2—接地插座；3—保险丝；4—电源开关；5—电源插座

（3）仪器键盘说明：

①“测量”键，在设置“温度”、“电极常数”、“常数调节”时，按此键退出功能模块，

返回测量状态。

②“电极常数”键，此键为电极常数选择键，按此键上部“△”为调节电极常数上升；按此键下部“▽”为调节电极常数下降；电极常数的数值选择为0.01、0.1、1、10。

③“常数调节”键，此键为常数调节选择键，按此键上部“△”为常数调节数值上升；按此键下部“▽”常数调节数值下降。

④“温度”键，此键为温度选择键，按此键上部“△”为调节温度数值上升；按此键下部“▽”为调节温度数值下降。

⑤“确认”键，此键为确认键，按此键为确认上一步操作。

3. 仪器的使用方法

(1) 开机前的准备：

① 将多功能电极架插入多功能电极架插座中，并拧好插头螺丝。

② 将电导电极安装在电极架上。

③ 用蒸馏水清洗电极。

(2) 仪器操作流程：

① 连接电源线，打开仪器开关，仪器进入测量状态，显示如图，仪器预热30min后，可进行测量。

② 在测量状态下，按“温度”键设置当前的温度值；按“电极常数”和“常数调节”键进行电极常数的设置。

③ 设置温度：在测量状态下，用温度计测出被测溶液的温度，按“温度△”或“温度▽”键调节显示值，使温度显示为被测溶液的温度，按“确认”键，即完成当前温度的设置；按“测量”键放弃设置，返回测量状态。

④ 电极常数和常数数值的设置：仪器使用前必须进行电极常数的设置。目前电导电极的电极常数为0.01、0.1、1.0、10四种类型，每种类型电极具体的电极常数值均粘贴在每支电导电极上，用户根据电极上所标的电极常数值进行设置。按“电极常数”键或“常数调节”键，仪器可进入电极常数设置状态。

⑤ 测量：DDS-307A型电导率仪的电导率测量范围及对应电极常数推荐值如表3-2所示。

表3-2 电导率测量范围及对应电极常数推荐值

电导率范围/(μS/cm)	推荐使用电极常数/cm^{-1}
0.05~2	0.01，0.1
2~200	0.1，1.0
200~2×10^5	1.0

经过温度、电极常数和常数数值设置后，按“测量”键，使仪器进入电导率测量状态，接上电导电极，用蒸馏水清洗电极头部，再用被测溶液清洗一次，将电导电极浸入被测溶液中，用玻璃棒搅拌溶液使溶液均匀，在显示屏上读取溶液的电导率值。

4. 使用注意事项

(1) 电极使用前必须放入在蒸馏水中浸泡数小时，经常使用的电极应放入(储存)在蒸馏水中。

（2）为保证仪器的测量精度，必要时在仪器的使用前，用该仪器对电极常数进行重新标定，同时应定期进行电导电极常数标定，常用的电导电极常数标定方法有标准溶液标定法和标准电极标定法两种。

① 标准溶液标定法：根据电极常数选择合适的标准溶液(见表3-3)、配制方法(见表3-4)，标准溶液与电导率值关系表(见表3-5)。

表3-3　测定电极常数的KCl标准溶液

电极常数/cm^{-1}	0.01	0.1	1	10
KCl溶液近似浓度/(mol/L)	0.001	0.01	0.01或0.1	0.1或1

表3-4　标准溶液的组成

近似浓度/(mol/L)	容量浓度KCl/(g/L)溶液(20℃空气中)
1	74.2650
0.1	7.4365
0.01	0.7440
0.001	将100mL 0.01mol/L的溶液稀释至1L

表3-5　KCl溶液近似浓度及其电导率值关系

温度/℃	近似浓度/(mol/L)			
	1	0.1	0.01	0.001
	电导率/(S/cm)			
15	0.09212	0.010455	0.0011414	0.0001185
18	0.09780	0.011163	0.0012200	0.0001267
20	0.10170	0.011644	0.0012737	0.0001322
25	0.11131	0.012852	0.0014083	0.0001465
35	0.13110	0.015351	0.0016876	0.0001765

a. 将电导电极接入仪器，断开温度电极(仪器不接温度传感器)，仪器则以手动温度作为当前温度值，设置手动温度为25.0℃，此时仪器所显示的电导率值是未经温度补偿的绝对电导率值。

b. 用蒸馏水清洗电导电极；将电导电极浸入标准溶液中。

c. 控制溶液温度恒定为：(25.0±0.1)℃。

d. 把电极浸入标准溶液中，读取仪器电导率值$K_{测}$。

e. 按下式计算电极常数J：

$$J=K/K_{测}$$

式中，K为溶液标准电导率(查表3-5可得)。

② 标准电极标定法：根据电极常数选择合适的标准溶液(见表3-3)、配制方法(见表3-4)，标准溶液与电导率值关系表(见表3-5)。

a. 选择一支已知常数的标准电极(设常数为J标)；

b. 选择合适的标准溶液(见表3-3)、配制方法(见表3-4)，标准溶液与电导率值关系表(见表3-5)；

c. 把未知常数的电极(设常数为 J_1)与标准电极以同样的深度插入液体中(都应事先清洗);

d. 依次将电极接到电导率仪上，分别测出的电导率为 K_1 及 $K_{标}$；

e. 按下式计算电极常数 J_1：

$$J_1 = J_{标} \times K_{标} / K_1$$

式中，K_1 为未知常数的电极所测电导率值；$K_{标}$ 为标准电极所测电导率值。

(3) 在测量高纯水时应避免污染，正确选择电导电极的常数并最好采用密封、流动的测量方式。

(4) 本仪器的 TDS 按电导率 1∶2 比例显示测量结果。

(5) 为确保测量精度，电极使用前应用于小 0.5μS/cm 的去离子水(或蒸馏水)冲洗二次，然后用被测试样冲洗后方可测量。

(6) 电极插头插座防止受潮，以免造成不必要的测量误差。

5. 电导电极常用维护方法

(1) 电导电极的储存：

电极(长期不使用)应储存在干燥的地方。电极使用前必须放入(储存)在蒸馏水中数小时，经常使用的电极可以放入(储存)在蒸馏水中。

(2) 电导电极的清洗：

① 可以用含有洗涤剂的温水清洗电极上有机成分玷污，也可以用酒精清洗。

② 钙、镁沉淀物最好用 10%柠檬酸。

③ 镀铂黑的电极，只能用化学方法清洗，用软刷子机械清洗时会破坏镀在电极表面的镀层(铂黑)。注意：某些化学方法清洗可能再生或损坏被轻度污染的铂黑层。

④ 光亮的铂电极，可以用软刷子机械清洗。但在电极表面不可以产生刻痕，绝对不可使用螺丝起子之类硬物清除电极表面，甚至在用软刷子机械清洗时也需要特别注意。

3.3 直接电导法及其应用

3.3.1 概述

由于溶液的电导率是溶液所有离子运动的总体表现，所以，当组分比较复杂时，难以区分出单一组分的含量。因此，电导分析法多用于电解质总量或单一物质的测定。但是与化学反应相配合时，也可用于某些多组分物质含量的测定。直接电导法仪器简单，操作简便，信号输送方便等，因而被广泛应用于自动和连续监测。

3.3.2 直接电导法的应用

1. 水质纯度的监测

检验实验室用水(蒸馏水或去离子水)、天然水矿化度、工厂企业用水以及环境污染等方面的连续监测，往往电导率是一项重要指标。从离子独立移动定律不难得到，电解质愈多，溶液的电导率愈高。水的电导率反映水中存在电解质的总含量的大小。由于水离解产生 H^+ 和 OH^-，其电导率的理论值应为 5.5×10^{-8}S/cm(298K)。对海水而言，水中盐分多少称为盐度，以‰来表示，可根据电导率值进行计算。饮用水的电导率范围为5~150mS/m，海水电导率大约为3000mS/m，清洁河水电导率约为10mS/m。电导率随温度变化而变化，变化幅度约为2%/℃。电导法还可以用于测定土壤中可溶盐分的总量。纯水中加入微量电解质后，电导率变化很大，测定电导率，可以确定水的质量。

2. 钢铁中碳硫含量的测定

将钢铁材料样品投入高温燃烧管内通氧气燃烧产生SO_2、CO_2及剩余O_2。经过除尘后的这些气体先进入硫吸收器，SO_2被吸收器内的$K_2Cr_2O_7$氧化，生成H_2SO_4，结果使溶液电导率发生变化，根据吸收液电导率在吸收前后之差来确定其含量。然后混合气体进入盛有$Ba(OH)_2$或NaOH溶液的碳吸收器内，CO_2和$Ba(OH)_2$或NaOH经过反应产生$BaCO_3$沉淀或Na_2CO_3，溶液的电导率随着CO_2吸收量的增加发生明显变化，Δk值可通过电导仪进行定量测定，由于样品中S%和C%与Δk成正比，所以可采用标准样品绘制工作曲线对未知样品进行测定。

3.4 电导滴定法及其应用

3.4.1 概述

电导滴定是电导测定与容量分析法相结合的分析方法。电导滴定法根据滴定过程中由于化学反应所引起的溶液电导(或电导率)的变化，来确定滴定终点。化学反应可以是中和反应、络合反应、沉淀反应或氧化还原反应。电导滴定要求反应物和生成物之间离子淌度有较大的改变，因为溶液中每一种离子都对溶液的电导有影响，因此必须消除干扰离子的影响，才能实现主反应离子电导(或电导率)变化的准确测定。这种方法不需要知道电导池常数，只须记录溶液在滴定过程中的电导变化即可。滴定过程中应该注意保持温度恒定。

3.4.2 电导滴定法的应用

1. 强酸强碱滴定

强碱滴定强酸的情况以NaOH滴定HCl为例加以说明。其反应为

$$(H^++Cl^-)+(Na^++OH^-)=\!=\!=(Na^++Cl^-)+H_2O$$

图3-8为用NaOH滴定HCl的电导滴定曲线。图中下降部分代表溶液中尚存的HCl和已形成的NaCl的电导。上升部分代表反应达终点后，过量的碱和NaCl的电导。两条线段的交点即为滴定终点。

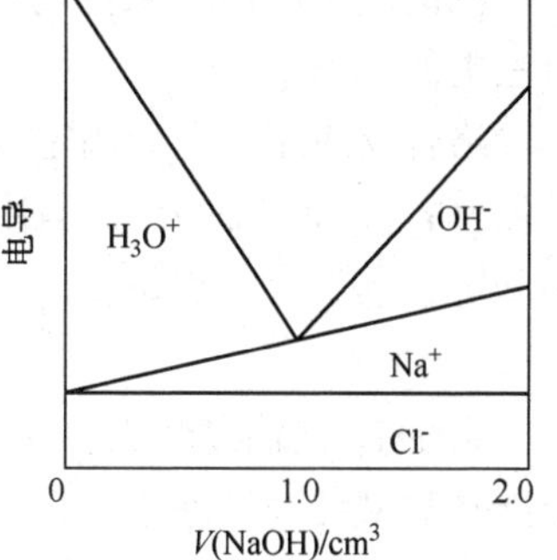

图3-8 NaOH滴定HCl

滴定过程中Na^+不断取代H^+，H^+的离子淌度比Na^+的离子淌度大得多，因此在化学计量点前，溶液的电导不断下降。化学计量点后，随着过量的NaOH的加入，OH^-和Na^+浓度都在不断增大，溶液电导也随着增大，因而滴定曲线出现上升情况。在化学计量点处溶液具有纯的NaCl的电导，这时，由于H^+的淌度比OH^-的淌度大，终点的pH值会比7大。在强碱强酸相互滴定中通常采用指示剂或电位法指示终点，因此强碱滴定强酸一般不采用电导滴定法，但对于较稀

的强酸溶液或强酸混合溶液的滴定，特别是滴定有水解离子存在的强酸，采用电导滴定法是很有利的。

2. 弱酸(弱碱)的滴定

用强碱分别滴定解离常数 K_a 为 10^{-3} 和 10^{-5} 的两种弱酸时，滴定曲线如图 3-9 中 1、2 所示。滴定开始后由于受弱酸解离平衡的控制，滴定过程中所形成的弱酸盐中阴离子抑制着弱酸的解离，溶液的电导降低。随着滴定剂的不断加入，弱酸逐渐被强导电性的盐代替，溶液电导由极小点开始逐渐增大到化学计量点。然后由于强碱过量，电导值又迅速增大。

3. 混合酸(碱)滴定

对于各种混合酸体系，当两种酸的解离常数相差 10 倍以上时，终点就可以测定出来。例如对于盐酸和醋酸混合溶液，可以用 NaOH 或 $NH_3 \cdot H_2O$ 溶液分别滴定盐酸和醋酸的含量。滴定曲线如图 3-10 所示。

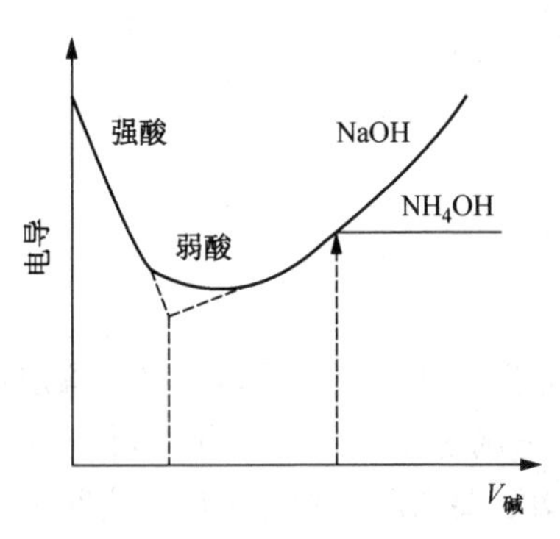

图 3-9　强碱滴定弱酸

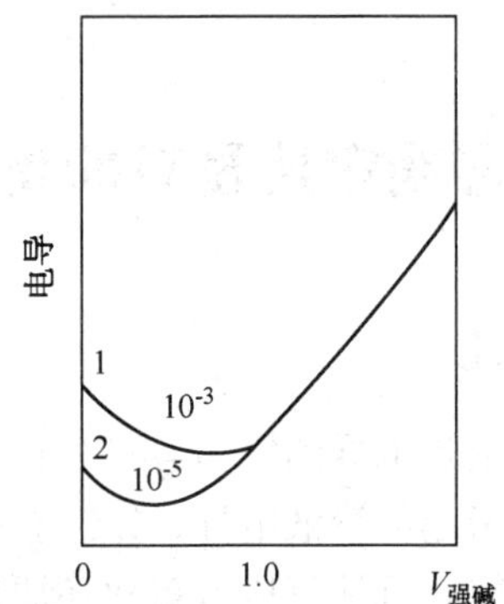

图 3-10　用 NaOH 或 $NH_3 \cdot H_2O$ 滴定盐酸和醋酸的混合物

在多元酸的滴定中，如 H_2CO_3 的滴定，由于第二个化学计量点受 ${CO_3}^{2-}$ 水解的影响很不明显，滴定时需加入适量的沉淀剂 Ca^{2+}，使之与 ${CO_3}^{2-}$ 作用生成 $CaCO_3$ 沉淀。

4. 沉淀、络合、氧化还原滴定

沉淀反应也可以用来进行电导滴定。如 10^{-4} mol/L 的 SO_4^{2-} 可在 50% 的甲醇溶液中用 0.1mol/L 的 $Ba(Ac)_2$ 进行滴定。沉淀滴定时滴定剂中的离子与待测离子生成难溶化合物，从而使溶液的电导发生显著变化。

沉淀滴定的误差来自电极的玷污、吸附和共沉淀等。减少这类误差的办法与一般沉淀分析法类似。

络合反应用于电导滴定的实例也较多，例如用 EDTA 滴定有色溶液或混浊溶液中水的总硬度(Ca^{2+}、Mg^{2+} 总量)，当用铬黑 T 作指示剂时，终点很难定。改用电导滴定法便可实现准确滴定，其反应过程是：

$$M^{2+} + Na_2H_2Y \rightleftharpoons 2Na^+ + MY^{2-} + 2H^+$$

由于 H^+ 的淌度较大，从上式可知在化学计量点前后电导值会有明显改变。但这类滴定不能在酸碱缓冲溶液中进行。因为在酸碱缓冲溶液中会使化学计量点前溶液的 H^+ 浓度保持稳定不变，结果导致电导无明显变化。

EDTA 电导滴定与一般采用指示剂的 EDTA 络合滴定比较，前者有利于较稀的滴定体系。因为稀溶液的离子强度较低，形成的络合物稳定，使电导滴定时电导变化转折更明显。

氧化还原反应能引起电导发生较大改变，因此也可以应用于电导滴定。如：

$$AsO_3^{3-}+I_2+3H_2O = AsO_4^{3-}+2I^-+2H_3O^+$$

可见，溶液中的离子总浓度在反应前后发生了较大改变，必然引起电导值的相应变化，滴定过程中电导迅速上升，化学计量点后电导不再发生改变。

电导滴定常用于比较稀的溶液，为了防止稀释效应，一般要求滴定剂的浓度高于被测样品浓度的 10~20 倍。

3.5 实验技术

3.5.1 电导率仪的使用方法和电导率仪工作原理

(一) 电导率的测定原理

引起离子在被测溶液中运动的电场是由与溶液直接接触的两个电极产生的。此对测量电极必须由抗化学腐蚀的材料制成。实际中经常用到的材料有钛等。由两个电极组成的测量电极被称为科尔劳施(Kohlrausch)电极。

电导率的测量需要明确两方面。一个是溶液的电导，另一个是溶液中 l/A 的几何关系，即电导池常数 θ。电导可以通过电流、电压的测量得到，而 θ 可以通过几何尺寸算出。当两个面积为 $1cm^2$ 的方形电极板，之间相隔 1cm 组成电导池时，此电导池的常数 $\theta=1cm^{-1}$。若用此对电极测得电导 $G=1000\mu S$，则被测溶液的电导率 $\kappa=1000\mu S/cm$。

一般情况下，电导池常常形成部分非均匀电场。此时，电导池常数必须用标准溶液进行确定。标准溶液一般都使用 KCl 溶液，这是因为 KCl 的电导率在不同温度和浓度下非常稳定且准确。0.1mol/L 的 KCl 溶液在 25℃ 时电导率为 12.88mS/cm。

(二) 电导率仪的使用方法

电导率仪的使用方法和酸度计的使用方法相似，具体有如下的操作注意事项。

(1) 未开电源开关前，观察表针是否指零，可调正表头上的螺丝，使表针指零。

(2) 将校正测量开关扳在"校正"位置。

(3) 插接电源线，打开电源开关，并预热数分钟(待指针完全稳定下来为止)，调节"调正"调节器使电表指示满度。

(4) 当使用①~⑧量程来测量电导率低于 300μS/cm 的液体时，选用"低周"，这时将高/低周选择开关扳向"低周"即可。当使用⑨~⑩量程来测量电导率在 300~105μS/cm 范围里的液体时，则扳向"高周"。

(5) 将量程选择开关扳到所需要的测量范围，如预先不知被测溶液电导率大小，应先把其扳到最大电导率测量挡，然后逐渐下降，以防表针打弯。

(6) 电极的使用：使用时用电极夹夹紧电极的胶木帽，并把电极夹固定在电极杆上。

① 当被测溶液的电导率低于 0.3μS/cm，使用 DJS-0.1 型电极(如图 3-11 所示)，这时应把"电导池常数补偿调节器"调节在所配套电导池常数的 10 倍位置上：例如，配套电导池常数为 $0.090cm^{-1}$，则应把其调节到 $0.90cm^{-1}$ 位置上。

② 当被测溶液的电导率低于 10μS/cm，使用 DJS-0.1 型电极，这时应把"电导池常数补

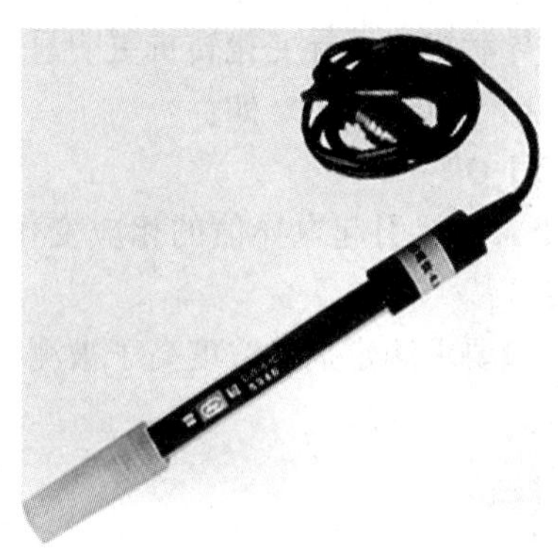

图 3-11　DJS-0.1 型电极

偿调节器”调节在所配套常数相应位置上：例如，配套电极常数为 0.95cm^{-1}，则应把其调节到 0.95cm^{-1}位置上。

（7）当用 0～0.1μS/cm 或 0～0.3μS/cm 这两档测量高纯水时，先把电极引线插入电极插孔，在电极未浸入溶液前，调节电容补偿调节器使电表指示为最小值(此最小值即电极铂片间的漏电阻。

（8）将电极浸入待测溶液中进行测量。

（三）电导电极

电导电极一般分为二电极式和多电极式两种类型。

1. 二电极式电导电极

二电极式电导电极是目前国内使用最多的电导电极类型，实验用二电极式电导电极的结构是将二片铂片烧结在二平行玻璃片上，或圆形玻璃管的内壁上，调节铂片的面积和距离，就可以制成不同电导池常数值的电导电极。通常有 $\theta=1$、$\theta=5$、$\theta=10$ 等类型。而在线电导率仪上使用的二电极式电导电极常制成圆柱形对称的电极。当 $\theta=1$ 时，常采用石墨，当 $\theta=0.1$、0.01 时，材料可以是不锈钢或钛合金。

2. 多电极式电导电极

多电极式电导电极，一般在支持体上有几个环状的电极，通过环状电极是串联和并联的不同组合，可以制成不同电导池常数的电导电极。环状电极的材料可以是石墨、不锈钢、钛合金和铂金。

3. 电导电极还有四电极类型和电磁式类型

四电极电导电极的优点是可以避免电极极化带来的测量误差，在国外使用较多。电磁式电导电极的特点是适宜于测量高电导率的溶液，一般用于工业电导率仪中，或利用其测量原理制成单组分的浓度计，如盐酸浓度计、硝酸浓度计等。

（四）电导池常数的测定

根据公式 $\theta=\kappa/G$，电导池常数 θ 可以通过测量电导电极在一定浓度的 KCl 溶液中的电导 G 来求得，此时 KCl 溶液的电导率 κ 是已知的。由于测量溶液的浓度和温度不同，以及测量仪器的精度和频率也不同，电导池常数 θ 有时会出现较大的误差，使用一段时间后，θ 也可能会有变化，因此，新购的电导电极，以及使用一段时间后的电导电极，电导池常数 θ 应重新测量标定，θ 测量时应注意以下几点：

（1）测量时应采用配套使用的电导率仪，不要采用其他型号的电导率仪。

（2）测量电导池常数 θ 的 KCl 溶液的温度，以接近实际被测溶液的温度为好。

（3）测量电导池常数 θ 的 KCl 溶液的浓度，以接近实际被测溶液的浓度为好。

3.5.2　水的电导率的测定

（一）方法一：静态法

1. 适用范围

本方法用于电导率大于 3μS/cm(25℃)水样。

2. 方法原理

溶解于水的酸、碱、盐电解质，在溶液中解离出正、负离子，使电解质溶液具有导电能力，其导电能力大小可用电导率表示。

电解质溶液的电导率，通常是用两个金属片(即电极)插入溶液中，测量两极间电阻率大小来确定。电导率是电阻率的倒数。其定义是截面积 $1cm^2$，极间距离为 1cm 时，该溶液的电导。电导率的单位为西每厘米(S/cm)。在水分析中用它的百万分之一即微西每厘米(μS/cm)表示水的电导率。

3. 仪器

(1) DDSJ-308A 型电导仪(电导率仪)，如图 3-12 所示，测量范围为：$0\sim2\times10^5$μS/cm，共 7 档量程，7 档量程间能自动切换。温度测量范围：0~50.0℃。

(2) 电导电极(简称电极)，实验室常用的电导电极为白金电极或铂黑电极。每一电极有各自的电导池常数，分别下列三类：即 0.1 以下，0.1~1.0 及 1.0~10。

(3) 温度计，精度应高于±0.5℃。

图 3-12 DDSJ-308A 型电导仪

4. 试剂

(1) 1mol/L KCl 标准溶液：称取在 105℃ 干燥 2h 优级纯 KCl(或基准试剂)74.3650g 用新制备的二级试剂水(20℃±2℃)溶解后移入 1L 容量瓶中，并稀释至刻度，混匀。

(2) 0.1mol/L KCl 标准溶液：称取在 105℃ 干燥 2h 优级纯 KCl(或基准试剂)7.4365g，用新制备的二级试剂水(20℃±2℃)溶解后移入 1L 容量瓶中，并稀释至刻度，混匀。

(3) 0.01mol/L KCl 标准溶液：称取在 105℃ 干燥 2h 优级纯 KCl(或基准试剂)0.7440g，用新制备的二级试剂水(20℃±2℃)溶解后移入 1L 容量瓶中，并稀释至刻度，混匀。

(4) 0.001mol/L KCl 标准溶液：准确吸取 0.01mol/L KCl 标准溶液 100mL，移入 1L 容量瓶中，用新制备的二级试剂水(20℃±2℃)稀释至刻度，混匀。

以上 KCl 标准溶液，应放入聚乙烯塑料瓶或硬质的玻璃瓶中，密封保存。这些 KCl 标准溶液在不同温度下的电导率如表 3-6 所示。

表 3-6 氯化钾标准溶液的电导率

溶液浓度/(mol/L)	温度/℃	电导率/(μS/cm)
1	0	65176
	18	97838
	25	111342
0.1	0	7138
	18	11167
	25	12856
0.01	0	773.6
	18	1220.5
	25	1408.8
0.001	25	146.93

5. 操作步骤

(1) 电导率仪的操作应按使用说明书的要求进行。

(2) 电导池常数 θ 和温度补偿系数 α 的设置。

这一部分，共分三步：第一步，选择电导池常数的档位(本仪器共五分档 0.001，0.1，1.00，5.00，10.00，初始值为 1.00)；第二步调解当前档位下的电导池常数值；第三步调节温度补偿系数 α 的值，初始值为 2.0%。

(3) 水样的电导率大小不同，应使用电导池常数不同的电极。不同电导率的水样可参照表 3-7 选用不同电导池常数的电极。

表 3-7　不同电导池常数的电极的选用如下表

电导池常数/cm^{-1}	电导率/(μS/cm)	电导池常数/cm^{-1}	电导率/(μS/cm)
0.01	0.05~20	1	10~10000
0.1	1~200	10	100~2×10^5

(4) 插入电极，把电极浸入水样中，用被测水样冲洗 2~3 次，再测定水样并读数，同时进行温度校正。重复取样测定 2~3 次，测定结果读数相对误差均在±3%以内，即为最后结果。

6. 注意事项

(1) 电导率仪使用频繁时应每隔一段时间进行调试，并校正电导池常数。

(2) 对低电导率的测量应考虑到氨及二氧化碳的影响，最好采用密封流动式测量装置进行测定。

(3) 盛水的容器要严防离子玷污。

(4) 电导率测定前，先用被测水样冲洗电极和电导池数次，以免玷污。

(5) 浑浊及含油水样一般不直接用电导仪测定，以避免污染电极，影响其电导池常数。

(6) 浑浊水样应过滤后测定。

(二) 方法二：动态法

1. 适用范围

适用于电导率小于 3μS/cm(25℃水样)。

2. 测定原理

同方法一(静态法)。

3. 试剂

同方法一(静态法)。

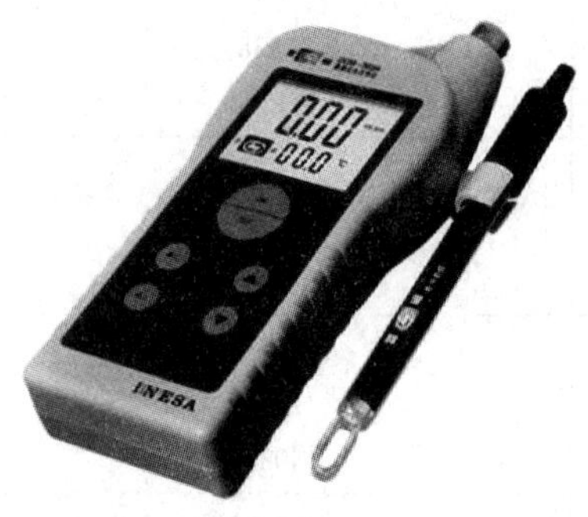

图 3-13　DDB-303A 型电导仪

4. 仪器

(1) DDB-303A 型电导仪(电导率仪)，如图 3-13 所示；

(2) DDB-303-0.01cm^{-1}钛合金电极；

(3) 测量槽。

5. 分析步骤

(1) 用高纯水清洗电极；

(2) 将电极旋入测量槽，电极头部进水，根部出水；

(3) 须确保流水中无空气混入，管道中亦应无气泡；

(4) 逐渐增加流速，直到显示器中电导率数字稳定并不随流速的增大而改变为止；

(5) 开机预热 10min；

(6) 调节“温度”补偿电位器，使温度指示与水样温度一致；

(7) 开关扳至“标准”档，调整“标准”电位器使数字显示为 100.0；

(8) 校准好后，开关置“测量”档此时显示值乘以 0.01 即为被测水样电导率值。

3.5.3 电导法测定乙酸解离常数

(一) 实验目的

(1) 学会用电导法测定一元弱酸的解离常数；

(2) 熟悉电导池、电导池常数、溶液电导(或电导率)等相关基本概念；

(3) 掌握电桥法测量溶液电导的实验方法和技术。

(二) 实验原理

根据 Arrhenius(阿累尼乌斯)的电离理论，弱电解质与强电解质不同，它在溶液中仅部分解离，离子和未解离的分子之间存在着动态平衡。如乙酸水溶液中，设 c 为乙酸的原始浓度，α 为解离度，其解离平衡为：

$$HAc \rightleftharpoons H^+ + Ac^-$$

电离刚开始时： c 　 0 　 0

电离平衡时： $c(1-\alpha)$ 　 $c\alpha$ 　 $c\alpha$

设其解离常数为 K，则

$$K = c\alpha^2/(1-\alpha) \tag{3-10}$$

由电化学理论可知，浓度为 c 的弱电解质稀溶液的解离度 α 应等于该浓度下的摩尔电导率 Λ_m 和溶液在无限稀时的摩尔电导率 Λ_m^∞ 之比，即

$$\alpha c = \Lambda_m / \Lambda_m^\infty \tag{3-11}$$

将式(3-11)代入式(3-10)得：

$$K = \frac{c\Lambda_m^2}{\Lambda_m^\infty(\Lambda_m^\infty - \Lambda_m)} \tag{3-12}$$

在上式中，c 为已知，Λ_m 通过本实验求得，Λ_m^∞ 尽管随温度的变化而变化，但仍然可以应用离子独立运动定律计算得到。

$$\Lambda_m^\infty(HAc) = \lambda_m^\infty(H^+) + \lambda_m^\infty(Ac^-) \tag{3-13}$$

在 298.15K 时，$\Lambda_m^\infty(HAc)$ 是 $390.71\times10^{-4}S \cdot m^2/mol$。任意温度下，

$$\Lambda_m^\infty(HAc) \cdot t(H^+) = \lambda_m^\infty(H^+),\ \Lambda_m^\infty(HAc) \cdot t(Ac^-) = \lambda_m^\infty(Ac^-)$$

如何求得指定温度和浓度下的摩尔电导率 Λ_m 呢？我们通过测盛有稀溶液的电导池里的电导 G 或电导率 κ 的方法来解决，即

$$G = \frac{1}{R} = \frac{1}{\rho} \cdot \frac{A}{l} = \kappa \cdot \frac{A}{l} \tag{3-14}$$

当浓度 c 的单位用 mol/L 表示，而摩尔电导率 Λ_m 的单位用 $S \cdot m^2/mol$ 表示时，

$$\Lambda_m = 0.001\kappa/c \tag{3-15}$$

式中电导率 κ 的单位是 S/m，l 为测量的电导电极两极片间的距离，A 为电极片的截面

积，对于一个固定的电导池，l 和 A 都是定值，故比值$\frac{l}{A}$为一常数，称为电池常数，用 θ 表示。所以，有

$$\kappa=\frac{\theta}{R} \tag{3-16}$$

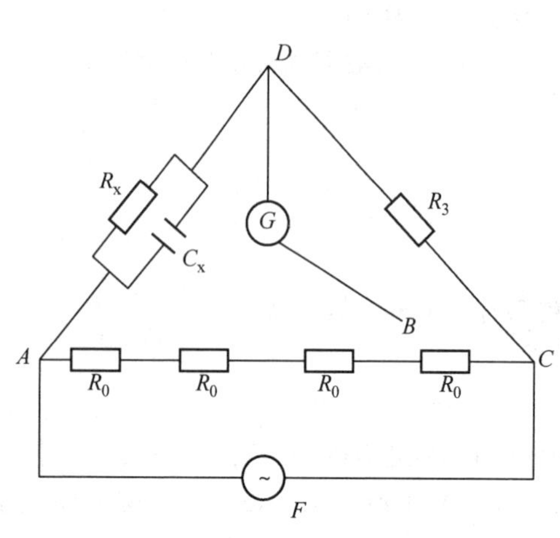

图 3-14　惠斯通电桥示意图

根据以上关系，只要我们在指定温度下测得不同浓度下的电导率 κ(用电导率仪)或溶液的电阻(用 1000Hz 交流电下的惠斯通电桥测，如图 3-14 所示)，就可以计算出摩尔电导率 Λ_m，再根据式(3-12)，即可计算出解离常数 K 来。本实验我们采用测溶液电阻的方法，先用已知电导率的 KCl 标准溶液测出特征电阻值 R_S，算出 θ；然后使用同一电导池测定待测乙酸溶液的电阻 R_x，最后就可以得到解离常数 K。

R_0为某一固定值的电阻，有四个；R_3为电阻箱；R_x为待测电阻(即电导池溶液的)；G 为电桥平衡检测器(可以是检流计、示波器、耳机等，本实验采用的是示波器)；F 为电桥电源，提供适当频率的交流电；B 点为活动接点，可选三处接。当电桥向平衡方向靠近时，示波器上的正弦波的振幅会变小，当电桥平衡即 D、B 两点的电势相等时，示波器上的正弦波就变成一条直线。由此可算得 R_x值。

之所以选用交流电而不选用直流电来测电导(或电阻)，是因为直流电最大限度地增大了电极表面的电流密度，电极发生极化，尽管直流电不会产生电容、电感的干扰(直流电导法只适合于电阻较大的介质，且一般需要使用可逆电极，如 Ag-AgCl 电极。使用交流电源和往铂电极表面镀上一层致密的“铂黑”以增大电极表面积，都是为了防止电极极化。交流电源的频率选择也很重要，从惠斯通电桥示意图可以看出，频率很高，尽管可以消除极化引起的误差，但 R_3上没有并联一个可以变化的电容以抵消电导池的“寄生电容”C_x，该“寄生电容”产生一个复数阻抗，因频率越高，容抗 X_c值越小 $[X_c=1/(2\pi fC)]$，电导池的整个复阻抗 Z_A 就越小，流经寄生电容 C_x的电流就越多，使得由 D 到线上的交流电压 U_1与由 A 过 R_0到 B 去的交流电压 U_2有较大的相位差，使得电桥不可能平衡。电导池的整个复阻抗为：

$$Z_A=\frac{\frac{-1}{2\pi\cdot f\cdot C}j\cdot R}{\frac{-1}{2\pi\cdot f\cdot C}j+R}\text{或者 }Z_A=\frac{\frac{1}{2\pi\cdot f\cdot C\cdot j}\cdot R}{\frac{1}{2\pi\cdot f\cdot C\cdot j}+R}$$

因此，实验中必须考虑的是，在增大交流电源频率以防极化的同时，还要尽量消除相位差对电桥平衡的影响。比较好的办法是，选择 1000Hz 的交流频率，尽可能使电流通过电导池里的溶液电阻，而不是寄生电容 C_x，从而使电导池上的电压降的相位移动较小，而不至于影响测量精度。

（三）仪器和试剂

1. 仪器

XD-7 型低频信号发生器 1 台，ZX-56 型电阻箱 1 台，SJ-8001 型示波器 1 台，恒温水浴 1 套，260 型铂电导电极(镀铂黑)1 支，带支管试管 4 支，25mL 移液管 1 支，容量瓶 2 个(50mL，100mL 各 1 个)，小烧杯，洗瓶，导线若干。

2. 试剂

0.01000mol/LKCl 溶液，0.1mol/L 左右的 HAc 溶液(准确浓度 c 标于瓶签)。

（四）实验步骤

(1) 调节恒温水浴温度为 25.00℃±0.05℃或 30.00℃±0.05℃。

(2) $c/2$ 和 $c/4$ 浓度 HAc 溶液的配制：用移液管各移取 25.00mL 真实浓度为 c(标于瓶签上)的 HAc 溶液，分别注入 50mL 和 100mL 容量瓶中，然后分别加蒸馏水至刻度并摇匀即成，其真实浓度分别为原溶液浓度的 1/2 和 1/4。

(3) 按图用导线连接电桥线路，接好后需经教师检查。检查并调节示波器及低频信号发生器(输出频率为 1000Hz)的各有关旋钮，然后接通各自电源，观察示波器屏幕，如果出现稳定的正弦波图形，说明接线正确，仪器工作状态也正常，可以进行下一步测定工作。

(4) 电池常数的测定：

① 将电导电极和试管用蒸馏水洗净，然后用少量 0.01000mol/L 的 KCl 溶液涮洗 3 次；在试管中加入 1/4～1/3 容积的 KCl 溶液，并插入电导电极，将试管置于恒温水浴中恒温 5min 以上。注意：a. 操作时切勿触碰电极头镀铂黑处，以免损伤铂黑镀层而导致电池常数改变；b. 测量时若观察到电极表面附有小气泡，应轻轻敲击振动试管，将其排除，以免引起测量误差。

② 将电阻箱的所有档位旋至 0 处，选择 B 点的落位处(取一次中间点)，然后从最大档位(×1000)开始调节，每旋转一格，观察示波器屏幕上的正弦曲线的波幅变化，调至波幅最小为止。依次调节下一个档位(×100，×10，×1)，最终使得屏幕上波幅减小为 0，即形成一条直线，这时可认为电桥达到平衡状态，将电阻箱各档位的读数相加，即为电阻箱阻值 R_3。注意：如果从 0 开始调节某档位旋钮，发现正弦曲线波幅一直增大，说明前一档位调节过大，应将前一档位的数字减少为 1 个，再回头调节该档位。

③ 重复步骤①、②两次，即一共测定 3 次，计算时取其平均值。

④ HAc 溶液电导的测定：按上述①～④的方法，依次测定浓度为 c、$c/2$ 及 $c/4$ 的 HAc 溶液的电阻值。

⑤ 实验完毕，关闭所有仪器电源，清洗玻璃仪器及电导电极，并将电导电极呈给老师查看后置于蒸馏水塑料瓶中浸泡保养。

（五）数据处理

有关已知数据：25℃下 0.01000mol/L KCl 溶液电导率 $\kappa=0.1413\text{S/m}$，无限稀释的 HAc 水溶液的摩尔电导率(25℃) $\Lambda_m^\infty=3.907\times10^{-2}\text{S}\cdot\text{m}^2/\text{mol}$。将实验数据列表，然后按实验原理部分所述，分别计算电导池常数 θ 和各浓度 HAc 溶液的解离常数 K。

附：数据记录参考格式：

溶液温度________℃。

HAc 溶液浓度：c：________mol/L，$c/2$：________mol/L，c/4：________mol/L。

1. 电导池常数的测定：

项目 次数	R_3/Ω	R_1/Ω	R_2/Ω	R_x/Ω	R_x 平均值/Ω	电导池常数 θ/m^{-1}
1						
2						
3						

2. 乙酸解离常数的测定：

HAc 浓度/(mol/L)	c			$c/2$			$c/4$		
	(　　)			(　　)			(　　)		
测量次数	1	2	3	1	2	3	1	2	3
R_3/Ω									
R_{AB}/Ω									
R_{BC}/Ω									
R_x/Ω									
R_x平均值/Ω									
κ/(S/m)									
S/(m · mol)									
电离度 α									
解离常数 K(HAc)									

（六）思考题

(1) 本实验的电桥为什么要选择使用 1000Hz 的交流电源？如为了防止极化，频率高一些不是更好吗？试权衡其利弊。

(2) 结合本实验结果，分析当 HAc 浓度变稀时，R_x、κ、Λ_m、α、K 等怎样随浓度变化？你的实验结果与理论是否相符合？为什么？

(3) 公式 $\Lambda_m = \Lambda_m^\infty - A\sqrt{c}$ 是针对什么溶液的？是不是任何电解质的都能够通过作图法外推得到？

(4) 你能否设计出一个方案很准确地测得溶液的电阻(或电导率)或者一个携带很方便的、精度不是很高的产品快捷地测出溶液的电阻(或电导率)吗？因为这两种产品都有它的卖点。

3.5.4 电导滴定法测定食醋中乙酸的含量

（一）实验目的

(1) 学习电导滴定法的测定原理。

(2) 掌握电导滴定法测定食醋中乙酸含量的方法。

(3) 进一步掌握电导率仪的使用。

(二) 实验仪器

DDS—11A 型电导率仪，电导电极，电磁搅拌器，搅拌子。25mL 碱式滴定管，200mL 烧杯，2mL 吸量管。0.1mol/L NaOH 标准溶液，食醋。

(三) 实验原理

电导滴定法：根据滴定过程中被滴定溶液电导的变化来确定滴定终点的一种容量分析方法。电解质溶液的电导取决于溶液中离子的种类和离子的浓度。在电导滴定中，由于溶液中离子的种类和浓度发生了变化，因而电导也发生了变化，据此可确定滴定的终点。

1. 醋酸含量测定

食醋中的酸主要是醋酸，此外还含有少量其他弱酸。本实验以酚酞为指示剂，用 NaOH 标准溶液滴定，可测出酸的总量。结果按醋酸计算。反应式为

$$NaOH+HAc=NaAc+H_2O$$

$$c(NaOH)\cdot V(NaOH)=c(HAc)\cdot V(HAc)$$

$$c(HAc)=c(NaOH)\cdot V(NaOH)/V(HAc)$$

反应产物 NaAc 为强碱弱酸盐，则终点时溶液的 pH 值>7，因此，以酚酞为指示剂。

2. NaOH 的标定

NaOH 易吸收水分及空气中的 CO_2，因此，不能用直接法配制标准溶液。需要先配成近似浓度的溶液(通常为 0.1mol/L)，然后用基准物质标定。

邻苯二甲酸氢钾和草酸常用作标定碱的基准物质。邻苯二甲酸氢钾易制得纯品，在空气中不吸水，容易保存，摩尔质量大，是一种较好的基准物质。标定 NaOH 反应式为：

$$KHC_8H_4O_4+NaOH=KNaC_8H_4O_4+H_2O$$

$$m(KHC_8H_4O_4)/M(KHC_8H_4O_4)=c(NaOH)\cdot V(NaOH)$$

$$c(NaOH)=m(KHC_8H_4O_4)/[M(KHC_8H_4O_4)\cdot V(NaOH)]$$

(四) 实验步骤

1. 0.1mol/L NaOH 标准溶液的标定

用减量法准确称取 0.3~0.4g $KHC_8H_4O_4$三份，加 25mL 蒸馏水溶解。然后加 1 滴酚酞指示剂，用 NaOH 溶液滴定至终点。记录每次消耗 NaOH 溶液的体积。

2. 食醋试液的制备

取 10mL 食醋样品，定容于 250mL 容量瓶中。

3. 食醋总酸度的测定

用移液管移取稀释好的食醋试液 25mL 放入锥形瓶中，加 1~2 滴酚酞指示剂，用 NaOH 标准溶液滴定至终点。记录 NaOH 消耗的体积，重复做 2~3 次。

(五) 注意事项

(1) 因食醋本身有很浅的颜色，而终点颜色又不够稳定，所以滴定近终点时要注意观察和控制。

(2) 注意碱滴定管滴定前要赶走气泡，滴定过程中不要形成气泡。

(3) NaOH 标准溶液滴定 HAc，属强碱滴定弱酸，CO_2的影响严重，注意除去所用碱标

准溶液和蒸馏水中的 CO_2。

（六）数据处理

附：数据记录参考格式：

	1	2	3	4	5	6	7	8	9	10	11	12
第一组	0.70	0.71	0.75	0.80	0.86	0.91	0.98	1.01	1.07	1.10	1.12	1.18
第二组	0.67	0.69	0.73	0.79	0.84	0.89	0.97	1.00	1.06	1.09	1.11	1.17
第三组	0.65	0.66	0.70	0.75	0.80	0.86	0.93	0.96	1.02	1.05	1.07	1.12
	13	14	15	16	17	18	19	20	21	22	23	24
第一组	1.23	1.38	1.49	1.61	1.72	1.84	1.99	2.09	2.20	2.32	2.46	2.57
第二组	1.28	1.39	1.51	1.62	1.77	1.88	1.99	2.12	2.23	2.37	2.49	2.60
第三组	1.21	1.31	1.46	1.58	1.72	1.83	1.94	2.06	2.18	2.30	2.43	2.54

由第一组实验数据绘制 *G*–*V* 曲线（图 3–15）：

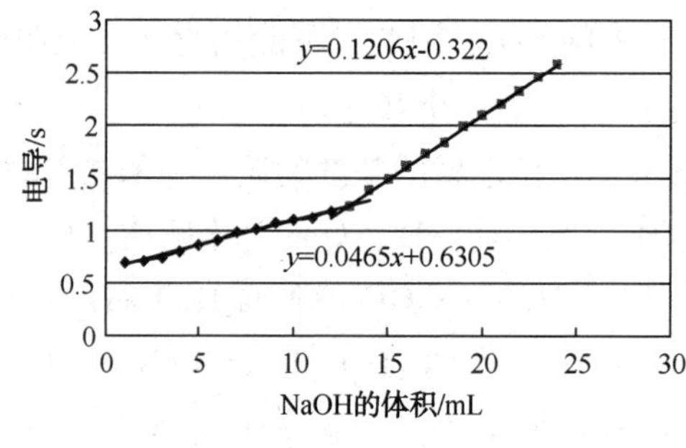

图 3–15　*G*–*V* 曲线（1）

由图 3–15 可知，化学计量点时所消耗 NaOH 标准溶液的体积为：12.85mL。

由第二组实验数据绘制 *G*–*V* 曲线（图 3–16）：

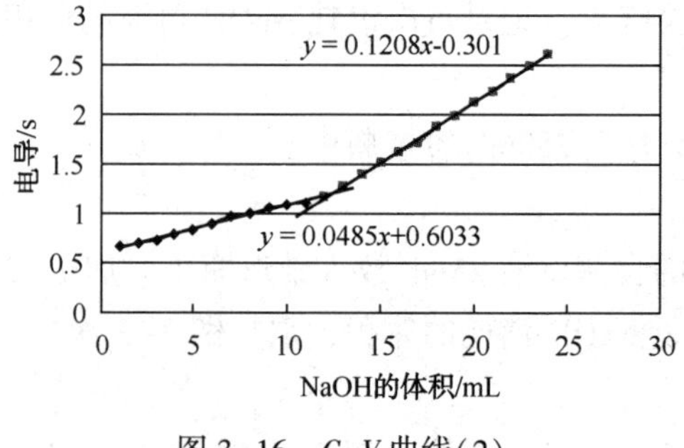

图 3–16　*G*–*V* 曲线（2）

由图 3–16 可知，化学计量点时所消耗 NaOH 标准溶液的体积为：12.51mL。

由第三组实验数据绘制 *G*–*V* 曲线（图 3–17）：

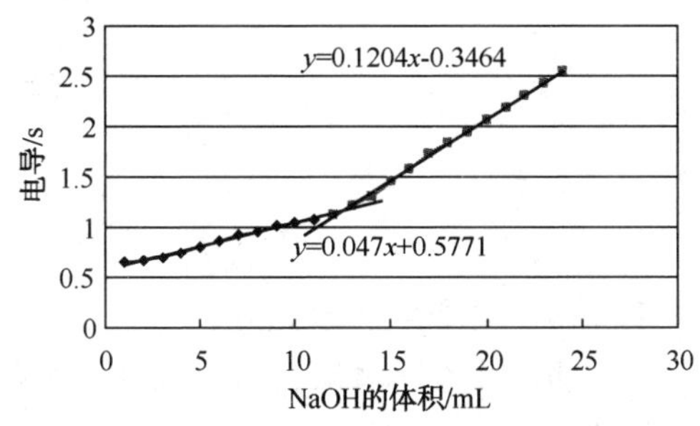

图 3-17 *G-V* 曲线(3)

由图 3-17 可知，化学计量点时所消耗 NaOH 标准溶液的体积为：12.70mL。

	1	2	3
消耗 NaOH 的体积/mL	12.85	12.51	12.70
乙酸的浓度/(mol/L)	1.285	1.251	1.270
乙酸平均的浓度/(mol/L)	1.269		
乙酸平均的浓度/(g/100mL)	7.61		

所以食醋中乙酸的含量为：7.61g/100mL。

(七) 思考题

(1) 用电导滴定法测定食醋中乙酸的含量与指示剂法相比，有何优点?

(2) 如果食醋中含有盐酸，滴定曲线有何变化?

模块一：电导分析基本原理
- ①电导
- ②电导率
- ③摩尔电导率
- ④极限摩尔电导率

模块二：溶液电导的测量
- ①电导池常数的选择
- ②电导仪

模块三：直接电导法及应用
- ①直接电导法原理
- ②水质纯度监测
- ③钢铁中硫、碳含量测定
- ④大气污染物测定

模块四：电导滴定法及应用
- ①电导滴定法原理
- ②酸碱滴定
- ③沉淀滴定
- ④氧化还原滴定
- ⑤配位滴定

习题

一、填空题

1. 电导率是以________表示溶液传导电流的能力。

2. 纯水电导率很________，当水中含无机酸、碱或盐时，使电导率________。

3. 电导率常用于间接推测水中离子成分的________。

4. 水溶液的电导率取决于离子的________和________，溶液的________和________等。

5. 电导率的标准单位是________。

6. 1mS/m=________mS/cm=________μS/cm。

7. 新蒸馏水的电导率为0.05~0.2mS/m，存放一段时间后，由于空气中的________或________的溶入，电导率上升至0.2~0.4mS/m。

8. 饮用水的电导率范围为________。

9. 海水电导率大约为________mS/m；清洁河水电导率约为________mS/m。

10. 电导率随________变化而变化，变化幅度约为________。

二、简答题

1. 简述测定电导率的方法原理？

2. 电解质溶液导电和金属导电有什么不同？

3. 测量溶液电导，为什么使用交流电源为好？

4. 无限稀释情况下的离子摩尔电导率值的含义是什么？如何求得？

三、计算题

1. 测定某次电导池的常数，已知测定0.01mol/L标准氯化钾溶液电阻R_{KCl}均值为$7.78\times10^{-4}\Omega$，试计算电导池常数(0.01mol/L氯化钾溶液在25℃时$\kappa=141.3$mS/m)。

2. 某电导池内装有两个直径为4.0×10^{-2}m并相互平行的圆形电极，电极之间的距离为0.12m，若池内盛满浓度为0.1mol/L的$AgNO_3$溶液，并施加20V电压，则所测电流强度为0.1976A。试计算池常数、溶液的电导、电导率和$AgNO_3$的摩尔电导率。

3. 用同一电导池分别测定浓度为0.01和1.00mol/dm^{3}的不同电解质(但类型相同)溶液的电导，其电阻分别为1000Ω及250Ω，则它们的摩尔电导率之比是多少？

4. 已知0.0200mol/L KCl溶液在25℃时的电导率$\kappa=0.002765$S/cm，实验测得此溶液的电阻为240Ω，测得0.0100mol/L磺胺水溶液电阻为60160Ω，试求电导池常数θ和磺胺水溶液的κ及Λ_m。

5. 在298.2K时0.01mol/L HAc溶液的摩尔电导率为1.629×10^{-3}S·m^2/mol，已知HAc的极限摩尔电导率为39.07×10^{-3}S·m^2/mol，则在298.2K时0.01mol/L HAc溶液的pH值为多少？

6. 291K下测得纯水的电导率$\kappa=3.8\times10^{-6}$S/m，密度为1.00kg/dm^3，又知该温度下$\lambda_m^\infty(H^+)=35.0\times10^{-3}$S·m^2/mol、$\lambda_m^\infty(OH^-)=20.0\times10^{-3}$S·m^2/mol，求此时水的解离平衡常数？

7. 某电导池内装有两个直径为0.04m并相互平行的圆柱形银电极，电极之间的距离为

0.12m，若在电导池内盛满浓度为0.1mol/m^{3}的$AgNO_3$溶液，施以20V电压，则所得电流强度为0.1976A。计算θ，溶液的G、κ、Λ_m。

8. 291K时，已知KCl溶液和NaCl溶液的无限稀释摩尔电导率分别为$\Lambda_{0,m(KCl)}=1.2965\times10^{-2}S\cdot m^2/mol$和$\Lambda_{0,m(NaCl)}=1.0860\times10^{-2}S\cdot m^2/mol$，$K^+$和$Na^+$的迁移数分别为$t(K^+)=0.496$和$t(Na^+)=0.397$。

求：在291K和无限稀释时，

(1) KCl溶液中K^+、Cl^-的离子摩尔电导率；

(2) NaCl溶液中Na^+、Cl^-的离子摩尔电导率。

9. 有一电导池，电极的有效面积A为$2\times10^{-4}m^2$，两极片间的距离为0.10m，电极间充以1-1价型的强电解质MN的水溶液，浓度为30mol/m^3。两电极间的电势差E为3V，电流强度I为0.003A。已知正离子M^+的迁移数$t_+=0.4$。

试求：(1) MN的摩尔电导率；

(2) M^+离子的摩尔电导率；

(3) M^+离子在上述电场中的移动速率。

10. 某电导池先后充以0.001mol/dm^{3}的HCl、0.001mol/dm^{3}的NaCl和0.001mol/dm^{3}的$NaNO_3$三种溶液，分别测得电阻为468Ω、1580Ω和1650Ω。已知$NaNO_3$的摩尔电导率为121S·cm^2/mol，如不考虑摩尔电导率随浓度的变化，试计算：

(1) 0.001mol/dm^3 $NaNO_3$溶液的电导率？

(2) 电导池常数θ。

(3) 此电导池中充以0.001mol/dm^3 HNO_3溶液的电阻和HNO_3的电导率？

第 4 章　电解及库仑分析法

知识目标：

★ 掌握电解及库仑分析法的基本原理，了解电解及库仑分析法的应用领域；

★ 理解法拉第电解定律的内容，掌握法拉第电解定律的应用；

★ 掌握控制电位库仑分析法的原理和应用；

★ 掌握恒电流库仑滴定法的原理和应用。

能力目标：

★ 能形成用库仑分析法分析解决问题的的思路，具备库仑分析的基本能力；

★ 能正确处理和使用工作电极和辅助电极；

★ 能运用控制电位库仑分析法和恒电流库仑分析法完成实验项目；

★ 能正确使用通用库仑仪，具备对仪器的基本维护能力。

电解分析法是最早出现的电化学分析方法，电解分析法包括以下两方面的内容：一方面，应用外加电源电解试液，电解后直接称量在电极上析出的被测物质的质量来进行分析的方法，称为电重量法；另一方面，将电解方法用于物质的分离，则称为电解分离法。

库仑分析法是电化学分析法中的一种，其基本原理与电解分析相似，不同之处在于它是测量流过电解池的电量(库仑)来确定在电极上起反应的物质的含量，而且被测定物质不一定需在电极表面沉积，所以也可以说是电解分析的一种特例。

电重量法只能用来测定高含量的物质，而库仑分析法可用于痕量物质的分析，且仍具有很高的准确度。另外，与其他仪器分析方法不同，它们在定量分析时不需要基准物质和标准溶液。

按照经典的分类方法，库仑分析可分为两大类，即控制电位库仑分析和控制电流库仑分析，也叫恒电位库仑分析和恒电流库仑分析。库仑分析是通过测量流过电解池的电量来测定在电极上起反应的物质质量，因此库仑分析的实质是电解反应。控制电位库仑分析是在控制电位电解方法基础上发展起来的。例如在含有 Cu^{2+} 和 Ag^{+} 的溶液中，插入铂电极，加上一定的电压。由于两种离子的析出电位不同，可以控制一个适当的电位，让 Ag^{+} 完全析出，而 Cu^{2+} 完全留在溶液中，这就是控制电位电解。直接称量铂阴极上析出金属的方法是电重量分析，通过测量流过电解池的电量来求得被测金属量的方法是库仑分析。在实际应用中，还是以恒电流库仑分析应用得较多。

4.1　电解分析的基本原理

4.1.1　电解池及电解反应

在电解池的两个电极上加上一直流电压，使溶液中有电流通过，在两电极上便发生电极反应，这个过程称为电解，这时的电化学电池称为电解池。通常，电解池的负极为阴极，它与外电源的负极相连，电解时阴极上发生还原反应。电解池的正极为阳极，它与外电源的正极相连，电解时阳极上发生氧化反应。例如，在硫酸铜溶液中，浸入两个铂电极，电极通过导线分别与直流电源的正极和负极相连接。如果在两极间加有足够大的电压，就可以观察到有明显的电极反应发生。

阳极上

电极反应：
$$H_2O \longrightarrow 2H^+ + \frac{1}{2}O_2 + 2e^-$$

电极电位：
$$E = E^\theta + \frac{0.0592}{2}\lg a_{H^+}^2 \quad (25℃)$$

阴极上

电极反应：
$$Cu^{2+} + 2e^- \longrightarrow Cu$$

电极电位：
$$E = E^\theta + \frac{0.0592}{2}\lg a_{Cu^{2+}} \quad (25℃)$$

于是，阳极上有氧气放出，阴极上有铜单质析出，形成金属镀层。另外，显然在电解过程中，阳极的电位逐渐增大，阴极的电位逐渐减小。

4.1.2　分解电压与析出电位

要使电解过程正常进行，通常总要给电解池施加一定的电压，即外加电压。由电解过程中的电流-电压曲线(图 4-1)可知，在开始时因外加电压很低，所以几乎没有电流通过电解池。随着外加电压增加，电流略有上升(如图 4-1 的 AB 段)，此时通过电解池的微量电流称为残余电流，当电压增加到一定值后，曲线的切线斜率迅速增大，再增加电压时，电流就直线上升(如图 4-1 的 CD 段)，则所对应的外加电压等于电解过程自身所产生的反电压，这个电压是使电解质开始电解所需的最低外加电压，称为该电解质的分解电压。

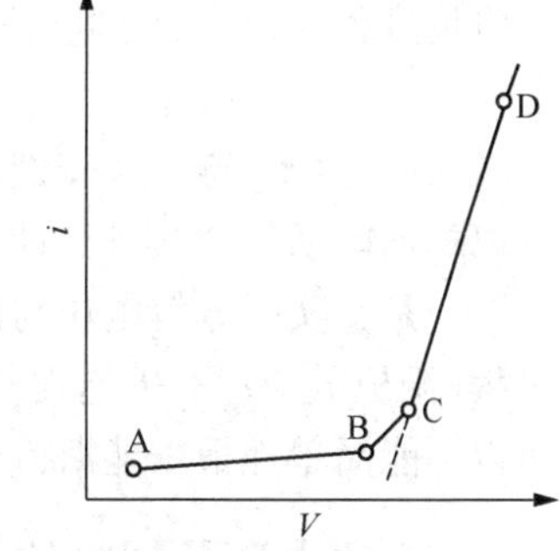

图 4-1　电流-电压曲线

分解电压是指使被电解物质在两电极上发生迅速的、连续不断的电极反应时所需的最小的外加电压。一种电解质的分解电压，对于可逆过程来说，在数值上等于它本身所构成的自发电池(原电池)的电动势。在电解池中，此电动势被称为反电动势，反电动势的方向与外加电压的方向相反，它阻止电解作用的进行。外加电压与分解电压之间具有以下的关系：

$$E_{分} = E_{反} \tag{4-1}$$

$$E_{外} - E_{分} = IR \tag{4-2}$$

式中，I 为电解电流；R 为回路中的总电阻。

阴极析出电位是指使物质在阴极上产生迅速的、连续不断的电极反应而被还原析出时所需最正的阴极电位，而阳极析出电位是在阳极上物质被氧化析出时所需的最负的阳极电位。如果按图 4-2 的装置，在改变外加电压的同时，测量通过电解池的电流与电极电位的关系，所得到的结果见图 4-3。图 4-3 中 D′点的电位就是析出电位。某一物质的析出电位，对于可逆过程来说，等于其平衡时的电极电位。

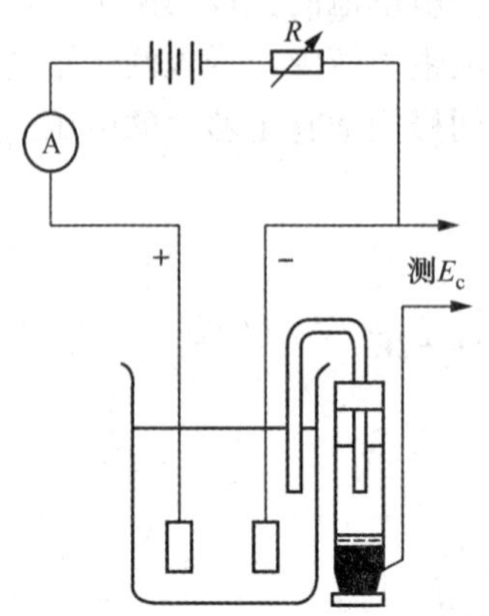

图 4-2　具有测量阴极电位装置的电解池

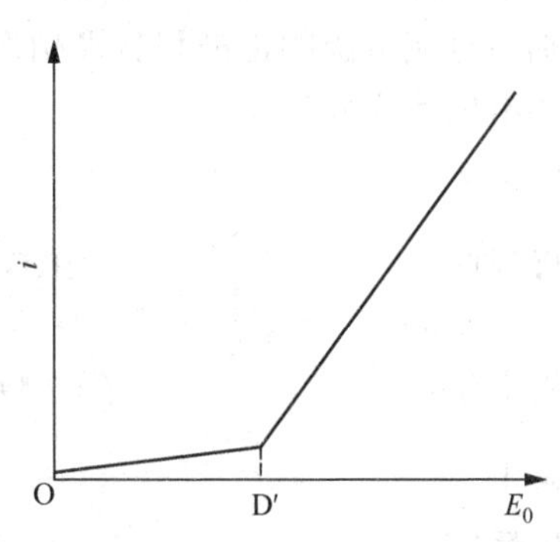

图 4-3　析出电位

很显然，要使某一物质在阴极上析出，发生迅速的、连续不断的电极反应，阴极电位必须比析出电位更负(即使是很微小的数值)。同样，如在阳极上氧化析出，则阳极电位必须比析出电位更正。在阴极上，析出电位愈正者，愈易还原；在阳极上，析出电位愈负者，愈易氧化。

总之，分解电压是对整个电解池而言，而析出电位则是对一个电极来说，通常，在电解分析中只需考虑某一工作电极的情况，因此析出电位比分解电压具有更实用的意义。分解电压等于电解池的反电动势，而反电动势则等于阳极平衡电位与阴极平衡电位之差，所以对可逆电极过程来说，分解电压与析出电位具有下列关系：

$$E_{分解}=E_{阳析}-E_{阴析} \tag{4-3}$$

式中，$E_{阳析}$与$E_{阴析}$分别为阳极析出电位与阴极析出电位，也就是电极的平衡电位，它们可以根据能斯特公式进行计算。

但是，实际分解电压与由能斯特公式计算所得的分解电压之间存在差别。这是由于电解过程(阳极放 O_2)不可逆而有超电压存在所致。在电解分析中，由于电极反应往往不可逆，所以不能简单地根据能斯持公式计算析出电位，而必须考虑超电位的问题。

4.1.3　超电压及超电位

超电压是指当回路中有明显的电解电流通过时，外加电压超过可逆电池电动势的值。超电压 η 包括阳极超电位 $\eta_{阳}$(为正值)和阴极超电位 $\eta_{阴}$(为负值)，即：

$$\eta=E_{外}-E_{可逆} \tag{4-4}$$

$$\eta=\eta_{阳}-\eta_{阴} \tag{4-5}$$

为使电解能显著地进行，有明显的电解电流通过电解池，对于阴极反应来说，必须使阴极电位较其平衡电位更负一些。这是因为电极极化作用使得阴极电位与平衡电位之间产生了一定的偏差，偏差值即超电位。在阳极上，也有同样的情况产生。因此，电解时的实际分解电压大于理论计算值。如不加指明，超电位一般是指由于电极极化所引起的。如果在电极上的析出物为金属，超电位一般很小。当析出物为气体时，特别是阴极上析出氢气，阳极上析出氧气时超电位都很大。在各种电极上氢、氧的超电位列于表 4-1。

表 4-1 在各种电极上形成氢和氧的超电位(25℃)

电极组成	η/V		η/V		η/V	
	电流密度 0.001A/cm²		电流密度 0.01A/cm²		电流密度 0.1A/cm²	
	H_2	O_2	H_2	O_2	H_2	O_2
光 Pt	0.024	0.721	0.068	0.85	0.676	1.49
镀 Pt	0.015	0.348	0.030	0.521	0.048	0.76
Au	0.241	0.673	0.391	0.963	0.798	1.63
Cu	0.479	0.422	0.584	0.580	1.269	0.793
Ni	0.563	0.353	0.747	0.519	1.241	0.853
Hg	0.9①		1.1②		1.1③	
Zn	0.716		0.746		1.229	
Sn	0.856		1.077		1.231	
Pb	0.52		1.090		1.262	
Bi	1.78		1.05		1.23	

① 在 0.000077A/cm² 时为 0.556V. 在 0.00154A/cm² 时为 0.929V。

② 在 0.00769A/cm² 时为 1.063V。

③ 在 1.153A/cm² 时为 1.126V。

由于电极极化现象无法完全消除，即超电位必然存在，因此，电解质的分解电压不能单从能斯特公式进行计算，还必须考虑超电位。因此，式(4-3)修正成：

$$E_{分解}=(E_{阳析}+\eta_{阳极})-(E_{阴析}+\eta_{阴极}) \qquad (4-6)$$

4.1.4 电解时离子的析出次序

用电解法测定某一离子时，必须考虑其他共存离子是否同时析出(即共沉积)的问题。于是，各种物质析出电位的差别，是电解分离的关键。如电解银和铜的混合溶液，由于它们的析出电位相差很大($E^{\theta}_{Ag^+,Ag}=0.80V$，$E^{\theta}_{Cu^{2+},Cu}=0.34V$)，可用电解法将它们分离。然而电解铅离子和锡离子的混合溶液时，由于它们的析出电位比较接近($E^{\theta}_{Pb^{2+},Pb}=-0.126V$，$E^{\theta}_{Sn^{2+},Sn}=-0.136V$)，将在电极上共沉积，所以无法将它们分离。要使两种共存的二价离子达到分离的目的，如果认为一种离子被电解到溶液中只剩下为原来浓度的 $10^{-5}\sim10^{-6}$倍时看作电解完全，它们的析出电位相差必须在 0.15V 以上。同理，对于分离两种共存的一价离子，它们的析出电位相差必须在 0.30V 以上。

必须说明的是，在电解分析中，有时利用所谓"电位缓冲"的方法来分离各种金属离子。这种方法就是在溶液中加入各种去极化剂。由于它们的存在，限制了阴极(或阳极)电位的变化，使电极电位稳定于某一电位值不变。这种去极化剂在电极上的氧化或还原反应并不影响沉积物的性质，但可以防止电极上发生其他干扰性的反应。

例如：0.1mol/L H_2SO_4介质中，含 1.0mol/L Cu^{2+}和 0.01mol/L Ag^+，问能否通过控制外加电压方法使二者分别电解而不相互干扰。

(1) Cu^{2+}和 Ag^+在阴极的析出电位

Cu 的析出电位：

$$E_{Cu}=E^{\theta}_{Cu}+\frac{0.0592}{2}\lg c(Cu^{2+})=0.345+\frac{0.0592}{2}\lg 0.1=0.337V$$

Ag 的析出电位：

$$E_{Ag}=E_{Ag}^{\theta}+0.0592\lg c(Ag^{+})=0.779+0.0592\lg 0.01=0.681V$$

因为 $E_{Ag}>E_{Cu}$，故 Ag^{+} 先于 Cu^{2+} 在阴极上还原。

（2）Ag 完全析出时的阴极电位

设 Ag^{+}“完全”析出时溶液中 Ag^{+} 的浓度为 10^{-7}mol/L，则此时 Ag 的阴极电位：

$$E_{Ag}=E_{Ag}^{\theta}+0.0592\lg c(Ag^{+})=0.779+0.0592\lg 10^{-7}=0.386V$$

因为 0.386V>0.337V，可见在 Ag 完全析出时的阴极电位并未达到 Cu 的析出电位。即此时 Cu 不析出或者说 Cu 不干扰测定。即可以通过控制阴极电位来使得二者分别电解而不相互干扰。

4.2 电解分析法

电解分析法通常包括电重量法和汞阴极电解分离法两类。第一类是将被测定的金属元素以纯金属或金属氧化物的形态全部电沉积在电极上，然后根据电极的增重 Δm 计算被测金属的含量，故称电重量分析法。第二类是将溶液中比较易还原的金属电沉积到汞阴极中使之和其他金属分离，故称分离法。电重量法有时也可作为分离手段，汞阴极电解法有时也可作为重量分析法。两类电解分析方法都可以采用恒电流电解过程，也可以采用恒电位电解过程。在电重量分析中，实现电解的方式主要有恒电流电解和控制阴极电位电解，通常恒电流电解用得多，汞阴极分离法中恒电位电解用得多。

4.2.1 控制电流电解法

控制电流电解法亦称恒电流电解法，它是在恒定电流的条件下进行电解，然后直接称量电极上析出物质的质量来进行分析。此方法仪器装置简单，准确度高，方法的相对误差小于 0.1%，但选择性不高。

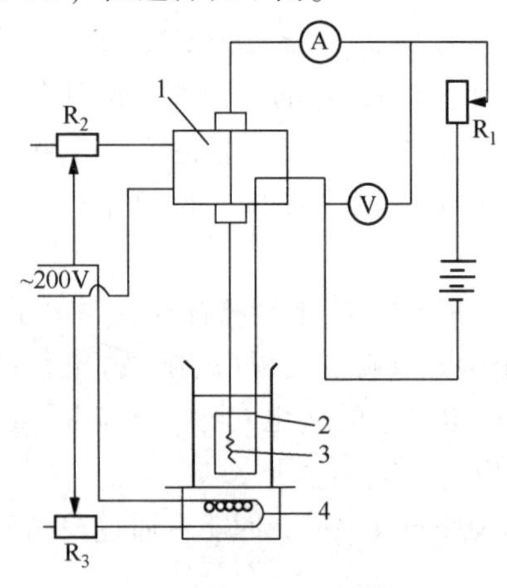

图 4-4 恒电流电解装置

1—搅拌电机；2—铂网（阴极）；3—铂螺旋丝（阳极）；4—加热器；A—安培表；V—电压表；R_1—恒电流控制；R_2—搅拌速度控制；R_3—温度控制

恒电流电解法的基本装置如图 4-4 所示：用直流电源作为电解电源，加于电解池的电压，可用可变电阻器 R_1 加以调节，并由电压表 V 指示。通过电解池的电流则可从安培表 A 读出。试液置于电解池中，一般用铂网作阴极，螺旋形铂丝作阳极并兼作搅拌之用。

电解时，由于 R_1 足够大，使得其他电阻相比较而言可以忽略不计。所以通过电解池的电流是恒定的。一般说来，电流越小，镀层越均匀，但所需时间就越长。在实际工作中，一般控制电流为 0.5~2A。

用恒电流电重量法可以测定的金属元素有：锌、镉、镍、锡、铅、铜、铋、锑、汞及银等，其中有的元素须在碱性介质中或配位剂存在的条件下进行电解。目前本法主要用于精铜品的鉴定和仲裁分析。另外，恒电流电解法也可用于分离，它可以分离电动势顺序中氢以上与氢以下的金属。电解时，氢以下的金属先在阴极上析出，继续电解，就析出氢气。所以，在酸性溶液中，氢以上的金属就不能析出，而应在碱性溶液中进行。

4.2.2 控制电位电解法

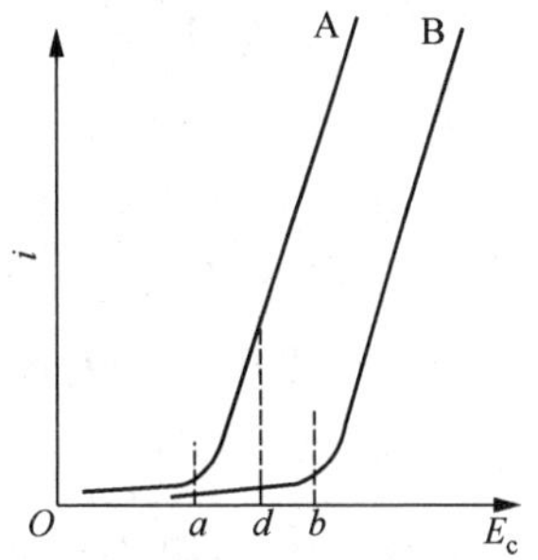

图 4-5 控制阴极电位与析出电位的关系

控制电位电解法是在控制阴极或阳极电位为一恒定值的条件下进行电解的方法。如果溶液中有 A、B 两种金属离子存在，它们电解时的电流与阴极电位的关系曲线如图 4-5 所示。图中 a、b 两点分别代表 A、B 离子的阴极析出电位。若控制电解时的阴极电位，使其负于 a 而正于 b，如图中 d 点的电位，则 A 离子能在阴极上还原析出而 B 离子则不能，从而达到分离 A 和 B 的目的。

控制阴极电位电解装置如图 4-6 所示。它与恒电流电解装置的不同之处在于：它只有测量及控制阴极电位的设备。阴极与它附近的参比电极(SCE)以及电子毫伏计和可变电阻器共同组成了三电极系统。在电解过程中，随着被测离子浓度的减小，阴极的电位也发生变化，在电子毫伏计上指示出电位的变化，依据电位变化及时调整可变电阻器的滑片位置以维持工作电极的电位基本不变，持续稳定在被测离子析出电位范围内，直至电解反应完成。

在控制电位电解过程中，被电解的只有一种物质。由于电解开始时该物质的浓度较高，所以电解电流较大，电解速率较快。随着电解的进行，该物质的浓度愈来愈小，因此电解电流也愈来愈小。当该物质被全部电解析出后，电流就趋近于零，说明电解完成。电流与时间的关系如图 4-7 所示。

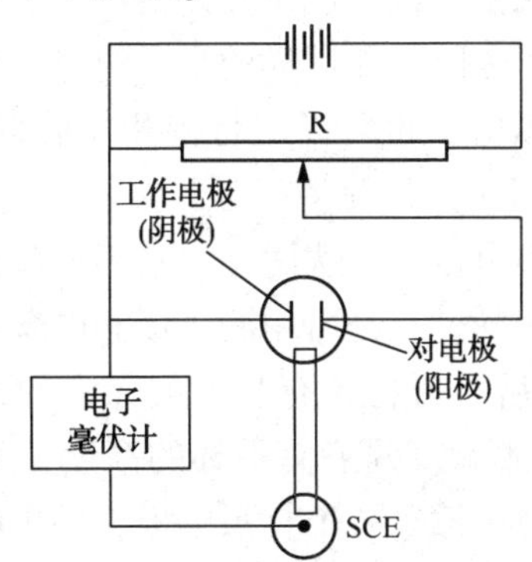

图 4-6 控制阴极电位电解装置

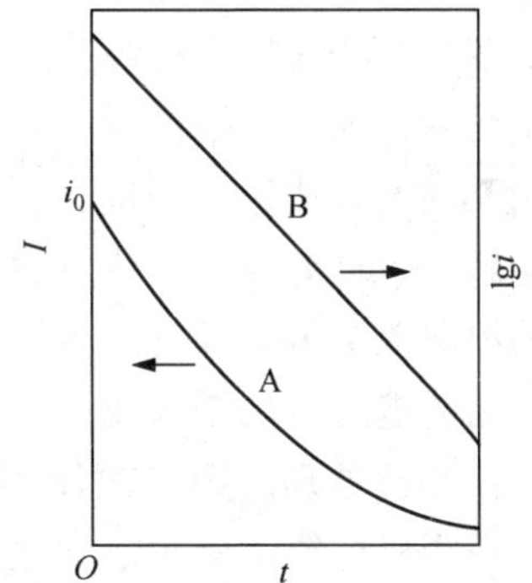

图 4-7 电流与时间的关系

A—i-t；B—lg$i$-t

$2I^- \longrightarrow I_2+2e^-$电解时，如果仅有一种物质在电极上析出，且电流效率为 100%，则：

$$i_t = nAFD\frac{c_t}{\delta} \tag{4-7}$$

$$dQ_t = nFVdc_t \tag{4-8}$$

又因为 $i_t=\frac{dQ_t}{dt}$，所以：

$$i_t = i_0 10^{-kt} \tag{4-9}$$

$$k = 26.1DA/V\delta \tag{4-10}$$

式中，i_0 为开始电解时的电流；i_t 为时间 t 时的电流；k 为常数，与电极和溶液性质等因素有关；D 为扩散系数，cm^2/s；A 为电极表面积，cm^2；V 为溶液体积，cm^3；δ 为扩散层的厚度，cm；常数 26.1 中已包括将 D 单位转换为 cm^2/min 的换算因子 60 在内。式(4-9)中的 t 则以 min 为单位；D 和 δ 的数值一般分别为 $10^{-5}cm^2/s$ 和 $2\times10^{-3}cm$。

由式(4-9)和式(4-10)可知，若要缩短电解时间，则应增大 k 值，这就要求电极表面积要大，溶液的体积要小，升高溶液的温度以及良好的搅拌可以提高扩散系数和降低扩散层厚度。

控制电位电解法的主要特点是选择性高，可用于分离并测定银(与铜分离)，铜(与铋、铅、锡、镍等分离)，铋(与铅、锡、锑等分离)，镉(与锌分离)等。

4.2.3 汞阴极电解分离法

汞电极多用作库仑分析和极谱分析的工作电极。在电解时以汞为阴极，以铂为阳极，这种电解方法就是汞阴极电解法。由于它主要用于不同金属元素的分离，所以又称汞阴极电解分离法。

汞阴极电解法与通常用铂电极进行电解的方法相比较，有下列特点。

① 由于氢在汞上的超电位特别大，因此当氢气析出前，除那些很难还原的金属离子如铝、钛、碱金属和碱土金属等之外，许多重金属离子都能在汞阴极上还原为金属或汞齐。一般说来，用汞阴极在弱酸性溶液中进行电解时，在电动势顺序中位于锌以下的金属离子均能在汞阴极上还原析出。

② 许多金属能与汞形成汞齐，因此在汞电极上金属离子的析出电位变正，易于还原，并能防止其被再次氧化。甚至包括碱金属及碱土金属都可以生成汞齐而析出。

汞阴极电解分离法常用于提纯分析试剂。可用于去除待测试样的主要组分，从而测定其中所含的微量元素，如测量钢铁或铁矿石中铝的含量等。也可以先将待测物质富集在汞中，蒸去汞，再用其他的方法进行测量。

汞阴极电解法也可分为恒电流电解法和控制阴极电位电解法两种。它们的仪器装置也与前面介绍过的恒电流电解法和控制阴极电位电解法相同。只是所用的阴极和电解池不同。汞阴极电解法常用的电解池如图 4-8 所示。每次电解后，可将含有被电解元素的那部分汞放出来，进一步作分析处理。第二次使用时只需旋转活塞，调节储汞杯的高度，就可充入新汞。控制电位汞阴极电解法所用设备除需要在电解池中插入一个甘汞电极，并用电位计监控阴极电位，其原理和电路与前面所述控制阴极电位电解法相同。

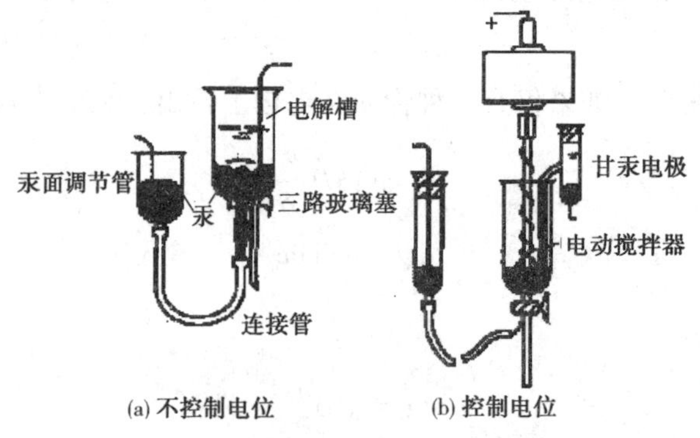

图 4-8　汞阴极电解用电解池

汞阴极电解法的主要应用在试剂提纯、基体元素分离和微量元素富集等方面：

① 试剂的提纯。可用汞阴极电解法除掉试剂中的微量金属元素等杂质。

② 分离试样中的基体元素，以便测定微量成分。例如，钢铁中铝的测定，可用汞阴极电解法分离除去大量铁，然后很方便地用吸光光度法测定铝。又如球墨铸铁中镁的测定，也可用汞阴极电解法分离除去大量铁和其他干扰元素，然后用吸光光度法测定镁。金属镍中铝的测定，也同样可用此法分离基体元素镍。

③ 分离和富集微量元素，以便分析测定。将富集在汞上成为汞齐的微量金属元素可借助适当的溶剂，如硝酸、硫酸、盐酸、高氯酸等加以溶解，然后进行测定。

4.3 库仑分析法

库仑分析是电化学分析中发展较晚的一种，由1938年C. Szelledy和Z. Somogyi提出。库仑分析法是在电解分析的基础上发展起来的，在电解过程中，如果电极反应单纯，电流效率为100%时，可以根据电解过程中消耗的电量，由法拉第电解定律确定电解物质的量，即库仑分析。正因为库仑分析是基于电量的测量，因此，通过电解池的电流必须全部用于电解被测的物质，不应当发生副反应和漏电现象，即保证电流效率100%，这是库仑分析的关键。如一个测定只包含初级反应，即被测物质是直接在电极上发生反应的，称为初级库仑分析(也叫直接库仑分析)。在初级库仑分析中，只要求电化学反应定量进行。如测定要靠次级反应来完成，即被测物质是间接与电极电解产物进行定量反应的，称为次级库仑分析(也叫库仑滴定分析)。这时，不但要求电极反应定量发生，而且要保证次级反应定量进行。

常用的库仑分析与电重量分析一样，可分为：控制电位库仑分析法和恒电流库仑分析法(又称库仑滴定法)。前者是根据电解完被测物质所消耗的电量来计算被测物含量的方法，而恒电流库仑分析法是根据电解产生等物质的量(滴定剂与被测物质有确定的反应摩尔比)的滴定剂所消耗的电量来计算被测物的含量的方法。

4.3.1 库仑分析基本理论

(一) 先决条件

(1) 工作电极上除待测物质外，无其他任何电极反应发生(无副反应或者次级反应存在)；

(2) 电极反应必须单纯，用于测定的电极反应必须具有100%的电流效率(η_c)。

(二) 定量分析依据

电流流过电化学体系或电解池时，将引起(电)化学反应。通过电解质溶液的电量与化学反应物的量所服从的规律是由迈克尔·法拉第(Michael Faraday)于1883年归纳多次实验结果而得出的一个基本规律，称为法拉第定律，包括法拉第第一定律和第二定律。法拉第定律也是自然科学中最严格的定律之一，它不受温度、压力、电解质浓度、电极材料和形状、溶剂性质等因素的影响。

法拉第第一定律指出：发生电极反应的物质的量(摩尔或质量)与通过电极的电量成正比，即：

$$m = KQ = KIt \tag{4-11}$$

式中，m 为化学反应物的质量，g；K 为比例常数；Q 为电量，C；I 为电流，A；t 为通电时间，s。

法拉第第二定律反映了化学反应的质量(物质的量)与其反应组分之间的关系，可表述为：若几个电解池串联，通入电流后，在各个电解池的两极上起反应的物质，其物质的量相等，析出物质的质量与其摩尔质量成正比，即

$$m=\frac{M}{zF}Q=\frac{M}{zF}It \qquad \text{或} \qquad n=\frac{m}{M}=\frac{Q}{zF}=\frac{It}{zF} \tag{4-12}$$

式中，m 为电解析出物质的质量，g；n 为电解析出物质的摩尔数，mol；M 为析出物质的摩尔质量，g/mol；z 为电极反应中的电子转移数；F 为法拉第常数，96485C/mol；Q 为通过电解池的电量，C；i 为通过电解池的电流强度，A；t 为电解进行的时间，s。

(三) 影响电流效率的因素及消除方法

1. 溶剂的电极反应

将工作电极的电极电位控制在溶剂和其离子不发生电解的范围内，这样可提高 η_c。常用溶剂为水，可利用控制工作电极电位和溶液 pH 值的办法，防止水电解消耗电量。

2. 电活性杂质的电极反应

试剂及溶剂中微量易还原或易氧化的杂质在电极上发生反应会影响电流效率。可采用提纯试剂或作空白校正加以消除。

3. 试液中可溶性气体的电极反应

试液中可溶性气体主要是空气中的氧气，它会在阴极上还原为 H_2O 或 H_2O_2。通常采用通入惰性气体(如氮气)的方法驱除。

4. 电极自身参与反应

如电极本身参与反应，可用惰性电极或其他材料制成的电极。

5. 电极产物的再反应

常见的是在两个电极上的电解产物会相互反应，或一个电极上的反应产物又在另一个电极上反应。防止的办法是选择合适的电解液或电极；采用隔膜套筒将阳极和阴极隔开；或采用双池式的办法，将辅助电极置于另一容器内，用盐桥相连接等。

6. 共存元素的电解

若样品中共存元素与被测离子同时在电极上反应，则应预先加以分离。

【例 4-1】 某 Cu^{2+} 溶液通过 0. 500A 电流 28. 7min。如果电流效率为 100%，计算：

(1) 阳极上放出氧多少克?

(2) 阴极上析出多少克铜?

电解时，在阳极和阴极上发生的反应分别为

阳极：$$H_2O \longrightarrow 2H^+ + \frac{1}{2}O_2 + 2e^-$$

阴极：$$Cu^{2+} + 2e^- \longrightarrow Cu$$

根据法拉第电解定律则

(1) 阳极上析出氧的质量为

$$m(O_2)=\frac{16}{2}\times\frac{0.500\times 28.7\times 60}{96487}=7.14\times 10^{-2}(g)$$

(2) 阴极上析出铜的质量为

$$m(\mathrm{Cu})=\frac{63.5}{2}\times\frac{0.500\times28.7\times60}{96487}=0.283(\mathrm{g})$$

4.3.2　控制电位库仑分析法

(一) 控制电位库仑分析法的基本原理

控制电位库仑分析法也叫恒电位库仑分析法，1945 年，由 Lingane(林根)制定，是在控制电位电解分析法的基础上发展起来的。它们的共同点是都采用了三电极系统来控制工作电极的电位在被测离子析出电位范围内，使得被测离子在工作电极上析出，其他干扰离子则留在溶液中。它们的不同之处是，控制电位电解分析法通过直接称量工作电极的增重得到析出物质的质量的，而控制电位库仑分析法是通过测量被测离子从开始析出至析出完全这一过程流过电解池的电量，由电量计算出析出物的质量的。控制电位库仑分析的特点是不受析出物形态的限制，不像电解分析那样必须得到可以称量的产物，因此应用范围比电解分析广泛。

(二) 控制电位库仑分析法的装置

控制电位库仑分析的装置如图 4-9 所示，通常称为恒电位库仑仪，它由三个部分组成，即电解池、恒压控制部分和库仑计。该装置的主要部分是电解池，池中电极由左到右分别为电解阳极(辅助电极)、电解阴极(工作电极)、SCE 参比电极。这三个电极和电子毫伏计、可变电阻器共同构成了三电极系统，从而控制工作电极的电位在被测离子析出电位范围内。

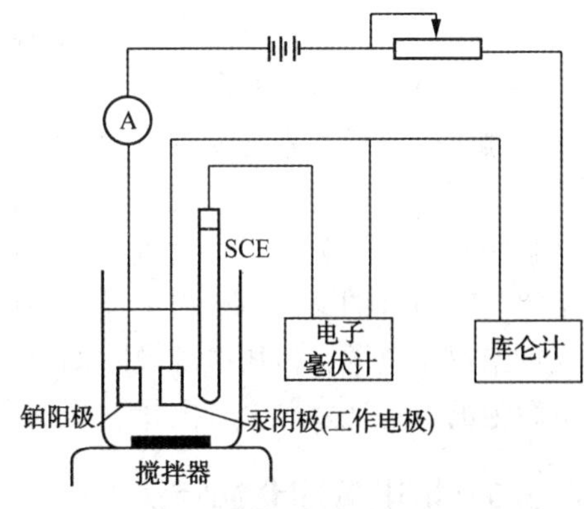

图 4-9　控制电位库仑分析法的装置

1. 电解池

控制电位库仑分析中，电解池的性能与分析结果的准确度、分析速度等有密切关系，因此要恰当地选择电解池的参数(如池体积、电解电极的面积等)。对于有些要求除去溶解氧的分析，电解池还要配有通入惰性气体的入口。电解阴极一般作成圆筒形，电解阳极在阴极里面，两电极通常用隔离室或多孔套管隔开，以防止发生干扰。参比电极的盐桥如果不影响测定的话可以和电解阴极放在一个室内。用作电极的材质也很重要，大多数情况下工作电极用铂，有时也选用金或银。卤化物介质中不宜用金电极。辅助电极多用铂或石墨等惰性材料制成。

2. 库仑计

电解过程消耗的电量不能简单地由电流与时间的乘积计算得出，而应采用库仑计测量。库仑计主要有 4 种，下面分别介绍。

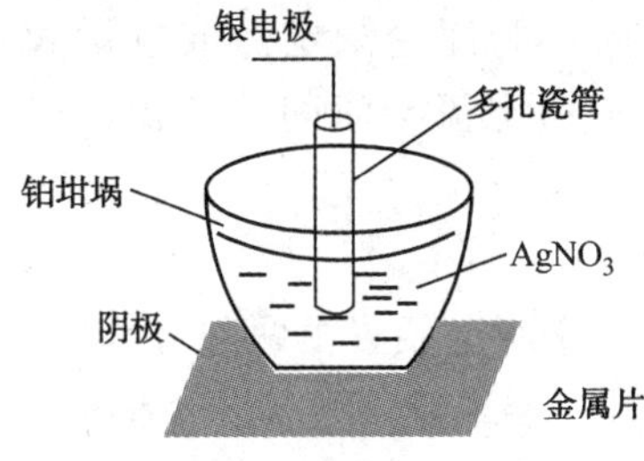

图 4-10　银库仑计

(1) 质量库仑计：这类库仑计本身也是电解池，它和发生电解池串联在同一个回路里，是将电解时库仑计的阴极上析出金属的质量代入法拉第定律来算出流过库仑计的电量，该电量在数值上和流过发生电解池的电量是相等的。如银库仑计便属于此类。银库仑计是一个以银棒为阳极、铂坩埚为阴极、1mol/L $AgNO_3$溶液为电解液的电解池，如图 4-10 所示，通过称量电解后铂坩埚的增重(银量)，由法

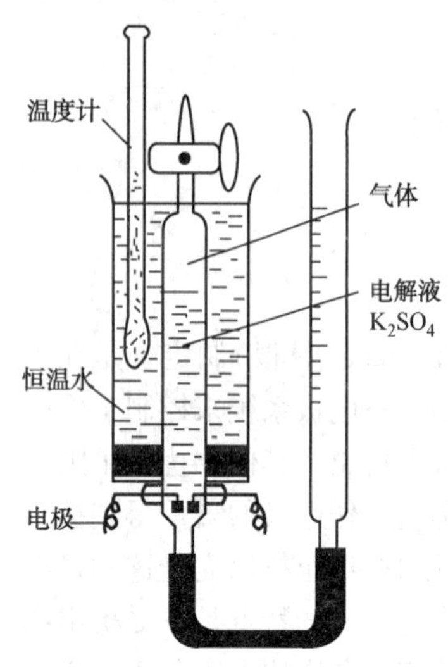

图 4-11　氢氧库仑计

拉第定律算出通过电解池的电量，准确度高，但操作比较麻烦。

（2）气体库仑计：如 H_2/O_2 气体库仑计，它是根据析出气体的体积求出通过的电量。图 4-11 为氢氧库仑计的示意图，电解 0.5mol/L 的 K_2SO_4 水溶液，在铂片阳极和阴极上析出 O_2 和 H_2，电解前后刻度管中液面之差就是生成的氢氧混合气体的体积。实验证明，在标准状态下，1C 的电量相当于析出 0.1739mL 氢氧混合气体。若实验中析出气体体积为 VmL，则法拉第定律可写为

$$m=\frac{MV}{0.1739zF}$$

（3）化学库仑计：也叫滴定库仑计。它是用化学滴定的方法来测量电解的产物，以此来计算通过的电量。碘库仑计就是属于此类。

（4）电流-时间电子积分仪：库仑分析中，测出电流 i，再对时间积分就可求出总电量。这是测量电量最简单方便的方法，量程范围宽，电量可以直接读出，准确度高。

控制电位库仑分析的过程是：根据被测离子的性质，选择适当的电位，由恒压电源供给电解阴极，让被测离子在阴极上析出。随着被测离子浓度的减小，阴极的电位也发生变化。阴极与它附近的参比电极组成原电池回路，在电子毫伏计上指示出电位的变化，把变化信号反馈给恒压电源，恒压电源及时调整以维持工作电极的电位不变，直至电解反应完成。流过电解池的电量通过库仑计测量，根据电量即可算出被测物质的量。

4.3.3　恒电流库仑滴定法

（一）方法原理

库仑滴定法是用恒定的电流，以 100% 的电流效率进行电解，在电解池中产生一种物质，然后该物质与被测物质进行定量的化学反应，反应的化学计量点可借助于指示剂或其他电化学方法来指示，通过测量反应开始至计量点处消耗的电量来确定被测物质含量的方法。如在碳酸氢钠缓冲溶液中电解碘化钾，以铂阳极上电解产生的碘作为滴定剂，与被测物质三价砷反应。此方法与容量分析有相似之处，不过滴定剂不是由滴定管加入的，而是电解产生的，因此称之为电生滴定剂。电解过程产生的滴定剂正好与被测物质完全反应，滴定剂的量又可以由电解过程所消耗的电量求得（法拉第定律），进而根据滴定反应的摩尔比求出被测物质的含量，所以该方法称为库仑滴定法，其理论依据还是法拉第定律。由于是用恒定的电流进行电解，因此又称为恒电流库仑滴定法，简称为库仑滴定法或电量滴定法，而且只需要准确记录电解过程消耗的时间就可以简单地由电流与时间的乘积求得电量。

（二）库仑滴定装置

库仑滴定的基本装置如图 4-12 所示。从图中可以看出，库仑滴定装置由两部分构成：电解发生系统和终点指示系统。电解系统由电解池、恒流源和计时器组成，终点指示系统由指示电极对和控制器组成。有时也可利用指示剂来指示终点。

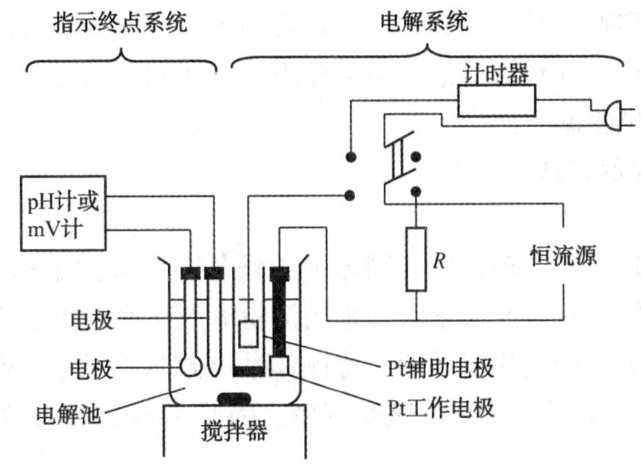

图 4-12　库仑滴定装置

库仑滴定用的电解池通常用玻璃制成，电解时，为了防止可能产生的干扰反应，保证100%的电流效率，常用多孔材料将工作电极与辅助电极隔开，还要设通 N_2 除 O_2 的通气口。恒流源通常采用电子恒流源，工作电流根据被测物的含量而定，通常用1~30mA。电解时间由计时器读出，当达到滴定反应的化学计量点时，指示电路发出“信号”，指示滴定终点，用人工或自动装置切断电解电源，并同时记录时间。由电解进行的时间 t(s)和电流强度 I(A)，可间接求算出被测物质的质量 m(g)。

因为不要求被测物质本身在电极上起反应，只要能与电生滴定剂起定量反应的物质都可测定，所以库仑滴定法的应用面很广。电生滴定剂可分为以下几类：①酸碱滴定：H^+，OH^-；②氧化剂：Br_2、I_2、Cl_2、Ce^{4+}、Mn^{3+}、Fe^{3+} 等；③还原剂：Fe^{2+}，Cu^+，Sn^{2+}，Cr^{3+}，EDTA 等；④沉淀剂：Ag^+，Hg^{2+} 等；⑤配位剂：CN^-，EDTA 等。由此可见常用的容量分析反应都可用于库仑滴定，应用面非常广泛。

（三）电生滴定剂的产生方式

由于库仑滴定法所用的滴定剂是在电极上发生电解反应产生的，并且瞬时便与被测物质发生滴定反应而被消耗掉。因此，克服了普通滴定分析中标准滴定溶液的制备、浓度标定以及储存等引起的误差。电生滴定剂的产生方式主要有以下两种。

1. 内部电生滴定剂法

内部电生滴定剂法是指电生滴定剂的电解反应和滴定反应在同一电解池中进行的。这种方法的电解池内除了含有待测组分以外，还应预先加入大量的辅助电解质，显然，辅助电解质是不能与待测组分发生反应的。

辅助电解质应起到三方面作用：一是电生出滴定剂；二是起电位缓冲作用；三是由于大量辅助电解质存在，可以允许在较高电流密度下进行电解而缩短分析时间。目前多数库仑滴定以此种方法产生滴定剂。

库仑滴定中对所使用的辅助电解质有以下几点要求。

(1) 要以 100%的电流效率产生滴定剂，无副反应发生。

(2) 要有合适的指示终点的方法。

(3) 电解辅助电解质产生的滴定剂与待测物质之间能快速发生定量反应。

2. 外部电生滴定剂法

这种电生滴定剂法是指电生滴定剂的电解反应与滴定反应不在同一溶液体系中进行，而是由外部溶液电生出滴定剂，然后加到试液中进行滴定。当电生滴定剂和滴定反应由于某种原因不能在相同介质中进行或被测溶液中的某些组分可能和辅助电解质同时在工作电极上起反应时，必须使用外部电生滴定法。

（四）滴定终点的指示方法

1. 指示剂法

给待测体系加入合适的指示剂，用待测体系的颜色突变来指示滴定终点的到达。例如，以电解产生的I_2滴定水样中的H_2S含量时可采用淀粉溶液作终点指示剂，当水样中H_2S被I_2完全反应时，稍过量的I_2遇到淀粉指示剂，待测体系即显现出蓝色，指示滴定终点的到达。然而，指示剂的变色范围较宽，且变色速度较慢，因此指示剂法灵敏度欠佳，分析误差较大，不常使用。

2. 电位法

当滴定反应进行到化学计量点时，待测离子的浓度趋近于零，稍稍过量的滴定剂会被指示电极迅速响应，从而指示电极的电位发生突变，以此突变来指示终点到达。其实，就是指示电极（ISE或pH玻璃电极）和参比电极（SCE）与电解质溶液（待测体系）组成了原电池，根据$E=K\pm S\lg a_i$，产生了能斯特响应。

例：以Na_2SO_4作辅助电解质，用铂阴极作工作电极，铂阳极作辅助电极，其电极反应为：

工作电极 $2H_2O+2e^- \longrightarrow H_2+2OH^-$

辅助电极 $H_2O-2e^- \longrightarrow \frac{1}{2}O_2+2H^+$

由工作电极上产生的OH^-滴定溶液中的酸（H^+）。

3. 永停终点法

永停终点法也叫“死停法”，装置见图4-13。用两个相同的铂片为指示电极，两极间加上一个小的恒电压（50～200mV）。在终点前后，串联在电路中的微安表会有一个明显的变化，根据被测物质和滴定剂性质的不同，微安表指示的电流有时从很小突然增大，或者从很大突然减小（几乎没有），根据这个突变来确定终点。

例如，用I_2滴定As^{3+}或用I_2滴定$S_2O_3^{2-}$时，终点前溶液中没有过量的I_2，微安表上只有极小的残余电流，终点后出现了过量的I_2，组成了可逆电对I_2/I^-，在指示电极对上发生可逆反应$2I^- \rightleftharpoons I_2+2e^-$，微安表上突然显示出较大的电流，表明终点已经到达。滴定过程中电流变化的情况如图4-14所示。这种终点指示法非常灵敏，常用于氧化-还原反应中。

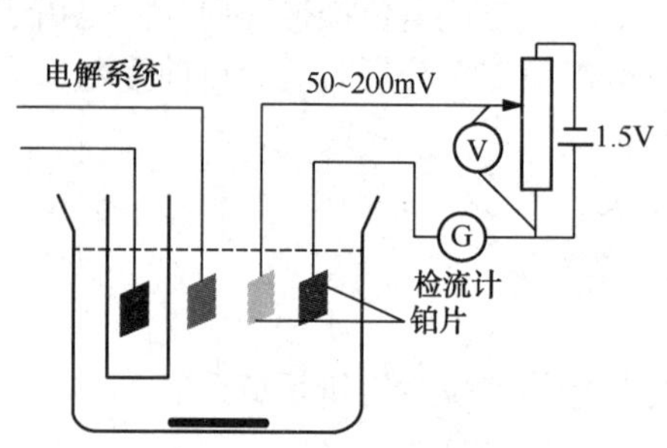

图4-13 永停终点法装置

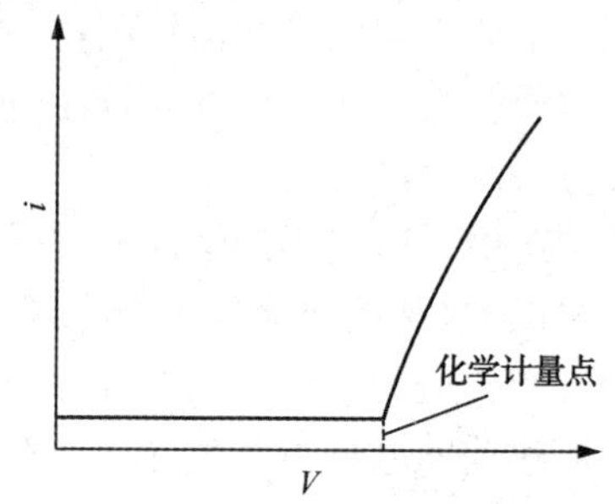

图4-14 碘滴定硫代硫酸钠的滴定曲线

永停终点法简便易行、准确可靠，所以已有很多可逆或不可逆电对采用这种方法。例如，该法应用于卡尔·费休法测定微量水分时，操作步骤如下：精确称取适量样品，置干燥的具塞玻璃瓶中，加入无水甲醇约 5mL 溶解；插入双铂电极，调节滑动变阻器使电流计的初始电流为 5~10μA，置于磁力搅拌器上，在搅拌条件下用卡尔·费休试剂(配制法见《中华人民共和国药典》2010 年版附录)滴定，滴定到电流突增至 50~150μA，并持续数分钟不变，即达滴定终点。这一指示终点的方法比用碘作为自身指示剂更加准确方便。

(五) 库仑滴定的误差来源

库仑滴定法的误差来源有以下五个方面。

第一，电生滴定剂的电流效率达不到 100%；

第二，电解期间电流发生变化；

第三，电流强度的测量误差；

第四，时间的测量误差；

第五，终点和化学计量点不一致而产生的误差。

【例 4-2】 测定某水样中 H_2S 的含量。取 50mL 水样，加入 KI 2g，加少量淀粉溶液作指示剂，将两支铂电极插入溶液，以 20mA 恒电流进行滴定，130s 之后溶液出现蓝色，求水中 H_2S 含量(mg/L)。

解：电解时，在阳极和阴极上发生的反应分别为

阳极：$$2I^- \longrightarrow I_2 + 2e^-$$

阴极：$$2H^+ + 2e^- \longrightarrow H_2$$

阳极生成的 I_2 与试液中 H_2S 产生反应

$$H_2S + I_2 = S + 2H^+ + 2I^-$$

根据法拉第定律则

$$\rho(H_2S) = \frac{it}{96487} \times \frac{M(H_2S)}{z} \times \frac{1}{V_{样}}$$

所以
$$\rho(H_2S) = \frac{20 \times 130}{96487} \times \frac{34.07}{2} \times \frac{1000}{50} = 9.18(\text{mg/L})$$

或者
$$n(H_2S) = n(I_2) = \frac{it}{zF}$$

$$m(H_2S) = n(H_2S) \times M(H_2S) = \frac{it \times M(H_2S)}{zF}$$

$$\rho(H_2S) = \frac{m(H_2S)}{V_{样}} = \frac{it \times M(H_2S)}{zFV_{样}} = \frac{20 \times 130 \times 34.07 \times 1000}{2 \times 96487 \times 50} = 9.18(\text{mg/L})$$

4.3.4 微库仑分析法

随着电子技术的发展，产生了一种新型分析技术——微库仑分析，亦称为动态库仑滴定，已被公认为是测量石油产品和其他有机物及无机物中的硫、氮、卤素、水、砷及不饱和烃等的最佳分析方法。微库仑分析法与恒电流库仑滴定法相似，不同之处在于测定过程中，微库仑法电流不是恒定的，而是随被测物的浓度变化的。微库仑仪结构简单，维修方便，灵敏度高，易于实现自动控制和连续测量，相对误差至少可低于 0.01%，可用于微量和痕量

分析。微库仑分析仪由裂解炉、滴定池、微库仑放大器、进样器、电子积分仪等部件组成。仪器工作原理如图 4-15 所示。

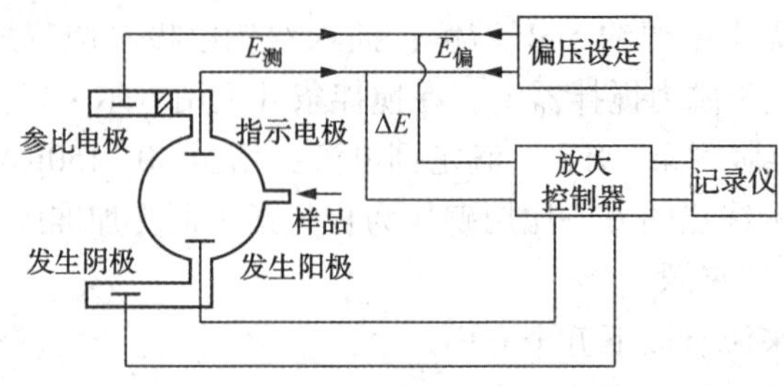

图 4-15　微库仑仪工作原理图

1. 裂解管和裂解炉

石油及其他有机化合物中的硫、氮、氯等元素，都不能直接和滴定剂反应，必须预先裂解，转化成能与滴定剂反应的物质才能测定。裂解反应都在石英裂解管中进行，裂解反应有氧化法和还原法。裂解管由石英制成，它的作用是将样品中的有机硫、氯、氮和碳氢各元素分别转变为能与电解液中滴定离子发生作用的 SO_2、HCl、NH_3和不发生反应的 CO_2、H_2O、CH_4等化合物。

2. 滴定池

滴定池是微库仑仪的心脏，由一对电解电极和一对指示电极浸入电解液中构成。在电解电极上电解产生的滴定剂与被测物反应，用指示电极指示滴定终点。

裂解管出来的被测物导入滴定池中，与滴定剂反应。滴定池通常用玻璃制成，为了提高灵敏度和响应速度，滴定池体积一般做得小些为好。滴定池底部有引入裂解气的喷嘴，喷嘴的构造能使气体变成小气泡，再加上电磁搅拌，使气体样品能快速被电解液吸收并与滴定剂反应。滴定池顶部装有 4 支电极，还有注入样品或更换电解液的孔。

3. 微库仑放大器

微库仑放大器是根据零平衡原理设计的电压放大器，其放大倍数在数十倍至数千倍间可调。经放大器放大的电压供电解电极电解产生滴定剂，并在滴定终点时自动停止供电。

指示电极与参比电极所产生一个电位信号与外加偏压互相抵消，放大器输入信号为零，输出信号也为零，电解电极间没有电流通过，微库仑仪处于平衡状态。当被测物进入滴定池，与滴定剂反应后，滴定剂浓度发生变化，指示电极的电位跟着发生变化，因而与外加偏压有了差异，放大器便有了输入信号。此信号经放大器放大后将电压加到电解电极对上，就有电流流过滴定池，电解电极上发生电解，产生滴定剂。这个过程继续进行，直至被测物反应完全，滴定剂浓度恢复到初始状态，电解过程自动停止，微库仑仪恢复平衡状态。利用电子技术，通过电流对时间的积分，得出电解所消耗的电量，根据电量即可求出被测物的量。

4. 进样器

对于液体样品多用注射器进样，裂解管入口处有耐热的硅橡胶垫密封。气体样品可用压力注射器，固体或黏稠液体样品可用样品舟进样。

5. 电子积分仪

微库仑放大器的输出信号可用记录仪记录下来。记录电流-时间曲线，曲线下的面积积分即为电量。也可用积分仪进行面积积分，积分结果以数字显示。

4.3.5 库仑仪

库仑分析具有分析速度快、准确、灵敏、操作简便、易于自动化、试剂可以连续再生、仪器不需要标定等特点，它是一种绝对量的分析技术。库仑分析技术可用于容量分析中的各类滴定，如酸碱滴定、沉淀滴定、氧化还原滴定以及配位滴定等。库仑分析法因其准确度较高，常被用于试剂纯度的测定，在石油化工、冶金、医药、食品、环境监测等领域也有广泛的应用。

库仑分析仪器以专用库仑分析仪居多，针对具体特定的分析项目，使用特定规格的滴定池和转化装置。如在石油产品分析中广泛使用的库仑法定硫(氯、氮等)仪、水分测定仪、溴指数测定仪及化学耗氧量(COD)测定仪等。在石油分析及环保检测等方面有许多使用库仑分析仪器的国家标准或行业标准作为标准分析方法。

(一) KLT-1 型通用库仑仪

1. 仪器组成

KLT-1 型通用库仑仪由精密库仑仪主机、滴定池及搅拌器组成，适合于普通库仑分析实验。

该仪器的核心是滴定池和电极，随机配用的铂滴定池采用了四电极系统，如图 4-16 所示，指示电极共三根，包括两个相同的铂片电极和一个有砂芯隔离的钨棒参考电极。电流法用其中两根相同的铂片电极，电位法用一根铂片电极和一根钨棒参考电极。

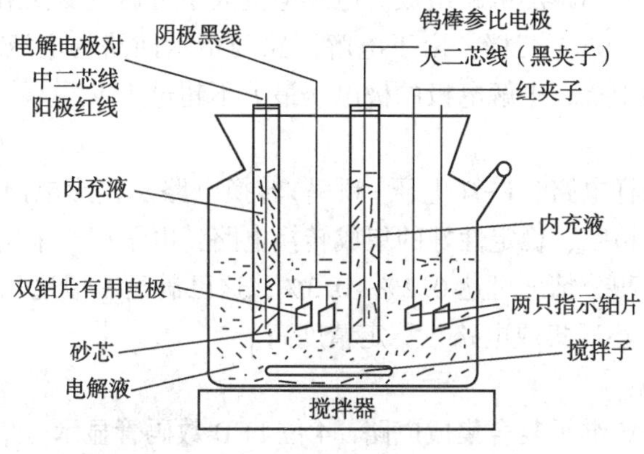

图 4-16 库仑滴定池接线示意图

电解电极由一根双铂片电极(为充分考虑电流效率能达 100%，双铂片的总面积大约 900mm^2)和另一根有砂芯隔离的铂丝电极组成。一般双铂片电极为工作电极，铂丝电极作辅助电极，可以做多种元素的库仑分析。

2. 工作原理

仪器按照恒电流库仑滴定的原理设计，如图 4-17 所示，仪器由终点方式选择控制电路、电解电流变换电路、电流对时间的积算电路、数字显示等四大部分组成。

(1) 终点方式选择控制电路：

指示电极的信号经过微电流放大器或微电压放大器进行放大，放大器采用高输入阻抗的运算放大器，极化电流可以调节并指示，然后经微分电路输出一脉冲信号到触发电路，再推动开关执行电路去带动继电器，使电解电路吸合、释放。

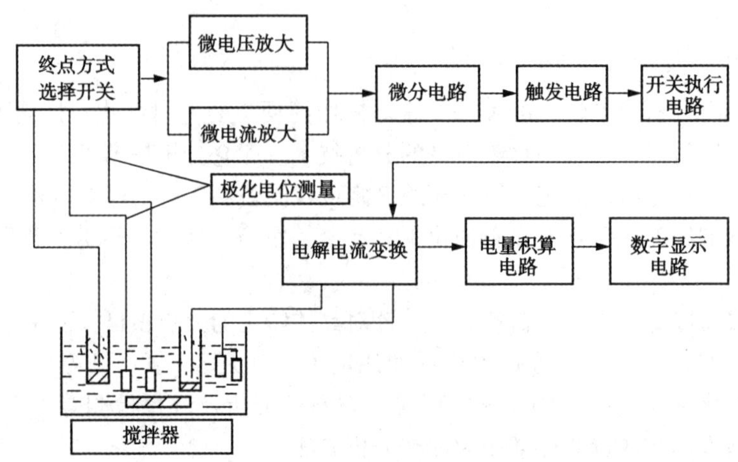

图 4-17　KLT-1 型通用库仑仪工作原理图

仪器面板设有“电位、电流”“上升、下降”琴键开关，根据终点控制方式需要选择。终点控制方法可以用电流(上升或下降)法，也可以电位(上升或下降)法，具有一定的通用性。指示电极的选择根据分析需要确定，电流法使用两个铂片电极组成电极对，电位法使用一个铂片电极和一个钨棒电极组成电极对。

(2) 电解电流变换电路：

由电压源、隔离电路和跟随电路组成。电解电流大小可通过变换射极电阻大小获得，电解电流有 5mA、10mA、50mA 三档，由于电解回路与指示回路的电流是分开的，因此不会产生电解电流对指示的干扰，电解电极的极电压最大不超过 15V。

(3) 电量积算电路：

该电路包括电流采样电路、V-f(电压-频率)转换电路及整形电路、分频电路组成。由于 V-f 转换电路采用高精度、稳定性好的集成转换电路，电量积算采用电流对时间积分，所以电量积算精度较高，积分精度可达 0.2%~0.3%，这已满足一般通用库仑分析的要求，该电路的电源也采用 15V 稳压集成电路，稳定精度高。

(4) 数字显示电路：

该仪器全采用 CMOS 继承复合集成电路，4 位 LED 数码管显示。

3. 主要技术指标

(1) 使用条件要求：

环境温度：0~40℃；相对湿度：≤80%；电源：50Hz，220V±22V；无显著振动和强电磁场。

(2) 最大电解电流：

50mA、10mA、5mA 三档连续可调。

50mA 档电量=读数×5mQ，其他两档电量=读数×1mQ

(3) 积分精度：

误差小于 0.5%。

(4) 分析误差及最小检出量：

2mL 进样，分析大于 10μL/L 的标准液时，变异系数小于 1%，回收率大于 95%。

（5）指示电极终点检测方式：

指示电极终点电流法、电位法、等当点上升或下降三种方式根据电极和电解液任意组选。

（6）结果显示：

四位数字直接显示电量（mQ）。

4. 仪器使用方法

（1）仪器面板：

该仪器的前后面板如图 4-18 所示。

（2）操作方法：

① 开启电源前所有琴键全部释放，“工作、停止”开关置“停止”位置，电解电流量程选择根据样品含量大小、样品量多少及分析精度选择合适的档，电流微调放在最大位置。一般情况下选 10mA 档。

② 开启电源开关，预热 10min，根据样品分析需要及采用的滴定剂，选用指示电极电位法或指示电极电流法，将指示电极插头和电解电极插头插入机后相应插孔内，并夹在相应的电极上。把配好电解液的电解杯放在搅拌器上，放入搅拌子，开启搅拌，选择适当转速。

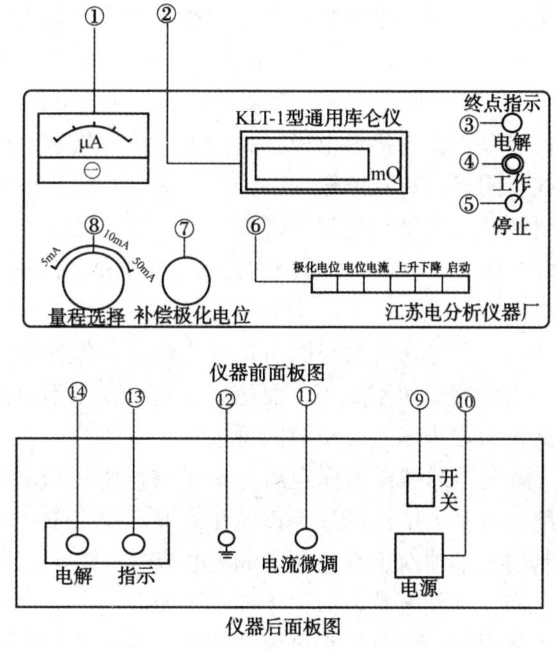

图 4-18 KLT-1 型通用库仑仪的前后面板

1—50μA 表；2—LED 毫库仑读数表；3—电解指示灯；4—电解按钮；5—工作、停止开关；6—琴键开关；7—补偿极化电位器；8—量程选择开关；9—电源开关；10—电源插座；11—电流微调；12—接地端；13—指示电极插孔；14—电解电极插孔

③ 电位法指示终点的操作：以电生 Fe^{2+}测定 Cr^{6+}为例，终点指示方式可选择“电位下降法”，依次按下“电位”和“下降”按键，此时电解阴极为有用电极，故用中二芯黑线（阴极）接双铂片，红线接铂丝阴极；大二芯黑夹子夹钨棒参比电极，红夹子夹两指示铂片中的任意一根。并把插头插入主机后面板上的相应插孔。补偿电位器预先调在 3 的位置，按下“启

动"琴键，调节补偿电位器使电流表针指在40左右，待指针稍稳定，将"工作/停止"置"工作"档。如原指示灯处于灭的状态，则此时开始电解计数。如原指示灯是亮的，则按一下"电解"按钮，灯灭，开始电解，电解至终点时表针开始向左突变，红灯亮，仪器显示数即为所消耗的电量，单位是毫库仑(mQ)。

④ 电流法指示终点的操作：以电生碘滴定砷为例，终点指示方式可选择"电流上升"法。此时指示电极用两个铂片电极，即将大二芯黑夹子夹和红夹子连接到两指示铂片上；用中二芯红线(阳极)接双铂片，黑线(阴极)接铂丝，并把插头插入主机后面板上的相应插孔。把极化电位钟表电位器预先调在0.4的位置，按下"启动"键，按下"极化电位"键，调节极化电位到所需的极化电位值(一般为200mV左右，即使50μA表头指示在20左右)。松开"极化电位"键，按一下"电解"按钮。灯灭，开始电解。电解至终点时表针开始上升(向右突变)，红灯即亮，仪器读数即为电量数。

5. 仪器使用注意事项

(1) 仪器在使用过程中，拿出电极头，或松开电极夹时必须先释放启动键，以使仪器的指示回路输入端起到保护作用，不然会损坏机内之器件。

(2) 电解电极和采用电位法指示滴定终点的指示电极正负极不能接错。电解电极的有用电极，应根据选用什么滴定剂和辅助电解质而定。一般得到电子被还原而成为滴定剂的电解阴极为有用电极(如 $Fe^{3+}+e^- \longrightarrow Fe^{2+}$)。失去电子被氧化而成为滴定剂的电解阳极为有用电极(如 $2Cl^- - 2e^- \longrightarrow Cl_2$)。有用电极为双铂片电极，另一个辅助电解电极为铂丝，用砂芯和有用电极隔离。指示电极对以钨棒为参考电极，另一根铂片为指示电极，电解电极插头为中二芯，红线为阳极，黑线为阴极，指示电极插头为大二芯，红线为正极，白线为负极。

(3) 电解过程中不要换档，否则会使误差增加。

(4) 量程选择在50mA档时，电量为读数乘以5mC，10mA和5mA档时电量读数即为毫库仑数。

(5) 电解电流的选择，一般分析低含量时可选择小电流，但如果电流太小，有时可能终点不能停止，这主要是等当点突变速率太小，而使微分电压太低不能关断。电流下限的选择以能关断为宜。在分析高含量时为缩短分析时间可选择大电流，一般以10mA为宜，如果需选择50mA电解电流时，需先用标准样品标定后分析了解电解电流效率能否达到100%，即电流密度是否太大，一般高含量大电流的选择以电流效率能满足100%为宜。

(6) 如果需选用自制的电解池时，在选用50mA电流时，需实际测量电解电流大小，由于电解电极间的阻抗不一样，会使电解电流大于或小于50mA。

(7) 电解电流的测量只要用一般万用表电流档的正、负表笔与电解池正、负极串联即可测量。

(8) 电解至终点时，如果指示灯不亮，电解不终止，有两种可能性，一是终点自动关闭电路发生故障，滴定终点方式选择"电压下降"，这时可顺时针旋动"极化、补偿电位"钟表电位器，使指针向左突变。如果指示灯不亮，就是该电路发生故障，指示灯亮，则说明电路正常。二是电解终点指针下降，较正常慢，终点突跳不明显，致使微分输出电压降压，指示灯不亮，这一般是由于指示电极污染所致。这时可把电极重新处理或更换内充液。

(9) 电解回路无电流，这时可检查电解电流插头、夹子，有无松动或脱焊等现象，电极铂片与接头是否相通。

（10）按下启动键，终点方式选择下降（或上升），表头指针向左打表（或指针向右打表），这时有两种情况，一是说明电解已至终点，表针已至等当点以下，再加入一些样品指针即会恢复正常。二是加入样品指针也不会恢复正常，还是打表，这说明指示回路没有接通，必须检查指示电极插头和指示电极铂片与接头有无脱焊、松动、断路等现象。

（11）电解未到终点时灯亮，即电解终点发生误动作一般有三种原因。

① 外界电压太低，一般低于190V以下即会产生误动作。

② 指示参考电极钨棒与夹子接触点氧化、污染而造成接触不良引起。

③ 聚甲氟乙烯搅拌子破碎，铁芯接触电解液而引起。

（二）TCS-200型微库仑综合分析仪

1. 仪器简介

TCS-200型微库仑分析是应用微库仑分析技术，采用计算机控制微库仑滴定的新产品，具有性能可靠、操作简易、稳定性好、便于安装等特点，可用于石油化工产品中微量硫、氯的分析，广泛应用于石油、化工、科研等部门。

TCS-200型微库仑分析以Windows操作系统为工作平台，其友好的用户界面使分析人员操作更为方便、快捷。在系统分析过程中，操作条件、分析参数和分析结果均在显示器上直接显示，并根据需要可将参数、结果进行存盘和打印，以便日后调用、存档。

2. 仪器组成

仪器由计算机、微库仑分析仪主机、温度流量控制器、搅拌器、进样器等组成。

（1）主机：仪器主机是信号放大和数据处理的关键部件。其前面板左上方有电源指示灯，如图4-19所示，后面板有串行口、温控口、电极插口、电源插口和电源开关，如图4-20所示。

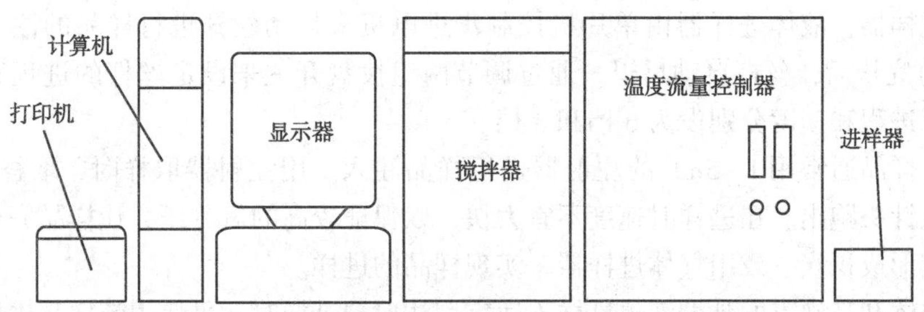

图4-19　TCS-200型微库仑综合分析仪正面示意图

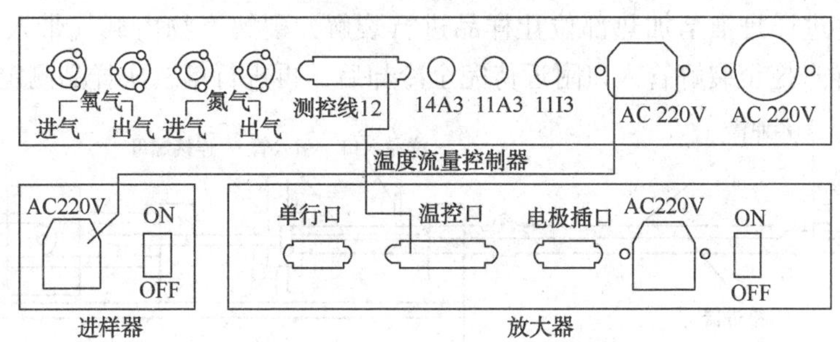

图4-20　TCS-200型微库仑综合分析仪后面板示意图

（2）温度流量控制器：温度流量控制器由一个二段分别升温的高温管状炉及相应的控制

电路和气体流量装置组成。其前面板上有两个控温表头及两个气体流量计、控制相应的气体流量大小的调节旋钮，反应气和载气由后面板接入，如图 4-20 所示，通过针形阀调节其流量大小，并由气体流量计直接读出。一般接入气体的操作压力控制在 100~200kPa 左右，反应气和载气分别为普氧、普氮。气体流量调节旋钮，即针形阀只供调节流量大小，不可作为气体流量的开关，以防止损坏。实验完毕后，必须将气体总阀关闭。

（3）搅拌器：样品的裂解产物被气流带入滴定池后，要保证其与电解液中滴定剂之间进行快速和充分接触，这种工作是通过磁力搅拌器来完成的。磁力搅拌器工作原理见图 4-21 所示。它通过直流电机带动磁钢转动，而滴定池内的磁力搅拌棒将随磁钢的转动而均匀转动，从而达到搅拌电解液的目的。搅拌时，速度不宜过快或过慢，以电解液产生微小旋涡为宜。同时，应把滴定池放在磁钢的正上方，以免搅拌棒碰撞电解池壁。

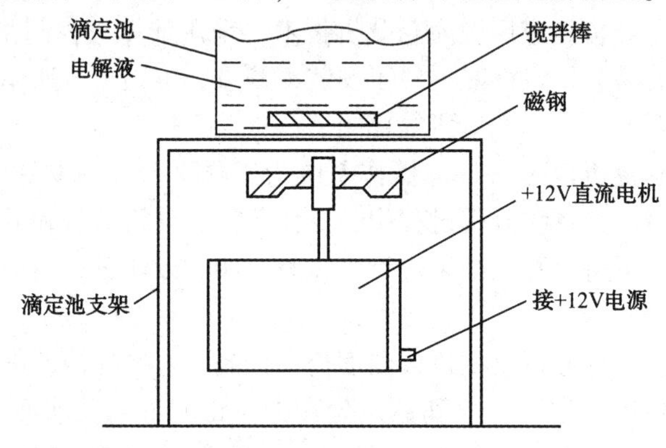

图 4-21　搅拌器示意图

（4）进样器：液体进样器由单片机控制步进电机来带动丝杆进行样品的注入。当进样（按前进键）完毕后，丝杆自动后退。通过调节两组拨盘开关来设定丝杆的进程和速度。一般情况下，进程和速度分别设为 6 档和 8 档。

对气体样品通常用 1~5mL 的注射器进行样品注入。用注射器取样时，取样速度要快，以防气体从针头跑出。在进样时速度不宜太快，以保证较高的氧分压，让样品完全燃烧，防止裂解管壁形成积炭。或用气体进样器来实现样品的进样。

对于固体和高沸点的黏稠液体试样不适宜用注射器进样时，可使用带样品进样舟的固体进样器进样，其原理如图 4-22 所示。进样时先利用推动棒将样品送到裂解管预热部位，待 5~10s 后，再将进样舟推至加热部位让样品进行裂解，裂解产物由载气带入滴定池进行滴定。然后将进样舟拖至裂解管入口附近待完全冷却后，再进行第二次样品测定。

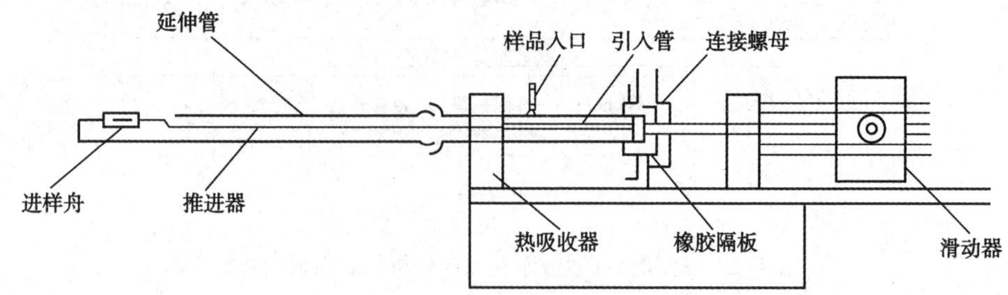

图 4-22　固体进样示意图

3. 工作原理

TCS-200 型微库仑分析是应用微库仑滴定原理，由零平衡工作方式设计的库仑放大器与滴定池和适宜的电解液组成了一种闭环负反馈系统。仪器工作原理如图 4-23 所示。

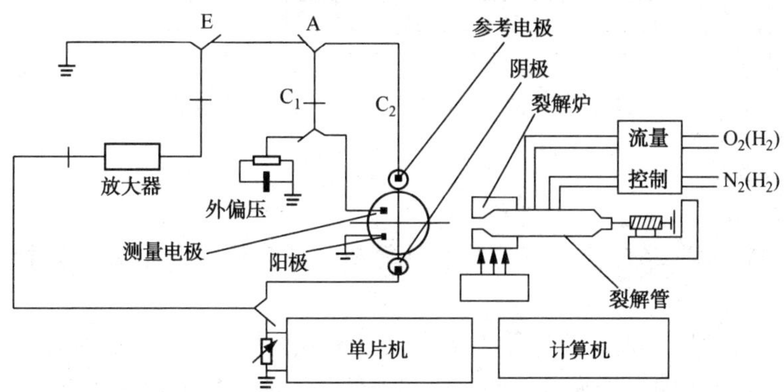

图 4-23 TCS-200 型微库仑综合分析仪工作原理图

滴定池中的参考电极供给一个恒定的参考电位，并与测量电极组成指示电极对产生一电压信号(图 4-24 为氧化法测定硫含量滴定池)。这一信号与外加给定偏压反向串联后加在库仑放大器的输入端。当两电压值相等时，放大器输入为零，输出也为零，在电解电极对之间没有电流通过，仪器显示器上是一条平滑的基线。当样品由注射器注入裂解管(图 4-25 为测定轻油中硫、氯的裂解管，其原理是样品通过硅橡胶堵头用注射器注入裂解管入口汽化，氮气通过靠近堵头的螺旋管经过预热后，进入汽化室与样品气相混合，再通过喷嘴进入燃烧室，并与另一侧管供给的氧气在喷嘴处发生燃烧)，样品中的被测物质反应转化为可滴定离子，并由载气带入滴定池，消耗电解液中的滴定剂。滴定剂浓度的变化使滴定池中的指示电极对的电位发生变化，其值的变化送入微机控制的微库仑放大器，经放大后加到电解电极对(阴、阳极)上，在阳极上电生出滴定离子，以补充消耗的滴定剂。上述过程随着滴定离子的消耗连续进行，直至无消耗滴定离子的物质进入，并已电生出足够的滴定离子，使指示电极对的值又重新等于给定偏压值，仪器恢复平衡。在消耗-补充滴定离子的过程中，测量电生滴定剂时的电量，依据法拉第定律进行数据处理，则可计算出样品含量。

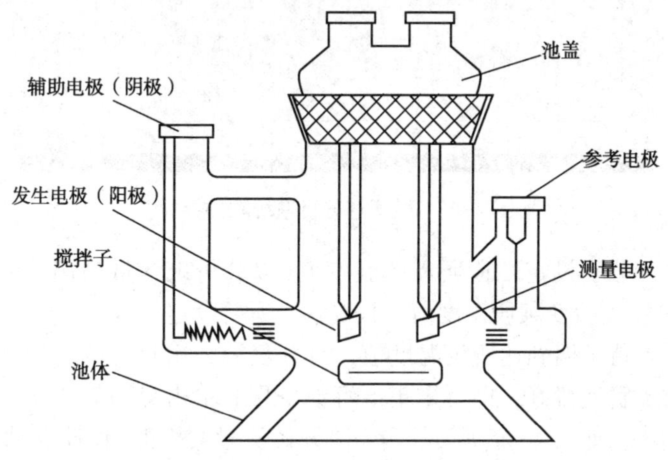

图 4-24 氧化法测定硫含量滴定池示意图

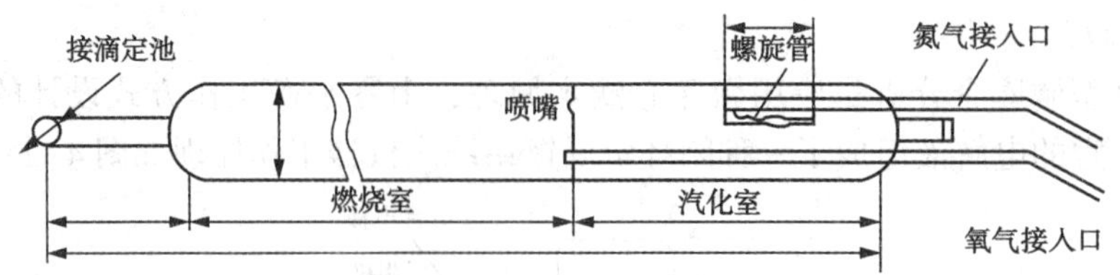

图 4-25 测定轻油中硫、氯的裂解管示意图

4. 仪器操作方法

(1) 仪器准备：

① 依次打开微库仑综合分析仪主机、计算机、温度流量控制器、搅拌器、进样器的电源。

② 把准备好的滴定池置于搅拌器内平台上，调节搅拌器的高度，使滴定池毛细管入口对准石英管出口，并用铜夹子夹紧，调整电解池位置，使搅拌子转动平稳。

③ 将库仑放大器的电极连接线按标记分别接到滴定池的参考、测量、阳极、阴极的接线柱上，并拧紧以保证接触良好。

④ 将洁净的石英裂解管用硅橡胶堵紧其进样口，并放入裂解炉，用聚四氟乙烯管(ϕ4)将石英裂解管的各路进气支管与温度流量控制器的对应输出口相连接。

(2) 联机操作：在“Windows”桌面上打开“微库仑分析系统”应用软件，显示其主窗体。主窗体中有菜单栏、工具栏等，如图 4-26 所示。单击“联机”图标，联机正常后，主窗体左下方显示“联机状态”；否则，按屏幕提示重新检查端口和连线。

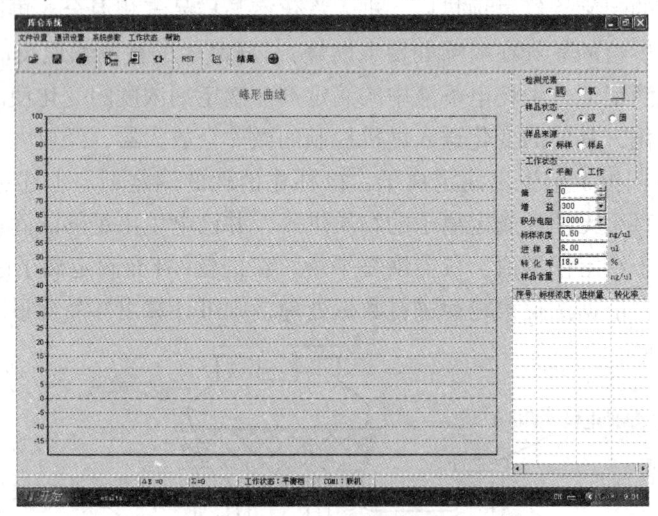

图 4-26 微库仑分析系统软件界面

(3) 温度设置：分别设定二段所需的温度值(以分析硫含量为例：燃烧段设为 800℃，汽化段设为 600℃)。要改变某段温度值，只要输入所要设定的值。

(4) 测试偏压：待炉温到达所设温度值，打开气源，用新鲜的电解液冲洗电解池 2~3 遍，将电解池与石英管连接好，即可采集电解池偏压。单击界面工作状态中“平衡”，仪器自动采集电解池偏压，如图 4-26 所示，单击“开始测量”按钮，仪器自动采集电解池偏压。一般新鲜电解液冲洗过的硫电解池，偏压应在 160mV 以上。单击“工作”，使仪器处于工作档。此时，若要修改电解池偏压，点击“偏压”，输入所需偏压值，按“回车”键(或按“偏压”上下键)，完成电解池偏压的修改。此时，基线的位置会有所改变，待仪器平衡一段时间以后，基线重新回到原来的位置上。

(5) 选择工作参数：以分析10mg/L液体硫标样为例，如图4-26所示，单击“样品状态”框中的“液体”；“含量单位”自动选中“mg/L”；“检测元素”框中的“硫”；“样品来源”框中的“标样”。

(6) 选择放大倍数和积分电阻：在主窗体中单击“标样浓度”数据框，输入标准浓度值“10”，“进样量”数据框中输入进样体积数“8.4”。单击工具栏中“增益”图标(放大倍数选择)，选择相应的放大倍数(150)后按“确定”按钮，完成放大倍数的设定。与此相类似，单击工具栏中“积分电阻”图标(积分电阻选择)，完成积分电阻的设定。一般分析硫含量小于1mg/L时，积分电阻选>6kΩ档，硫含量大于10mg/L时，积分电阻选2kΩ档以下。

(7) 转化系统调试：完成了以上操作步骤，就可用标样进行转化系统的分析，待基线平稳后，即可进样。点击“启动”，然后进样，出峰结束后，自动显示转化率及其序号(如“f_1”、“f_2”等)，待基线平稳后，可以进行下次标样的连续分析，转化系统正常时，其转化率应在75%~120%之间。

(8) 求平均转化率：选择你认为合适的转化率，点击“确定”，可求出平均转化率。标样分析完成后，进行样品分析。选择“样品选择”框中的“样品”，其余分析步骤与以上分析标样的步骤相同，在连续分析3~6次后，求出样品的平均含量。

(9) 保存、打开、打印数据：标样分析结束后，单击“断开联接”后，单击“保存”图标，弹出“保存采样数据文件”对话框，输入文件名保存结果，单击“打开”图标，弹出“打开采样数据文件”对话框，选择需要打开的数据文件，弹出“显示页面选择”对话框，即可显示或打印结果。

(10) 关机顺序：把滴定池与裂解管断开，关闭主机、微机、显示器、打印机、搅拌器、进样器的电源。关闭气路阀，待炉温冷却1~2h后，关闭温度控制流量器电源，整理好仪器。

4.3.6 库仑分析法的应用

(一) 卡氏库仑法测定微量水分

1. 概述

1935年卡尔-费休(KarlFischer)首先提出了利用容量分析测定水分的方法，这种方法即是GB 6283《化工产品中水分含量的测定》中的目测法。目测法只能测定无色液体物质的水分。后来，又发展为电量法。随着科技的发展，继而又将库仑计与容量法结合起来推出库仑法。这种方法即是GB 7600《运行中变压器油水分含量测定法(库仑法)》中的测试方法。现在的分类目测法和电量法统称为容量法。卡氏方法分为卡氏容量法和卡氏库仑法两大方法。两种方法都被许多国家定为标准分析方法，用来校正其他分析方法和测量仪器。

2. 基本原理

卡氏库仑法测定水分是一种电化学方法。其原理是仪器的电解池中的卡氏试剂达到平衡时注入含水的样品，水参与碘、二氧化硫的氧化还原反应，在吡啶和甲醇存在的情况下，生成氢碘酸吡啶和甲基硫酸吡啶，消耗了的碘在阳极电解产生，从而使氧化还原反应不断进行，直至水分全部耗尽为止，依据法拉第电解定律，电解产生碘是同电解时耗用的电量成正比例关系的，其反应如下：

$$H_2O+I_2+SO_2+3C_5H_5N \longrightarrow 2C_5H_5N \cdot HI+C_5H_5N \cdot SO_3$$

$$C_5H_5N \cdot SO_3+CH_3OH \longrightarrow C_5H_5N \cdot HSO_4CH_3$$

在电解过程中，电极反应如下：

阳极反应为： $2I^- \longrightarrow I_2+2e^-$

阴极反应为： $I_2+2e^- \longrightarrow 2I^-$，$2H^++2e^- \longrightarrow H_2\uparrow$

从以上反应中可以看出，即 1mol 的碘氧化 1mol 的二氧化硫，需要 1mol 的水。所以是 1mol 碘与 1mol 水的当量反应，即电解碘的电量相当于电解水的电量，电解 1mol 碘需要 2×96487C 的电量，电解 1mmol 水需要 2×96487mC 的电量。

样品中水分含量按式(4-13)计算：

$$\frac{W\times10^{-6}}{18}=\frac{Q\times10^{-3}}{2\times96487}$$

$$W=\frac{Q}{10.72} \tag{4-13}$$

式中 W——样品中的水分含量，μg；

Q——电解电量，mC；

18——水的相对分子质量。

3. 应用范围

卡氏库仑法可适用多种有机物和无机物中的水分测定，但由于各种化合物性质存在的差异，只有在卡氏试剂中无副反应无干扰的情况下，卡氏库仑法测定才是一种专属性的方法。

图 4-27 831KF 型卡氏库仑仪

卡氏库仑法的适用原则是：①副反应不能有水生成；②样品也不能消耗碘或释放碘。图 4-27 为 831KF 型卡氏库仑仪。

在工业产品中，绝大部分是可以采用卡氏库仑法测定的。比较典型的有以下物质。

(1) 碳氢化合物：戊烷、己烷、二甲基丁烷、甲基丁二烯、苯、甲苯、二甲苯、乙基甲苯、二甲基苯乙烯、辛烷、十二烷、十四烯、二十碳烷、二十八烷、石油醚、汽油、环己胺、甲基环己胺、环庚烷、乙烯环己胺、环十二烷、癸基环己烷、二环戊二烯、二甲基萘、三甲基苯乙烯、联苯、二氢苊、芴、亚甲基菲、异甲基异丙基苯等。

(2) 油类：水压油、绝缘油、变压器油、透平油等。

(3) 醇类和卤代烃类：几乎所有的醇类和卤代烃类化合物都能采用卡氏库库仑法测定其水分含量。

(4) 酚类：苯酚、甲酚、氟苯酚、氯酚、二氯苯酚、硝基酚等。

(5) 脂类：卡氏库仑法适用于全部脂类化合物中水分的含量。

(6) 醚类：二乙醚、二甘醇单甲醚、二甘醇二乙醚、聚乙二醚、苯甲醚、氟苯甲醚、碘苯甲醚、二癸醚、二庚醚等。

以上所列的无副反应、无干扰的物质仅是常见的一些物质，尚有许多各种各样的有机物可用卡氏库仑法来测定其中的水分含量。

（二）库仑滴定法测定维生素 C 药片中抗坏血酸的含量

1. 概述

维生素 C（Vitamin C，Ascorbic Acid）又叫 L-抗坏血酸，是一种水溶性维生素，人体缺乏这种维生素 C 易得坏血症。维生素 C 易被空气中的氧气氧化，在新鲜蔬菜和水果，如青菜、韭菜、菠菜、柿子椒等深色蔬菜，以及柑桔、红果、柚子、柠檬等水果中含量较高，野生的苋菜、苜蓿、刺梨、沙棘、猕猴桃、酸枣等含量尤其丰富。

维生素 C 的主要成分抗坏血酸具有重要的生理作用，它可以促进骨胶原的生物合成，利于组织创伤口的更快愈合；促进氨基酸中酪氨酸和色氨酸的代谢，延长肌体寿命；改善铁、钙和叶酸的利用；改善脂肪和类脂特别是胆固醇的代谢，预防心血管病；促进牙齿和骨骼的生长，防止牙床出血；增强肌体对外界环境的抗应激能力和免疫力。大多数动物体内可自行合成维生素 C，但是人类、猿猴等由于体内缺乏必须的古洛糖酸内酯氧化酶，不能使葡萄糖转化成维生素 C，需通过食物来供应身体所需。因此，维生素 C 是参与人体的生理代谢不可或缺的一类有机化合物。缺乏维生素 C 会导致坏血病，损害人体健康。维生素 C 对心血管疾病、肿瘤、感染及炎症、糖尿病等疾病都有一定的功效。但是，过量摄入维生素 C 也会对人体产生副作用。

常见的检测维生素 C 的方法主要有滴定法（如 2，6-二氯靛酚滴定法和碘量法）、比色法、分光光度法、荧光分析法、化学发光法、流动注射法、电化学分析法及色谱法等。蔬菜、水果及其制品中总抗坏血酸测定的国标（GB/T 5009.86—2003）方法为荧光法和 2,4-二硝基苯肼法。

库仑滴定法是建立在控制电流电解过程基础上的库仑分析法，它是电化学分析法的一个重要分支，具有较高的灵敏度、精密度和准确性，适用于微量甚至痕量物质的准确测定。该法具有比一般滴定分析更显著的优点。库仑滴定以电位或电流法指示终点，可减少一般容量分析中以指示剂变色确定终点时的终点观测误差，提高了准确度，特别适用于有色溶液、混浊溶液的测定。另外库仑法不需要配制及标定标准溶液，以电解液直接进行滴定，分析结果通过精确测定电量而获得，因而快速、灵敏、精密度高，易于实现自动化操作，适用于容量分析的各类滴定。

2. 基本原理

采用库仑滴定法测定维生素 C 药片中抗坏血酸的含量，是以电解产生的 Br_2 来测定抗坏血酸的含量，滴定反应为：

$$\text{抗坏血酸（O=C–O–CH–CH(OH)–CH}_2\text{OH 五元环，C(OH)=C(OH)）} + Br_2 \longrightarrow \text{脱氢抗坏血酸（C(=O)–C(=O)）} + 2HBr$$

抗坏血酸　　　　　　　　　　　　脱氢抗坏血酸

该反应能快速而又定量地进行，因此可通过电解生成 Br_2 来“滴定”抗坏血酸。本实验用

KBr 作电解质来电生 Br_2，电极反应为：

阳极：$$2Br^- \longrightarrow Br_2 + 2e^-$$

阴极：$$2H^+ + 2e^- \longrightarrow H_2\uparrow$$

滴定终点用双铂指示电极安培法来确定。在终点前，电生出的 Br_2 立即被抗坏血酸还原为 Br^- 离子，因此溶液未形成电对 Br_2/Br^-。指示电极没有电流通过(仅有微小的残余电流)，但当达到终点后，存在过量的 Br_2 形成 Br_2/Br^- 可逆电对，使电流表的指针明显偏转，指示终点到达。根据法拉第定律(电解消耗的电量与阳极上析出 Br_2 的物质的量成正比)，结合抗坏血酸与 Br_2 的反应摩尔比，即可计算得到维生素 C 药片中抗坏血酸的含量。

4.4 实验技术

4.4.1 库仑法标定硫代硫酸钠溶液的浓度

(一) 实验目的

(1) 学习库仑滴定法的基本原理，通过实验加深对库仑滴定理论的认识；

(2) 掌握库仑滴定的基本操作技术。

(二) 实验原理

库仑滴定法是通过电解产生的物质与待测物质反应来达到测定的目的，因为电解过程中消耗的电量可以精确测定，因此该法准确性非常高，避免了化学分析中对基准物的限制。库仑滴定方法常用于微量和半微量物质的测定。

如库仑法标定硫代硫酸钠溶液浓度时，阳极采用铂片电极，阴极采用一个装在玻璃管中以砂芯和电解液隔离的铂丝电极，电解液采用碘化钾和 H_2SO_4 溶液。待标定 $Na_2S_2O_3$ 溶液加入阳极电解池中，开始电解时：

阳极反应为：$$2I^- \longrightarrow I_2 + 2e^-$$

阴极反应为：$$2H^+ + 2e^- \longrightarrow H_2$$

阴极置于隔离室(玻璃套管)内，套管底部有一砂芯板，以保持隔离室内外的电路畅通，这样的装置避免了阴极反应对测定的干扰。

阳极产物 I_2 与 $Na_2S_2O_3$ 起定量反应：

$$S_2O_3^{2-} + I_2 = S_4O_6^{2-} + 2I^-$$

由于上述反应，在化学计量点之前溶液中没有过量的 I_2，不存在可逆电对，采用双指示电极法指示滴定终点时，两个铂指示电极回路中只有微小的残余电流通过。当继续电解，产生的 I_2 与全部的 $Na_2S_2O_3$ 作用完毕，稍过量的 I_2 与 I^- 形成 I_2/I^- 可逆电对，此时在指示电极上发生下列电极反应：

指示阳极：$$2I^- \longrightarrow I_2 + 2e^-$$

指示阴极：$$I_2 + 2e^- \longrightarrow 2I^-$$

由于在两个指示电极之间保持一个很小的电位差(约 220mV)，此时在指示电极回路中立即出现电流的突跃，指示了终点的到达。

由于滴定剂 I_2 是以 100% 的电流效率在惰性铂电极上电解而产生的，而被测离子与滴定剂之间，滴定剂与消耗的电量之间都有着严格的数量关系，根据测得的毫库仑数值可由下式计算出样品中砷的浓度(mg/mL)：

$$c(S_2O_3^{2-})=\frac{Q}{96487V}$$

式中 $c(S_2O_3^{2-})$表示 $Na_2S_2O_3$的浓度，mol/L；Q 为电解电量，mC；V 为试液体积，mL；96487 为法拉第常数，C/mol。

与此类似，对亚砷酸、$KMnO_4$、KIO_3等标准溶液，都可采用库仑滴定法进行标定。

(三) 仪器及试剂

1. 仪器

KLT-1 型或其他型号通用库仑仪；电解池；50mL 容量瓶；5mL 移液管；100mL 烧杯；吸耳球等。

2. 试剂

(1) KI 溶液(200g/L)：取 20g KI(A. R)，用适量水溶解后稀释至 100mL。

(2) H_2SO_4溶液(1mol/L)

(3) $Na_2S_2O_3$待测液

(四) 操作步骤

(1) 仪器通电预热，连接电解电极和指示电极线。将中二芯线中的红线接双铂片(互联的两只面积大的铂片)的接线接头，黑线接用砂芯和电解液隔离的铂丝电极的接线头上，大二芯线中的两个(红、黑)夹子分别接两个铂片指示。

(2) 铂丝电极的玻璃管中充满 KI 和 H_2SO_4混合溶液(1+1)，电解池中加 35mL H_2SO_4溶液(1mol/L)、35mL 碘化钾溶液，放入搅拌子，准确加入 $Na_2S_2O_3$待测液 1mL，开启搅拌器，调节好搅拌速度。

(3) 将主机上的“极化电位”钟表电位器预先调到 0.4 左右，按下“启动”键，按住“极化电位”键，调节“极化电位”电位器至所需的极化电位值(一般为 200mV 左右，及 50μA 表头指示至 20 左右)，松开“极化电位”键，按一下“电解”按钮，指示灯灭，“工作、停止”开关至“工作”位置，开始电解计数，电解至终点时红灯亮，仪器显示读数即为总消耗的电量毫库仑数。

(4) 每次电解滴定至终点后，弹出“启动”键，仪器自动清零，再向滴定池中准确加入 $Na_2S_2O_3$待测液，重复以上测定步骤，记录毫库仑数，平行测定 3~4 次。

(5) 测定完成后整理仪器。

(五) 数据处理

(1) 对测量数据进行偏差分析，并合理取舍。

(2) 计算 $Na_2S_2O_3$待测液的浓度(以 mol/L 为单位)。

(六) 注意事项

(1) 电极的极性切勿接错，若接错必须仔细清洗电极。

(2) 保护管内应放 KI 溶液，使电极浸没。

(3) 每次测定都必须准确移取试液。

(七) 思考题

(1) 结合本实验，说明以库仑法标定溶液浓度的基本原理，并与化学分析中的滴定方法相比较，本法有何优点？

（2）为什么本实验采用“电流上升法”确定终点？

4.4.2 电解产生 Fe^{2+}测定 Cr^{6+}

（一）实验目的

（1）进一步学习库仑滴定的实验方法。

（2）学习通过电位指示终点的原理和方法。

（二）实验原理

电解产生 Fe^{2+}是应用较广泛的还原性库仑滴定剂，可以用来直接测定许多强还原剂，也可以间接测定许多还原剂。

在 3mol/L 硫酸介质中，发生还原的电位是 0.7V，在清洁的铂电极上，电解产生 Fe^{2+}的反应过程简单而且快速，电流效率容易达到 100%。

阴极反应：$Fe^{3+}+e^{-}\longrightarrow Fe^{2+}$

滴定的反应：$C_{r2}O_7^{2-}+6Fe^{2+}+14H^{+}=\!=\!=2Cr^{3+}+6Fe^{3+}+7H_2O$

在酸性介质中，$C_{r2}O_7^{2-}/Cr^{3+}$的电位是 1.33V，随着反应的进行电位下降，据此可以用电位下降法指示反应的终点。

（三）仪器和试剂

1. 仪器

KLT-1 型通用库仑仪，电解池，500mL 容量瓶，5mL 移液管，100mL 烧杯，吸耳球等。

2. 试剂

（1）电解液配制：分别取水、浓硫酸和 0.5mol/L $Fe_2(SO_4)_3$溶液按 45∶15∶5 的体积比配制。

（2）0.5moL/L $Fe_2(SO_4)_3$溶液：将 200g $Fe_2(SO_4)_3$溶于 1L 蒸馏水中。

（四）操作步骤

（1）预热仪器。终点控制方式选择“电位下降”，依次按下“电位”、“下降”键。

（2）连接电解电极和指示电极接线，中二线（工作电极）黑线接双铂片（互联的两个面积大的铂片）接头，红线接用砂芯与电解液隔离的铂丝电极（内装 3moL/L 硫酸）的接线头上。大二芯（指示电极）黑夹子夹钨棒参比电极（内充饱和硫酸钾溶液），红夹子夹两片互相独立且面积较小的铂片电极中的任意一根，并把插头接入主机相应的插孔中。

（3）将盛有电解液（70mL 左右）的电解池置于搅拌器上（池内放入搅拌子），并向池内加入 2mL Cr^{3+}溶液，开启搅拌器，调整至适当的搅拌速度。

（4）主机上的“电位补偿”电位器预先调至 3 左右，按下“启动”键，调节该电位器，使 50μA 表指在 40 左右，将“工作、停止”开关置于工作位置，如原指示灯处于灭的状态，则此时就开始电解，如原指示灯处于亮的状态，则需要按一些电解按钮。电解至终点时红灯亮，仪器显示数即为电解滴定所消耗的电量毫库仑数。

（5）每次电解滴定至终点后，弹出“启动”键，仪器自动清零。再向滴定池中加入 2mL 试样溶液，重复测定 3~4 次。

（6）测定完成之后，整理仪器。

（五）数据处理

（1）对测量数据进行偏差分析，并合理取舍。

（2）计算在待测液中铬的浓度。

（六）思考题

（1）在滴定过程中溶液的电位如何变化？

（2）影响库仑滴定电流效率的因素有哪些？如何保持电流效率100%？

4.4.3 恒电流库仑滴定法测定砷

（一）实验目的

（1）通过本实验，学习掌握库仑滴定法的基本原理。

（2）学会恒电流库仑仪的使用技术。

（3）掌握恒电流库仑滴定法测定微量砷的实验方法。

（二）方法原理

库仑滴定是通过电解产生的物质作为“滴定剂”来滴定被测物质的一种分析方法。在分析时，以100%的电流效率产生一种物质(滴定剂)，能与被分析物质进行定量的化学反应，反应的终点可借助指示剂、电位法、电流法等进行确定。这种滴定方法所需的滴定剂不是由滴定管加入的，而是借助于电解方法产生出来的，滴定剂的量与电解所消耗的电量(库仑数)成比，所以称为“库仑滴定”。

（三）仪器和试剂

（1）KLT-1型通用库仑仪或ZDJ-5型自动库仑滴定仪。

（2）电磁搅拌器。

（3）铂片电极(作工作电极)，铂丝电极及隔离管。

（4）双铂片电极指示电极。

（5）亚砷酸溶液：约10^{-4}mol/L(用硫酸微酸化以使之稳定)。

（6）碘化钾缓冲溶液：溶解60g碘化钾，10g碳酸氢钠，然后稀释至1L，加入亚砷酸溶液2~3mL，以防止被空气氧化。

（7）(1+1)硝酸。

（8）1mol/L硫酸钠溶液。

（四）实验步骤(以KLT-1型通用库仑仪的具体操作为例)

（1）将拍电极浸入1+1硝酸溶液中，数分钟后，取出用蒸馏水吹洗，并用滤纸粘掉水珠。

（2）联接仪器。打开仪器电源，预热库仑仪。

（3）量取碘化钾缓冲溶液70mL，置于电解池中，滴加1滴亚砷酸溶液，放入搅拌磁子，将电解池放在电磁搅拌器上。将电极系统装在电解池上(注意铂片要完全浸入试液中)，在阴极隔离管中注入1mol/L硫酸钠溶液，液面至隔离管容积的2/3部位左右。铂片电极接“阳极”，隔离管中铂丝电极接“阴极”。启动搅拌器，接好指示电极联线。

（4）“量程选择”置10mA，“工作，停止”开关置工作状态，按下【电流】和【上升】琴键开关，再同时按下【极化电位】和【启动】按键，微安表指针应小于20，如果较大，调节“补偿极化电位”旋钮，使其达到要求。弹起【极化电位】按键，按【电解】按钮，开始电解。终点指示灯亮，停止了电解。mQ 表显示值<50，表明仪器处正常状态。弹起【启动】按键，再滴加 1~2 滴亚砷酸溶液，按下【启动】按键，触【电解】按钮开始电解，“终点指示灯”亮，终点到。为能熟悉终点的判断，可如此反复练习几次。

（5）准确移取亚砷酸 2.0mL，置于上述电解池中，按下【启动】按键，触【电解】按钮开始电解，“终点指示灯”亮，终点到。记下电解库仑值（mQ）。弹起【启动】按键，再加入 2.0mL 亚砷酸溶液，按下【启动】按键，触【电解】按钮。同样步骤测定。重复实验 4~5 次。

（五）结果处理

根据几次测量的结果，算出毫库仑的平均值。按法拉第定律计算亚砷酸的含量（以 mol/L 计）。

（六）问题讨论

（1）写出滴定过程中工作电极上的电极反应和溶液里的化学反应。

（2）写出指示电极上的电极反应。

（3）碳酸氢钠在电解溶液中起什么作用？

模块一：基本概念
- ① 电解过程
- ② 分解电压与析出电位
- ③ 超电压与超电位
- ④ 电解分析法分类

模块二：电解分析法
- ① 电解分析基本原理
- ② 控制电流电解法（方法原理、控制电流的方法）
- ③ 控制电位电解法（方法原理、控制电位的方法）
- ④ 汞阴极电解分离法（方法原理、分离依据）

模块三：库仑分析法
- ① 库仑分析基本原理（先决条件、定量依据、电流效率）
- ② 控制电位库仑分析法（方法原理、装置、控制电位的方法）
- ③ 恒电流库仑滴定法（方法原理、装置、滴定剂的产生、终点指示方法、误差来源）
- ④ 微库仑分析法（方法原理、微库仑仪的结构和工作过程）
- ⑤ 酸度计

习题

一、选择题

1. 用 2.00A 的电流，电解 $CuSO_4$ 的酸性溶液，计算沉积 400mg 铜，需要（　　）秒？[A_r(Cu) = 63.54]

A. 22.4　　B. 59.0　　C. 304　　D. 607

2. 在 $CuSO_4$溶液中，用铂电极以 0.100A 的电流通电 10min，在阴极上沉积的铜的质量是(　　)毫克[$A_r(Cu)=63.54$]

A. 60.0　　B. 46.7　　C. 39.8　　D. 19.8

3. 用 96484C 电量，可使 $Fe_2(SO_4)_3$溶液中沉积出铁的质量是(　　)克？[$A_r(Fe)=55.85$，$A_r(S)=32.06$，$A_r(O)=16.00$]

A. 55.85　　B. 29.93　　C. 18.62　　D. 133.3

4. 用两片铂片作电极，电解含有 H_2SO_4的 $CuSO_4$溶液，在阳极上发生的反应是(　　)

A. OH^-失去电子　　B. Cu^{2+}得到电子　　C. SO_4^{2-}失去电子　　D. H^+得到电子

5. 库仑滴定中加入大量无关电解质的作用是(　　)

A. 降低迁移速度　　B. 增大迁移电流

C. 增大电流效率　　D. 保证电流效率 100%

6. 在控制电位电解过程中，为了保持工作电极电位恒定，必须保持(　　)

A. 不断改变外加电压　　B. 外加电压不变

C. 辅助电极电位不变　　D. 电解电流恒定

7. 库仑分析的理论基础是(　　)

A. 电解方程式　　B. 法拉第定律　　C. 能斯特方程式　　D. 菲克定律

8. 以镍电极为阴极电解 $NiSO_4$溶液，阴极产物是(　　)

A. H_2　　B. O_2　　C. H_2O　　D. Ni

9. 控制电位库仑分析的先决条件是(　　)

A. 100%电流效率　　B. 100%滴定效率　　C. 控制电极电位　　D. 控制电流密度

10. 实际分解电压，包括(　　)

A. 可逆电动势　　B. 超电压

C. 可逆电动势加超电压　　D. 可逆电动势、超电压和 *IR* 降

11. 确定电极为阳极，阴极的依据是(　　)

A. 电极电位的高低　　B. 电极反应的性质

C. 电极材料的性质　　D. 电极极化的程度

12. 确定电极为正负极的依据是(　　)

A. 电极电位的高低　　B. 电极反应的性质

C. 电极材料的性质　　D. 电极极化的程度

二、填空题

1. 法拉第电解定律是库仑分析法的理论基础。它表明物质在电极上析出的质量与通过电解池的电量之间的关系。其数学表达式为________。

2. 随着电解的进行，阴极电位将不断变________，阳极电位将不断变________，要使电流保持恒定值，必须________外加电压。

3. 库仑分析的先决条件是________。电解 H_2SO_4或 NaOH 溶液时，电解产物在阴极上为________，在阳极上为________。

4. 能够引起电解质电解的最低外加电压称为________电压。

5. 库仑分析法可以分为____________法和____________法两种。库仑分析的先决条件是____________，它的理论依据为____________。

6. 用于库仑滴定指示终点的方法有________，________，________。其中，________方法的灵敏度最高。

7. 电解某物质的外加电压通常包括________，________和________。

8. 库仑分析的先决条件是________________，若阳极或阴极有干扰物质产生时，可采用________________或________________方法。

9. 在永停法指示终点的库仑分析中，电极面积较大的一对称为________，其作用是________。两根大小相同的铂丝电极称为________，起作用是________。

10. 分解电压是指______________________的外加电压。理论上它是电池的________，实际上还需加上________和________。

11. 库仑分析中为保证电流效率达到100%，克服溶剂的电解是其中之一，在水溶液中，工作电极为阴极时，应避免________，为阳极时，则应防止________。

12. 氢氧气体库仑计，使用时应与控制电位的电解池装置________联，通过测量水被电解后产生的________的体积，可求得电解过程中________。

13. 微库仑分析法与库仑滴定法相似，也是利用________滴定剂来滴定被测物质，不同之处是微库仑分析输入电流________，而是随________自动调节，这种分析过程的特点又使它被称为________库仑分析。

14. 库仑滴定类似容量滴定，它的滴定剂是________的，它不需要用________标定，只要求测准________和________。

15. 电解分析法测定的是物质的________，它与一般重量法不同，沉淀剂是________，常常使金属离子在阴极________，或在阳极上________，通过称量来测定其含量。

16. 库仑分析也是电解，但它与普通电解不同，测量的是电解过程中消耗的________，因此，它要求________为先决条件。

三、简答题

1. 什么是库仑分析法？库仑分析法分哪几类？

2. 库仑分析要获得准确分析结果必须具备哪些条件？

3. 简述影响电流效率的因素及消除方法。

4. 简述库仑滴定法基本原理。

5. 库仑滴定装置中的发生系统起什么作用？由哪些部件组成？

6. 何谓电生滴定剂？库仑滴定分析法中电生滴定剂产生方式有哪几种？最常用的是哪种方法？

7. 库仑滴定终点的指示方法有哪几种？

8. 库仑滴定的误差主要来源于哪些方面？

9. 简述微库仑分析法原理，试说明微库仑分析与库仑滴定的异同点。

10. 微库仑仪由哪几部分组成“零平衡”式闭环负反馈系统？微库仑仪中滴定池有什么作用？

四、计算题

1. 在$CuSO_4$溶液中，用铂电极以0.1000A的电流通过10min，在阴极上沉积铜的质量是多少？(假设电流效率为100%)

2. 在室温为18℃，101325Pa条件下，以控制电位库仑法测定一含铜试液中的铜，用汞阳极作工作电极，待电解结束后，串接在线路中的氢氧库仑计中产生了 14.5mL 混合气体，问该试液中含有多少铜(以毫克表示)？[$A_r(Cu)=63.55$]

3. 用控制电位电解法分离 0.005mol/L Cu^{2+} 和 0.50mol/L Ag^+，计算当阴极电位达到 Cu^{2+} 开始还原时 Ag^+ 的浓度为多少？(vs SCE，不考虑超电位。已知 $E^{\theta}_{Ag^+/Ag}=0.799V$，$E^{\theta}_{Cu^{2+}/Cu}=0.337V$)

4. 若用电解法从组成为 1.0×10^{-2}mol/L Ag^+，2.0mol/L Cu^{2+} 的溶液中使 Ag^+ 完全析出而与 Cu^{2+} 完全分离，铂阴极的电位应控制在什么数值？(vs SCE，不考虑超电位。已知 $E^{\theta}_{Ag^+/Ag}=0.799V$，$E^{\theta}_{Cu^{2+}/Cu}=0.337V$)

5. 某电解池通过恒定电解电流 0.240A，时间 19.6min，析出 PbO_2 0.0764g。计算该阴极电流效率。电极反应如下

$$Pb^{2+}+2H_2O \rightleftharpoons PbO_2(S)+4H^++2e^-$$

[已知 $M(PbO_2)=239.2g/mol$]

6. 用库仑滴定法测定某有机一元酸的摩尔质量，溶解 0.0231g 纯净试样于乙醇与水的混合溶剂中，以电解产生的 OH^- 进行滴定，用酚酞作指示剂，通过 0.0427A 的恒定电流，经 6min 42s 到达终点，试计算此有机酸的摩尔质量。

7. 用库仑滴定法测定水中酚，取 100mL 水样，酸化后加入 KBr，电解产生的溴与酚发生如下反应：

$$C_6H_5OH+3Br_2 \rightleftharpoons Br_3C_6H_2OH+3HBr$$

通过恒定的电流为 15.0mA，经 8min20s 到达终点。

计算水中酚的含量(以 mg/L 表示)。(已知 $M(C_6H_5OH)=94.11g/mol$)

8. 称取 0.1055g 燃料试样，经热裂解，燃烧产物 SO_2 吸收在含碘-碘化物溶液中，用库仑滴定法滴定，其反应为

$$SO_2+I_2+2H_2O \rightleftharpoons SO_4^{2-}+4H^++2I^-$$

在 5.00mA 恒定电流下，需要 124.3s，才能使电位计读数回到原始值。计算燃料中硫的含量。

9. 以铜电极为阴极，铂电极为阳极，在 pH 值 = 4.00 的缓冲液中电解 0.010mol/L 的 $ZnSO_4$ 溶液。如果在给定的电流密度下电解，此时 H_2 在铜电极上的超电位是 0.75V，O_2 在铂电极上的超电位为 0.50V，*IR* 降为 0.50V，$P(O_2)=101325Pa$，试计算：

(1) 电解 Zn^{2+} 需要的外加电压为多少？

(2) 在电解过程中是否要改变外加电压？为什么？

(3) 当 H_2 析出时，Zn^{2+} 在溶液中的浓度为多少？

已知：$E^{\theta}_{Zn^{2+}/Zn}=-0.763V$，$E^{\theta}_{O_2/H_2O}=1.229V$

10. 库仑滴定法常用来测定油样中的溴价(100g 油样与溴反应所消耗的溴的克数)，现称取 1.00g 的食用油，溶解在氯仿中，使其体积为 100mL，准确移取 1.00mL 于含有 $CuBr_2$ 电解液的库仑池中，通入强度为 50.00mA 的电流 30.0s，数分钟后反应完全。过量 Br_2 用电生的 Cu(Ⅰ)测定，使用强度为 50.00mA 的电流。经 12.0s 到达终点。试计算该油的溴价为多少？(溴的相对原子质量为 79.90)

第 5 章　极谱及伏安分析法

知识目标：

★ 理解极谱及伏安分析法的原理，熟悉极谱与伏安分析过程和相关术语；

★ 掌握悬(滴)汞电极的特性及其使用方法；

★ 了解干扰电流及其消除方法；

★ 理解经典极谱法、单扫描极谱法、循环伏安法、溶出伏安法等方法的原理及应用。

能力目标：

★ 能形成用极谱及伏安分析法解决分析问题的的思路，具备完成分析过程的基本能力；

★ 能正确使用和维护悬汞电极，正确安全地处理汞残留液；

★ 能应用单扫描极谱法、阳极溶出伏安法等解决分析问题；

★ 能正确使用极谱仪，具备对极谱仪的基本维护能力。

5.1　极谱与伏安分析法概述

5.1.1　极谱与伏安分析法的相关概念与特点

伏安分析法是指以电解为基础、以测定电解过程中的电流-电压曲线(伏安曲线)为特征的一系列电化学分析方法的总称，换言之，以待测物质溶液、工作电极、参比电极构成一个电解池，通过测定电解过程中电流随电压的变化来进行定量、定性分析的电化学分析方法称为伏安分析法。它包括经典极谱分析、单扫描示波极谱分析、交流示波极谱分析、方波极谱分析、溶出伏安分析及循环伏安分析等。伏安分析法是一种特殊形式的电解方法，它以小面积的工作电极与参比电极组成电解池，电解被测物质的稀溶液，根据所得到的伏安曲线来完成分析。伏安分析法不同于近乎零电流下的电位分析法，也不同于溶液组成发生较大改变的电解分析法，由于其工作电极表面积小，虽有电流通过，但溶液组成基本不变。它的实际应用相当广泛。凡能在电极上被还原或被氧化的无机和有机物质，一般都可用伏安法测定。

在基础理论研究方面，伏安法常用来研究化学反应机理及动力学过程，测定配合物的组成及化学平衡常数，研究吸附现象等。在伏安分析法中，极化现象比较明显，所以得到的伏安图又被称为极化曲线。当用滴汞电极(Dropping Mercury Electrode，DME)或其他液态电极作工作电极，其电极表面做周期性的更新时，伏安分析法又称为极谱法，它是最早发现和最先开始使用的伏安法。1922 年捷克斯洛伐克人 Jaroslav Heyrovsky(海洛夫斯基)以滴汞电极为工作电极首先发现极谱现象，并因此获诺贝尔化学奖。伏安法主要用于各种介质中的氧化还原过程、表面吸附过程以及化学修饰电极表面电子转移机制的研究，同时，亦用于水相中无机离子或某些有机物的测定。20 世纪 60 年代中期，随着低成本的电子放大装置的出现，方法选择性和灵敏度提高，与高效液相色谱联用等技术的应用，经典伏安法得到很大改进，开始大量用于医药、生物和环境分析中。

极谱法具有以下特点。

1. 灵敏度较高

经典极谱法最适宜测定的浓度范围为 $10^{-2} \sim 10^{-5}$ mol/L；溶出伏安法测定的浓度范围为 $10^{-9} \sim 10^{-7}$ mol/L。

2. 相对误差小

分析的相对误差一般为±(2%～5%)。

3. 试样用量少，分析速度快

分析时只需很少量的试样，而且可同时测定 4～5 个物质而不必预先分离。溶液准备好后，定量测定只需数分钟。

4. 试液可重复使用

由于通过溶液的电流很小，所以分析后溶液的成分基本上没有改变。同一溶液经反复多次测定，其结果仍然相符。

5. 用途广泛

凡能在滴汞电极上起氧化还原反应的无机化合物和有机化合物，大都可用极谱法测定；某些不起氧化还原反应的物质也可用间接法测定。它不仅适合于水溶液，也适合于非水溶液。因而应用的范围很广。

极谱分析的主要缺点是需要使用汞。汞具有挥发性而且有毒，在使用时要特别注意，防止汞中毒。但近年来，由于循环伏安法的广泛使用，以及对汞蒸气有毒的担心和汞电极在较正电位下容易氧化等因素的影响，使得滴汞电极的使用越来越少。

5.1.2 极谱分析的基本原理

(一) 滴汞电极

极谱分析法是一种特殊的电解过程，其特殊性在于使用了一支特别容易极化的电极(滴汞电极)和另一支去极化电极(甘汞电极)作为工作电极，在溶液保持静止的情况下进行非完全电解过程。如果一支电极通过无限小的电流，便引起电极电位发生很大变化，这样的电极称为极化电极。反之，电极电位不随电流变化的电极叫作理想的去极化电极。将漏斗连接一玻璃毛细管，装入汞后，就构成了简单的滴汞电极，如图 5-1 所示。在毛细管出口处汞滴很小，特别容易形成极化。汞滴的不断滴落，可以保持电极表面的不断更新。漏斗中大量的汞则可保持汞柱高度和滴汞周期相对稳定。甘汞电极具有去极化电极的特性，可作为去极化电极使用，也可将烧杯底部形成的大面积汞层作为去极化电极。

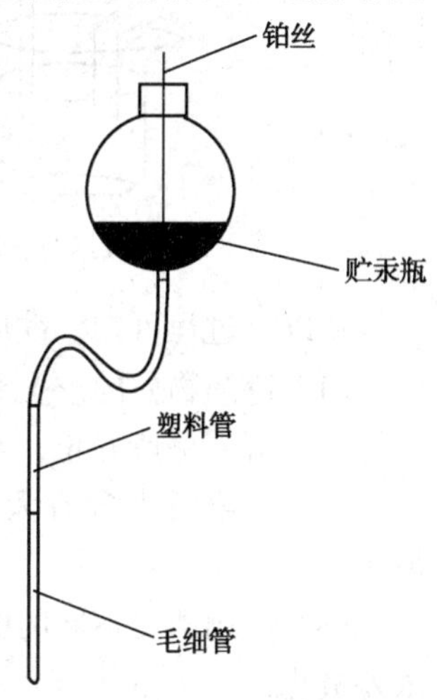

图 5-1 滴汞电极示意图

滴汞电极的特点主要有：①汞呈液态，具有均匀的表面性质；②电极表面不断更新，重现性好；③氢在汞电极上具有较高的超电位；④汞能与许多金属生成汞齐；⑤汞蒸气有毒；⑥滴汞电极作阴极时，氧化电位一般不能超过+0.40V。

（二）方法原理

在电解过程中，存在的电极极化现象对分析不利。为消除极化，通常要增大电极面积，并快速搅拌，使浓差极化降到最小。在此情况下，随着外加电压增加，开始时电极上仅有很小的背景电流流过，但达到电活性物质的析出电位后，外加电压少许增加，电解电流则将迅速增加。但随着电压的继续增加，如果溶液本体的电活性物质输送到电极表面的速度跟不上，则电解电流将不再增加，即电极反应受溶质扩散控制。反之，如果尽可能地减小电极面积，保持溶液静止并降低浓度，扩大浓差极化现象，仅依靠溶质扩散移动到电极表面形成电解电流（扩散电流），则可以通过考察过程的伏安曲线，建立扩散电流与溶液本体中电活性物质浓度间的定量关系，这就是经典直流极谱的基本创建思想。

极谱分析装置如图 5-2 所示。这里以 Pb^{2+}（10^{-3}mol/L）来说明极谱分析过程。保持溶液静止，当外加电压开始增加时，系统仅产生微弱的电流，称为“残余电流”或背景电流，即图 5-3 中的①～②段。当外加电压增加到 Pb^{2+} 的析出电位时，Pb^{2+} 开始在滴汞电极上反应。此后电压的微小增加就引起电流的快速增加。由于滴汞面积很小，反应开始后，很快就导致电极表面的 Pb^{2+} 浓度迅速降低，溶液本体中的 Pb^{2+} 开始向电极表面扩散。当电压增加到一定值时，产生了厚度约为 0.05mm 的扩散层，形成浓度梯度，扩散速度达到最大。此时电极反应完全受浓度控制，即图中的④处，达到扩散平衡，电流不再随外加电压的增加而增加，形成了极限扩散电流 i_d（极谱定量分析的基础）。在图中③处，电流随电压变化的比值最大，此点对应的工作电极的电位称为半波电位（极谱定性分析的依据）。

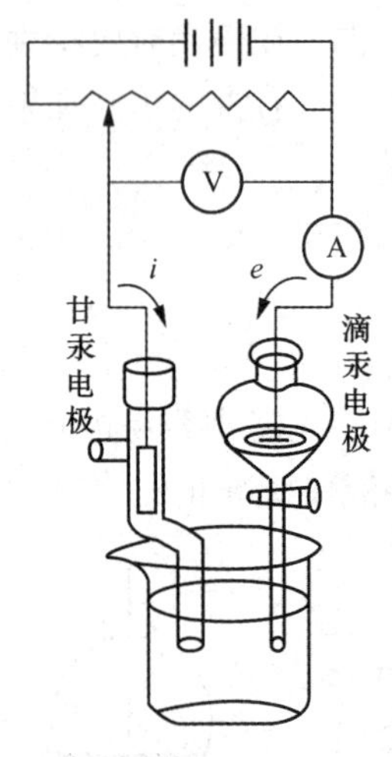

图 5-2　极谱分析装置

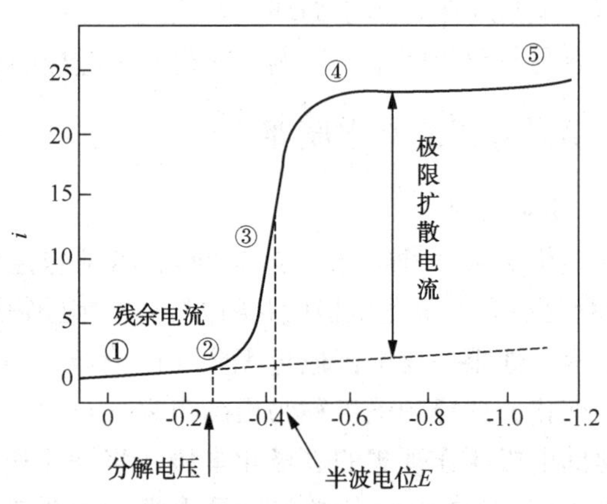

图 5-3　极谱曲线

从以上过程可知，欲形成图 5-3 中的极谱曲线（也称为极谱波），需要满足以下条件：

（1）待测物质的浓度要小，电极表面处电活性物质反应快，有利于快速形成浓度梯度；

（2）溶液保持静止，使扩散层厚度稳定，待测物质仅依靠扩散到达电极表面；

（3）电解液中含有大量的惰性电解质，使待测离子在电场作用力下的迁移运动降至最小；

（4）使用两支不同的电极，极化电极电位随外加电压变化而变化，保证在电极表面形成浓差极化；

（5）电极表面随时更新，性质保持稳定。

5.1.3 扩散电流方程式——极谱定量分析基础

扩散电流是极谱定量分析的基础，即扩散电流与电活性物质浓度之间的数学关系及影响扩散电流的因素是建立定量分析首先必须解决的问题。下面介绍扩散电流理论。

（一）扩散电流方程

滴汞电极中的传质界面为球形，但扩散层很薄，与汞滴平均半径相比要小得多，为简化问题，首先按平面线形扩散过程来处理。物质从溶液主体向电极表面进行扩散，如图 5-4 所示，根据 Fick（费克）扩散定律：单位时间内通过单位平面的扩散物质的量（记为 f）与浓度梯度成正比：

$$f=\frac{\mathrm{d}N}{A\mathrm{d}t}=DA\frac{\partial c}{\partial x} \tag{5-1}$$

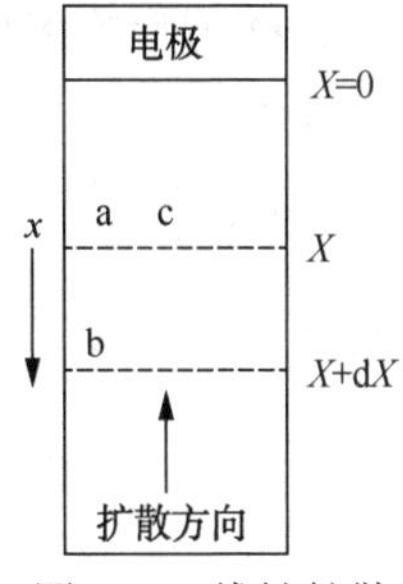

图 5-4 线性扩散

式中，A 为电极面积；D 为扩散系数，N 为扩散质量；$\frac{\partial c}{\partial x}$表示浓度梯度。

假设电极反应速度很快，电流受扩散控制，即扩散到电极表面多少物质就对应产生多大的扩散电流。根据法拉第电解定律，某一时刻的瞬间扩散电流（i_d）为

$$(i_d)_t=nFAf_{x=0,t}=nFAD\left(\frac{\partial c}{\partial x}\right)_{x=t} \tag{5-2}$$

在扩散场中，浓度的分布是时间 t 和距电极表面 x 的函数：

$$c=\Phi(t,\ x) \tag{5-3}$$

求偏微分可得：

$$\left(\frac{\partial c}{\partial x}\right)_{x=0,t}=\frac{c-c_0}{\sqrt{\pi Dt}}=\frac{c-c_0}{\delta} \tag{5-4}$$

δ 为线性扩散层的有效厚度（$\delta=\sqrt{\pi Dt}$）。

由于是受扩散控制，可设定电极表面物质浓度（c_0）为零。将式（5-4）代入式（5-2）得：

$$(i_d)_t=nFAD\frac{c}{\sqrt{\pi Dt}} \tag{5-5}$$

由于滴汞呈周期性增长，使其有效扩散层厚度 δ 减小，仅为线性扩散厚度的$\sqrt{3/7}$，则：

$$\sqrt{3/7}\,\delta=\sqrt{\frac{3}{7}\pi Dt}$$

$$(i_d)_t=nFAD\frac{c}{\sqrt{\frac{3}{7}\pi Dt}} \tag{5-6}$$

考虑滴汞电极的汞滴面积是时间的函数，t 时的汞滴面积为：

$$A_t=0.85m^{2/3}t^{2/3} \tag{5-7}$$

将式（5-7）代入式（5-6）后得：

$$(i_d)_t=708nD^{1/2}m^{2/3}t^{1/6}c \tag{5-8}$$

在一个滴汞周期内，扩散电流的平均值（图 5-5）为：

$$(i_d)_{平均} = \frac{1}{\tau}\int_0^t (i_d)_t \mathrm{d}t = 607nD^{1/2}m^{2/3}t^{1/6}c \tag{5-9}$$

上式就是扩散电流方程，也称为尤考维奇方程。式中，$(i_d)_{平均}$为每滴汞上的平均电流，μA；n为电极反应中转移的电子数；D为扩散系数；t为滴汞周期，s；c为待测物原始浓度，mmol/L；m为汞流速度，mg/s。

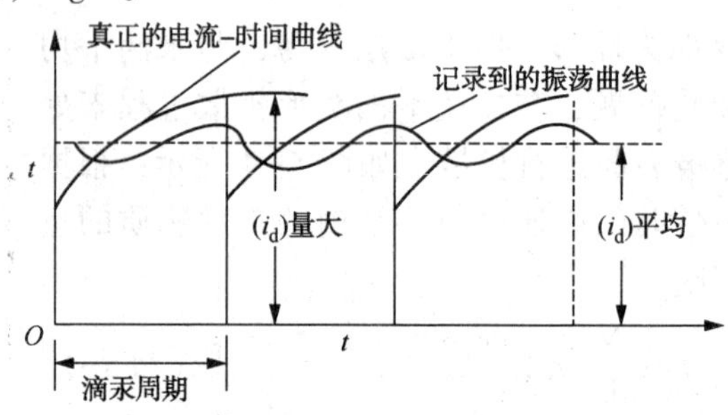

图 5-5　滴汞电极电流-时间曲线

扩散电流方程中，n和D取决于被测物的特性；将$607nD^{1/2}$定义为扩散电流系数，用I表示，I越大，测定越灵敏；m和t取决于毛细管特性，将$m^{2/3}t^{1/6}$定义为毛细管特性常数，用K表示。于是，扩散电流方程可以改写为：

$$(i_d)_{平均} = IKc \tag{5-10}$$

（二）影响扩散电流的因素

1. 溶液搅动的影响

当温度一定时，在一定的底液中，对于某一被测物质，由于n和D取决于待测物质的性质，所以扩散电流常数I为一定值，应与滴汞周期无关，但与实际情况不符，如图 5-6 所示，当滴汞周期较小时，电流常数I随滴汞周期增加而变小，滴汞周期超过一定值后I才恒定。产生这种现象是由于汞滴的滴落使溶液产生搅动，通过加入动物胶(0.005%)使溶液黏度增大，减少溶液扰动，可以使滴汞周期降低至 1.5s，也说明了这一问题。

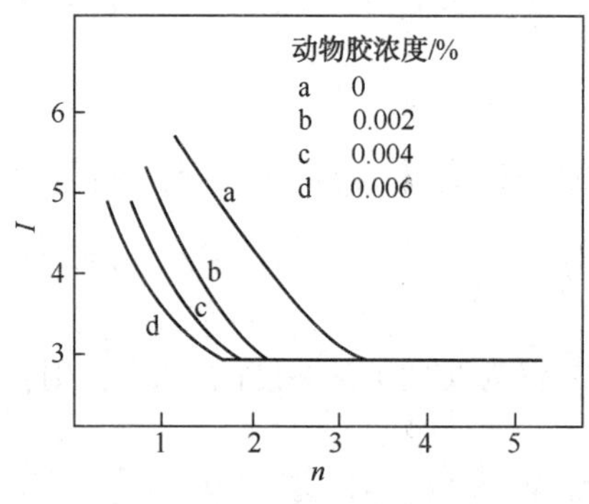

图 5-6　动物胶浓度和滴汞周期(n)与扩散电流常数(I)的关系

2. 被测物浓度影响

被测物浓度对扩散电流的影响体现在浓度较大时，汞滴上析出的金属多，形成的汞齐改变了汞滴表面性质，故极谱法适用于测量低浓度试样。另外，试样组成与浓度也影响到溶液的黏度，黏度越大，则扩散系数D越小。D的改变也将影响扩散电流的变化。

3. 其他影响

在扩散电流方程中，除n外，其他各项均与温度有关。实验表明，在室温下，扩散电流的温度系数为+0.013/℃，即温度每升高 1℃，扩散电流约增大 1.3%。因此在测定过程中，温度应控制在 0.5℃范围内，使温度引起的误差小于 1%。另外，滴汞电极的汞柱高度直接影响到滴汞周期(和汞流速m)，测定过程中也需要保持恒定。

5.1.4 半波电位——极谱定性分析依据

（一）极谱波类型

根据参加电极反应物质的类型，可将极谱波分为简单金属离子极谱波、配位离子极谱波和有机化合物极谱波。按电极反应类型极谱波可分为可逆极谱波、不可逆极谱波、动力学极谱波与吸附极谱波，可逆极谱波是指极谱电流受扩散控制。当电极反应速度较慢而成为控制步骤时，极谱电流受电极反应控制，这类极谱波为不可逆极谱波。不可逆极谱波的波形倾斜，具有明显的超电位，即达到同样大小的扩散电流，在不可逆极谱波中需要更大的电位，但电位足够负时，也形成完全浓差极化，可用于定量分析，如图 5-7 所示。

按电极反应的性质，极谱波还可以分为还原波、氧化波和综合波。还原波是指物质的氧化态在滴汞电极（阴极）发生还原反应所形成的极谱波，而氧化波则反之。综合波是指溶液中同时存在被测物质的氧化态和还原态，当滴汞电极电位较负时，产生还原反应，得到阴极波，而当电位较正时，产生氧化反应，得到阳极波。若电位由正到负或由负到正变化时，即可得到阴极波和阳极波的综合波，如图 5-8 所示。

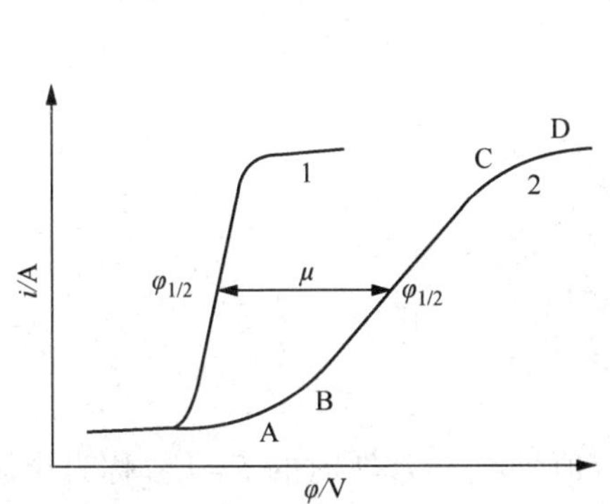

图 5-7 可逆极谱波与不可逆极谱波

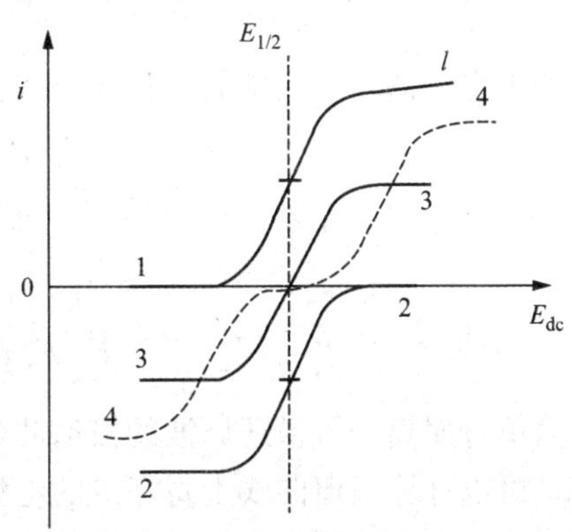

图 5-8 还原波、氧化波和综合波

1—氧化态的还原波；2—还原态的氧化波；

3—可逆综合波；4—不可逆综合波

（二）极谱波方程式与半波电位

描述极谱波上电流与电位之间关系的数学表达式称为极谱波方程式。下面首先讨论可生成汞齐的简单金属离子的可逆极谱波方程式。金属离子在汞滴上的电极反应为：

$$M^{n+}+ne^{-}+Hg \Longrightarrow M(Hg)\text{（汞齐）}$$

滴汞电极电位为：

$$E=E^{\theta}+\frac{RT}{nF}\ln\frac{a_{Hg}\gamma_{M}c_{M}^{0}}{\gamma_{a}c_{a}^{0}} \tag{5-11}$$

式中，c_a^0 为滴汞电极表面上形成的汞齐浓度；c_M^0 为可还原离子在滴汞电极表面的浓度；γ_a、γ_M 分别为汞齐和可还原离子的活度系数。由于汞齐浓度很稀，a_{Hg}不变，则：

$$E=E^{\theta}+\frac{RT}{nF}\ln\frac{\gamma_{M}c_{M}^{0}}{\gamma_{a}c_{a}^{0}} \tag{5-12}$$

极限扩散电流公式可写成以下形式：

$$i_d = K_M c_M \tag{5-13}$$

在未达到完全浓差极化前，c_M^0 不为零，则扩散电流：

$$i = K_M(c_M - c_M^0) \tag{5-14}$$

式(5-13)减式(5-14)即得：

$$i_d - i = K_M c_M^0 \tag{5-15}$$

$$c_M^0 = \frac{i_d - i}{K_M} \tag{5-16}$$

根据扩散电流方程式——还原产物(汞齐)的浓度与通过电解池的电流成正比，析出的金属从汞滴表面向中心扩散，则：

$$i = K_a(c_a^0 - 0) = K_a c_a^0 \tag{5-17}$$

$$c_a^0 = \frac{i}{K_a} \tag{5-18}$$

将式(5-18)和式(5-16)代入式(5-12)，得：

$$E = E^\theta + \frac{RT}{nF}\ln\frac{\gamma_M K_a}{\gamma_a K_M} + \frac{RT}{nF}\ln\frac{i_d - i}{i} \tag{5-19}$$

在极谱波的中点，即：$i = i_d/2$ 时，代入上式，得：

$$E_{1/2} = E^\theta + \frac{RT}{nF}\ln\frac{\gamma_M K_a}{\gamma_a K_M} = 常数 \tag{5-20}$$

则：

$$E = E_{1/2} + \frac{RT}{nF}\ln\frac{i_d - i}{i} \tag{5-21}$$

上式即为简单金属离子可逆还原波的极谱波方程式。

由该式可以计算极谱曲线上每一点的电流与电位值。当 $i = i_d/2$ 时的 $E = E_{1/2}$ 称为半波电位，与离子浓度无关，可作为极谱定性的依据。由扩散电流方程，式(5-20)中的 K_a/K_M 也等于 $D_a^{1/2}/D_M^{1/2}$。对于可逆波来说，同一物质在相同的条件下，其还原波与氧化波的半波电位相同，见图 5-8。在实际应用中，极谱分析中的半波电位可以使用的范围有限，一般不超过 2V。在一张极谱图上只可能分析几种离子，故利用半波电位定性的实际意义不大，但可用它来选择分析条件，避免干扰。半波电位数据可从有关手册中查到。

极谱分析不但可利用还原波进行定量分析，也可利用氧化波。

同理，可得氧化波方程式：

$$E = E_{1/2} - \frac{RT}{nF}\ln\frac{i_d - i}{i} \tag{5-22}$$

综合波方程式为：

$$E = E_{1/2} + \frac{RT}{nF}\ln\frac{(i_d)_c - i}{i - (i_d)_a} \tag{5-23}$$

式中，下标 c、a 分别表示还原波和氧化波。对于可逆极谱波，氧化波与还原波具有相同的半波电位。溶液中只有氧化态时，则 $(i_d)_a = 0$，式(5-23)变为氧化态方程式；只有还原态时，则 $(i_d)_a = 0$，上式变为还原态方程式。对于不可逆极谱波，氧化波与还原波具有不同半波电位。

对于简单金属配位离子，其极谱波方程式与式(5-21)相似，不同之处在于两者的半波电位不同，要比简单离子的半波电位负，差值的大小与配位离子的稳定常数有关。稳定常数越大，半波电位越负。对于混合离子试样，利用这一性质，可避免波的重叠。如 Cd^{2+} 与 Tl^{+} 在中性 KCl 底液中，半波电位非常接近而重叠，无法进行分析。但在氨-氯化铵底液中，Cd^{2+} 与氨生成配位物，两者的半波电位差增大，则可实现两者的同时分析。

5.1.5 干扰电流及其消除方法

极谱分析是以待测物质产生的扩散电流为基础的，但在极谱过程中，也存在着非扩散电流，影响了测定，统称为干扰电流，主要有以下几种。

1. 残余电流

残余电流是指外加电压尚未达到被测物质的分解电压时，电解池中通过的微小电流。产生残余电流的主要原因，包括两个方面：一是溶剂和试剂中存在的微量杂质及微量氧等，可通过试剂提纯、预电解、除氧等方法来消除；二是存在着的电容电流(充电电流)。电容电流的存在是极谱分析中的一种必然现象，难以消除，成为影响极谱分析灵敏度的主要因素。电解开始前，滴汞电极电位与溶液相同，不带电荷。与甘汞电极连接后，外加电压为零时，由于甘汞电极中的汞带有正电荷，则向滴汞电极充正电而使其带正电荷，并从溶液中吸引负电荷形成双电层。随着外加电压增加，由于滴汞电极接的是外电源的负极，获得负电荷，则首先抵消最初的正电荷，达到零电点，如图 5-9 中 c 点。继续充电则形成带负电荷的双电层，如图 5-9 中的 c~b 段。且随着滴汞电极的汞滴滴落和面积的不断变化，充电过程不断重复，形成了持续不断难以消除的电容电流。充电电流数量级约为 10^{-7}A，相当于 10^{-6}~10^{-5}mol/L 的被测物质产生的扩散电流。所以经典直流极谱分析的适宜测量范围为 10^{-4}~10^{-2}mol/L。

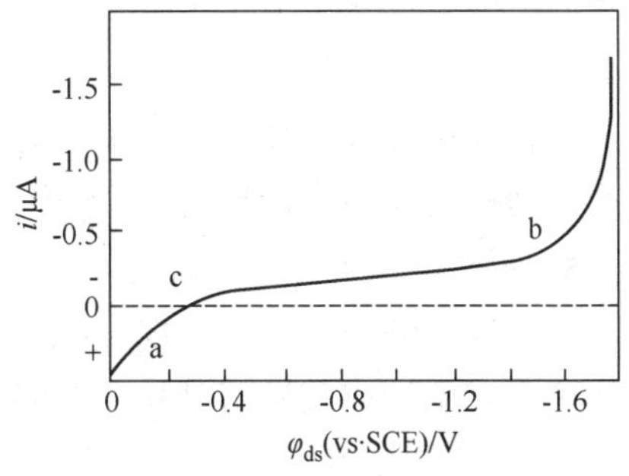

图 5-9 0.1mol/LKCl 溶液的残余电流

2. 迁移电流

迁移电流是指带电荷的被测离子(或极性分子)在静电场力的作用下运动到电极表面所形成的电流。这部分电流叠加到扩散电流中，与被测离子浓度之间不存在比例关系，影响定量，也需要消除。当在溶液中添加了较大量的强电解质后，电场力将作用到溶液中所有离子上，被测离子所受到的电场力大大减小，所形成的迁移电流趋近于零。加入的强电解质(又称支持电解质)通常为 KCl、HCl、H_2SO_4 等，不参与电极反应，其浓度要比待测物质高 100 倍。

3. 极谱极大

极谱极大是极谱分析过程中产生的一种特殊现象，即在极谱波刚出现时，扩散电流随着滴汞电极电位的降低而迅速增大到一极大值，然后下降，最后稳定在正常的极限扩散电流值上，如图 5-10 所示。这种突出的电流峰称为“极谱极大”。这种现象产生原因是汞滴在溶液中滴落时，溶液产生扰动所导致的溪流运动，使待测离子靠非扩散快速移动到汞滴表面，可通过加入极大抑制剂来消除或抑制这种现象。常用的极大抑制剂有骨胶、聚乙烯醇、羧甲基纤维素等，用量约为底液的 0.01%。

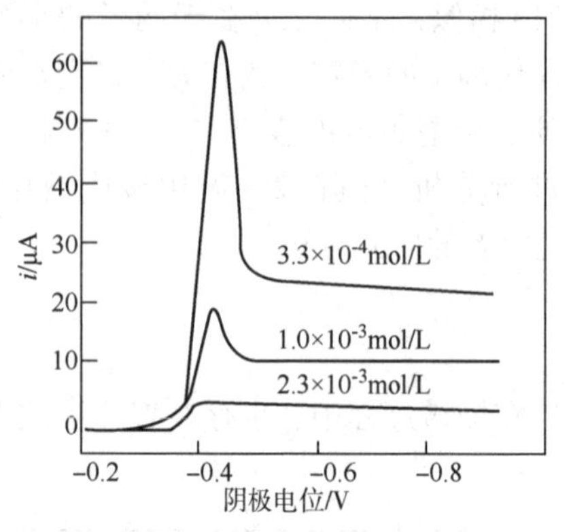

图 5-10　极谱极大现象

4. 氧波

溶液中的溶解氧在滴汞电极上能够被还原而产生两个极谱波。

第一个波的半波电位为-0.05V(vs. SCE)：

$$O_2+2H^++2e^-\longrightarrow H_2O\ (\text{酸性溶液})$$

$$O_2+2H_2O+2e^-\longrightarrow H_2O_2+2OH^-(\text{中性或碱性溶液})$$

第二个波的半波电位为-0.94V(vs. SCE)：

$$H_2O_2+2H^++2e^-\longrightarrow 2H_2O\ (\text{酸性溶液})$$

$$H_2O_2+2e^-\longrightarrow 2OH^-(\text{中性或碱性溶液})$$

氧波可能与待测物质的极谱波产生重叠而影响测定，可通入惰性气体除氧而消除。在中性或碱性溶液中也可加入少量亚硫酸钠与氧反应消除。在酸性溶液中加抗坏血酸(维生素 C)与氧反应消除。

5. 氢波

在酸性溶液中，氢波出现在-1.2～-1.4V 处，从而影响半波电位比-1.2V 更负的物质的测定。在中性或碱性溶液中，氢波出现在更负的电位处，影响较小。如使用二甲基亚砜(DMSO)代替水作溶剂，以四乙基高氯酸铵(TEAP)作为支持电解质，H_2 阴极分解电压达-3.0V，可用来分析钾离子(钾离子的半波电位为-2.13V)，而氢波不产生干扰。

6. 前波

如果待测物质的半波电位较负，而溶液中又同时存在着大量的(大于待测物质浓度 10 倍)半波电位较正的还原性物质，由于这些物质先在工作电极上还原，产生一个很大的前波，使得半波电位较负的物质无法测定，这种干扰称为前波干扰。例如，在氨和氯化铵的溶液中测定镉和锌时，如有大量的铜离子存在，则由于它的半波电位(铜的第二波，$E_{1/2}$ = -0.54V)较正而先还原产生很大的扩散电流，以致掩蔽了半波电位较负的镉波($E_{1/2}$ = -0.81V)和锌波($E_{1/2}$ = -1.35V)。故当溶液中含有大量铜时，不能直接测定镉和锌。

最常见的前波是铜(Ⅱ)波和铁(Ⅲ)波。铜(Ⅱ)波的消除可用电解法或化学法将铜分离出去；在酸性溶液中，可加入铁粉将 Cu^{2+} 还原为金属铜析出。铁(Ⅲ)波的消除可在酸性溶液中加入铁粉、抗坏血酸或羟胺等还原剂将 Fe^{3+} 还原为 Fe^{2+}，或在碱性溶液中使 Fe^{3+} 生成 $Fe(OH)_3$ 沉淀而消除干扰。

7. 叠波

两种物质极谱波的半波电位相差小于 0.2V 时，两个极谱波就会发生重叠，不易分辨而影响测定。

消除极谱波的重叠现象，一般可采用下列方法：

(1) 加入适当的络合剂，改变极谱波的半波电位使波分开。例如，在酸性溶液中，钴离子和镍离子的半波电位相近，两波不能分开，但加入吡啶后，由于钴离子和镍离子都能与吡啶生成稳定性不同的络离子，它们的半波电位分别变为-1.09V 和-0.79V，相差 0.3V，两波不再重叠。

(2) 采用适当的化学方法除去干扰物质，或改变价态而使其不再干扰。

在实际工作中，干扰电流的消除一般都是加入适当的试剂。此外，为了改善波形、控制试液的酸度，常需要加入一些辅助试剂。这种加入各种适当试剂后的溶液，称为底液。上述干扰因素除极谱极大外，也都对固态电极或表面积不变的电极上的极化曲线产生干扰，所以在固态电极上进行极谱及伏安分析时，对这些干扰电流，也有必要采取一定的手段来消除。

5.2　极谱定量分析方法及其应用

极限扩散电流与待测离子浓度成正比是极谱定量分析的基础，将扩散电流方程写成：$i_d = kc$ 的形式，由极谱图上测量出极限扩散电流的大小后，采取直接比较法、标准曲线法或标准加入法进行定量分析。

因为在极谱图上，扩散电流 i_d 可由极谱波高 h 来代表，所以式(5-10)可改写为：

$$h = kc \tag{5-24}$$

极谱定量分析的方法虽然有许多种，但其基本原理都是依据式(5-24)，把在相同条件下测得的试液的波高和标准溶液的波高进行比较，求得物质的含量。

5.2.1　极谱波高的测量

极谱图上的极限扩散电流即为极谱波高，所以测量波高亦即测量极限扩散电流。在极谱分析中，一般只测相对的波高(以厘米或记录纸倍数表示)而不必测扩散电流的绝对值。因此，正确地测量波高可以减小分析的误差。测量波高的方法很多，下面介绍几种常用的方法。

(一) 平行线法

当波形良好时，通过极谱波上残余电流部分和极限电流部分的锯齿波纹中心作两条平行线 AB 和 CD，两线间的垂直距离 h 为所求波高，如图 5-11 所示。平行线法简便易行，但只适用于波形良好的情况。对于残余电流和极限电流不平行的极谱波，该方法就不能应用。

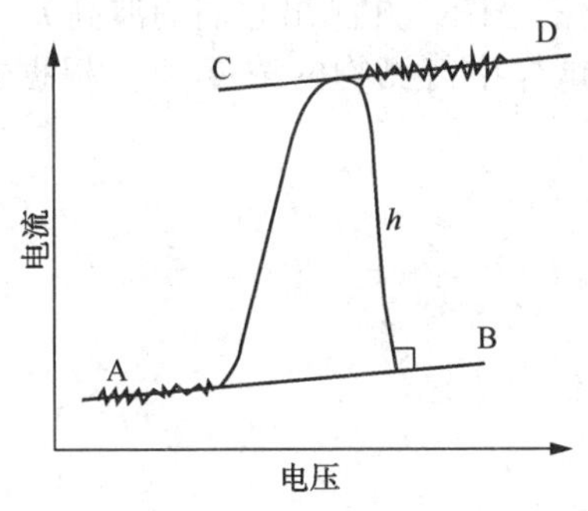

图 5-11　平行线法测量波高

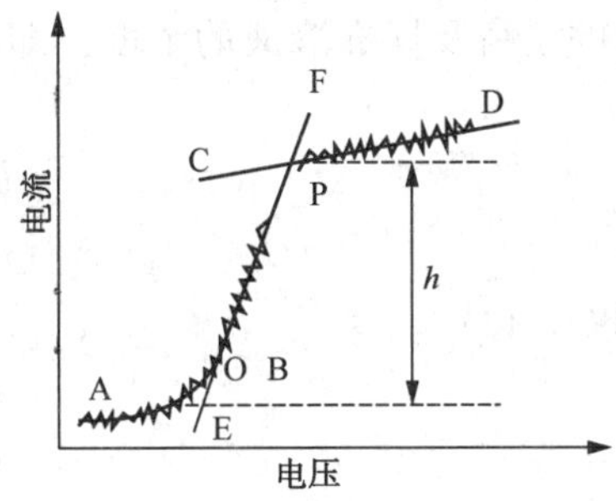

图 5-12　三切线法测量波高

(二) 三切线法

三切线法又称交点法。它是通过极谱波上残余电流、极限电流和扩散电流的波纹中心分别作 AB、CD 及 EF 三条直线，EF 与 AB 相交于 O 点，EF 与 CD 相交于 P 点。通过 O 与 P 作平行于横轴的平行线，这两条平行线的垂直距离 h 即为波高，如图 5-12 所示。

(三) 分角线法

当极谱波的转角弧度很大时，用三切线法就不很准确。这种情况宜用分角线法，如

图 5-13 所示。先作出三条切线 AB、CD 和 FG，分别相交于 O 点和 P 点，然后对∠AOP 和∠OPD 作分角线(角平分线)，分别与极谱波交于点 a 和 b。由 a 点和 b 点分别作平行于横坐标的直线 ac 和 bd，ac 和 bd 间的垂直距离 h 为波高。

(四) 矩形法

首先作出三条切线 AB、CD 及 EF(如图 5-14 所示)，然后由 AB 与 EF 的交点 G 作垂直于横坐标的垂线，交 CD 于 H 点。由 CD 与 EF 的交点 I 作垂直于横坐标的垂线，交 AB 于 J 点，连接 HJ，与 EF 交于 K 点(K 点恰为波高的 1/2，K 点所对应的电位即半波电位)。通过 K 点作垂直于横坐标的垂线并与 AB 交于 L 点，与 CD 交于 M 点。L 与 M 的距离 h 即为波高。矩形法作图较麻烦，但适用于波形比较复杂的各种极谱波，且准确度较高。

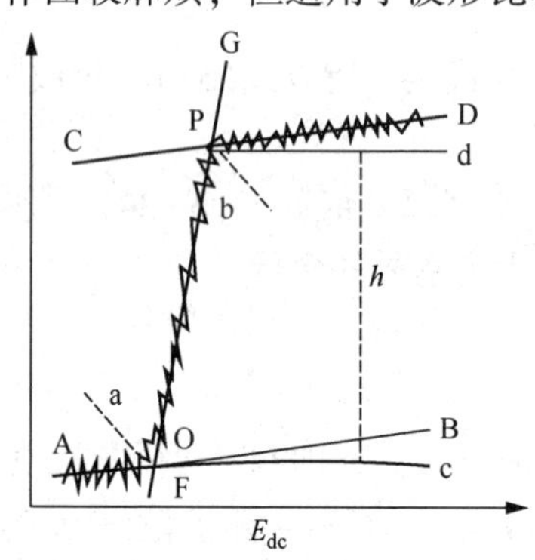

图 5-13　分角线法测量波高

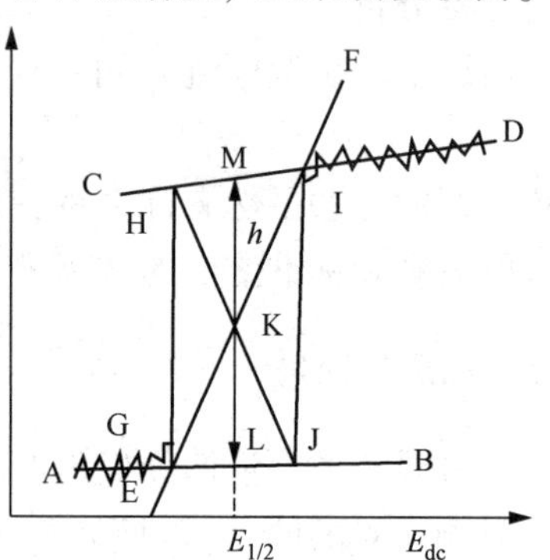

图 5-14　矩形法测量波高

5.2.2　极谱定量分析方法

(一) 直接比较法

比较法是一种最简单的方法。它是用一个已知浓度(c_s)的标准溶液；和未知浓度(c_x)的样品溶液，在完全相同的实验条件下，分别作出极谱图，并测出它们的波高 h_s 及 h_x，然后根据两者的波高及标准溶液的浓度，即可求出试样中待测物的浓度 c_x。根据式(5-24)可知：

$$h_x = Kc_x$$

$$h_s = Kc_s$$

两式相除，得：

$$\frac{h_s}{h_x} = \frac{c_s}{c_x}$$

因此

$$c_x = \frac{c_s}{h_s}h_x$$

必须指出，直接比较法简单易行，适宜单个或少量试样的分析。但这种方法要求标准溶液与试样溶液的基本组成要尽可能一致，并且在相同的实验条件下进行实验，否则会产生较大的误差。

(二) 标准加入法

取一体积为 V_x mL 的样品溶液，作出极谱图。然后加入浓度为 c_s 的标准溶液 V_smL，再在相同的条件下作出极谱图，如图5-15所示。分别测出未加标准溶液和加入标准溶液后极谱图的波高 h 和 H。设样品溶液中待测物浓度为 c_x，根据式(5-24)可得：

$$h = Kc_x \qquad H = K\frac{c_xV_x + c_sV_s}{V_x + V_s}$$

两式相除可以得到：

$$\frac{h}{H} = \frac{c_x(V_x + V_s)}{c_xV_x + c_sV_s}$$

则：

$$c_x = \frac{hc_sV_s}{H(V_x + V_s) - hV_x}$$

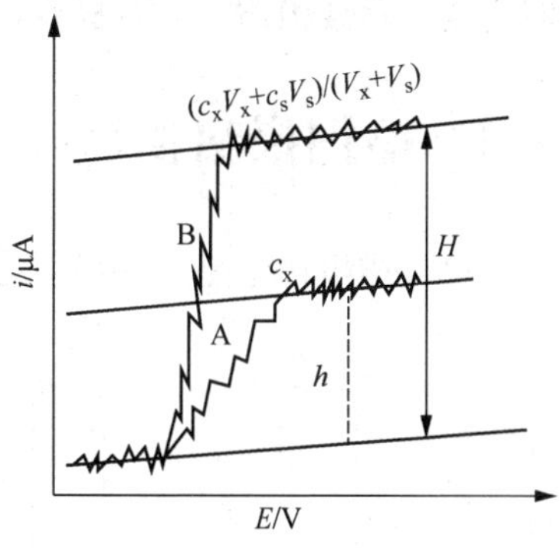

图5-15　加入标准液的极谱图
A—未加标准溶液的试液；
B—加入标准溶液的试液

标准加入法的准确度较高，因为加入的标准溶液的量很少，所以引起底液浓度的改变可以忽略不计，而且两次极谱测定的条件基本一致。在使用这一方法时，加入标准溶液的量要适当。加入量太少，则波高的差值小，测量误差大；如果加入量太大，则将引起底液浓度的改变，而且不能在同一灵敏度下记录两次测定的极谱波高。标准加入法对于单个或少量试样的测定，是很适用的。由于准确度较高，也较适用于复杂组分试样的测定。

（三）工作曲线法

当分析大量同一类试样时，采用此法较为方便。其方法是配制一系列标准溶液，在相同实验条件下，记录极谱波，分别测得波高 h，绘出 $h-c$ 工作曲线，然后在同一实验条件下，测得未知溶液的波高 h_x，由工作曲线求出相应的浓度 c_x。

5.2.3　经典极谱分析的应用

极谱分析适宜的测量范围为 $10^{-4} \sim 10^{-2}$ mol/L，相对误差一般为2%，适合于金属、合金、矿物及化学试剂中微量杂质的测定，如金属锌中的微量Cu、Pb、Cd测定；钢铁中的微量Cu、Ni、Co、Mn、Cr测定；铝镁合金中的微量Cu、Pb、Cd、Zn、Mn测定；矿石中的微量Cu、Pb、Cd、Zn、W、Mo、V、Se、Te等的测定，也适用于醛类、酮类、糖类、醌类、硝基类、亚硝基类、偶氮类及维生素、抗生素、生物碱等具有电活性的有机与生物物质分析。

经典极谱分析的建立对电化学分析的发展起到了极大的推动作用，但该方法自身也存在不足：①分析速度慢，一般的分析过程需要5~15min，这是由于滴汞周期需要保持在2~5s，电压扫描速度一般为5~15min/V，获得一条极谱曲线一般需要几十滴到上百滴汞；②方法的灵敏度较低，主要是受干扰电流，特别是难以消除的电容电流的影响所致；③方法的分辨率较低，相邻两组分的半波电位需要相差100mV才能分辨。如果在微量组分前有一高含量的前波，影响更大。

极谱分析法是一种测定低含量物质的方法，在实际工作中发挥了一定的作用。但是由于经典极谱法在灵敏度、选择性、抗干扰能力以及分析速度等方面存在着明显的缺点，所以它无法很好地适应科研、生产发展的要求，目前已较少应用。例如要测定一些含量低于0.001%的物质，采用经典极谱就有困难。近年来一些新的极谱分析方法相继出现，如极谱催化波、示波极谱、方波极谱以及溶出伏安法等。

5.3 单扫描极谱法

单扫描极谱法是用阴极射线示波器作为电信号的检测工具，过去曾称为示波极谱法，它是对常规极谱法的一种改进；单扫描极谱法与普通极谱法最大的区别是：单扫描极谱法扫描速度要快得多(约为250mV/s，而普通极谱波的扫描速度一般小于5mV/s)，每一滴汞就将产生一个完整的极谱图，得到的谱图呈峰形。因为单扫描极谱法电流比普通极谱电流大，加上峰状曲线易于测量，所以灵敏度相应比较高，一般可达 10^{-7} mol/L。

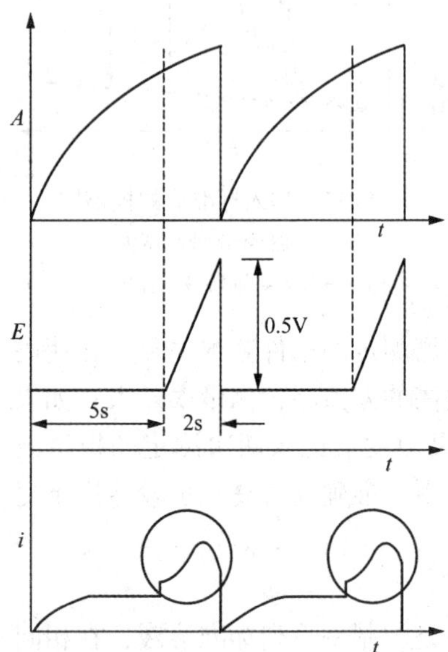

图 5-16 汞滴表面积、极化电压及电流与时间的关系

单扫描极谱波法中，所施加的电压是在汞滴的生长后期，这时电极的表面积几乎不变，可以把滴汞电极换为固体电极(如碳、金、铂等)或表面积不变的汞电极(显然，这时无需考虑汞滴的生长期)，那么所得到的极化曲线及电流大小等都与上述单扫描极谱法完全一样。这时称之为线性扫描伏安法。

5.3.1 单扫描极谱波的基本电路和装置

单扫描极谱中汞滴表面积 A、极化电压 E 及电流 i 随时间 t 而变化的相互关系如图 5-16 所示。在单扫描极谱法中，汞滴滴下时间一般约为 7s，考虑到汞滴的表面在汞滴成长的初期变化较大，故在滴下时间的最后约 2s 内，才加上一次扫描电压，幅度一般为 0.5V(扫描的起始电压可任意控制)，仅在这一段时间内记录 i-E 曲线。为了使滴下时间与电压扫描周期取得同步，在滴汞电极上装有敲击装置，在每次扫描结束时，振动敲击器，把汞滴敲脱。以后汞滴又开始生长，到最后 2s 期间，又进行一次扫描。每进行一次电压扫描，荧光屏上就重复绘出一次 i-E 图。这种极化曲线是在汞滴面积基本不变的情况下得到的，所以为平滑的曲线，没有普通极谱图的电流振荡现象。图 5-17 是两种物质连续还原时的极谱图。

5.3.2 峰电流的性质

由前述有关的讨论可知，由于扩散层变厚引起贫化效应，所以得到尖峰状曲线，如图 5-17所示。一般说来，凡是在普通极谱中能得到极谱波的物质亦能用单扫描极谱法来进行分析。但是在单扫描中，由于极化速度很快，因此电极反应的速度对电流的影响很大。对电极反应为可逆的物质而言，极谱图上出现明显的尖峰状电流；对电极反应为部分可逆的物质，则由于其电极反应速度较慢，尖峰状电流不明显，灵敏度随之降低；对电极反应为完全不可逆的物质来说，所得图形没有尖峰，灵敏度更低，有时甚至不起波。这三种情况如图 5-18 所示。对于可逆极谱波，峰电流方程式可表示如下：

$$i_p = 2.69 \times 10^5 n^{3/2} D^{1/2} \nu^{1/2} Ac \quad (25℃) \qquad (5-25)$$

式中，i_P 为峰电流，A；n 为电子转移数；D 为扩散系数，cm^2/s；ν 为极化(扫描)速度，V/s；A 为电极面积，cm^2；c 为被测物质的浓度，mol/L。所以，在一定的底液及实验条件下。峰电流与被测物质的浓度成正比。

峰电位 E_P 与普通极谱波的半波电位 $E_{1/2}$ 的关系为：

$$E_P = E_{1/2} - 1.1\frac{RT}{nF} = E_{1/2} - 0.028V/n \qquad (25℃) \qquad (5-26)$$

可见峰电位是与半波电位有关的常数，对于可逆波来说，还原波的峰电位比氧化波的负 $56/n$(mV)，这也是单扫描极谱法与普通极谱法的不同之处。

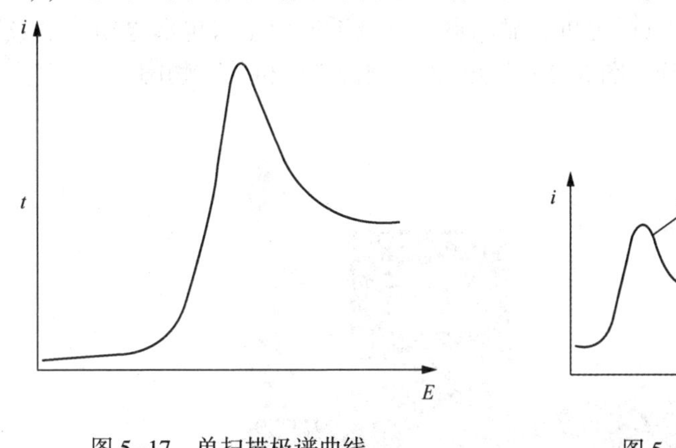

图 5-17　单扫描极谱曲线

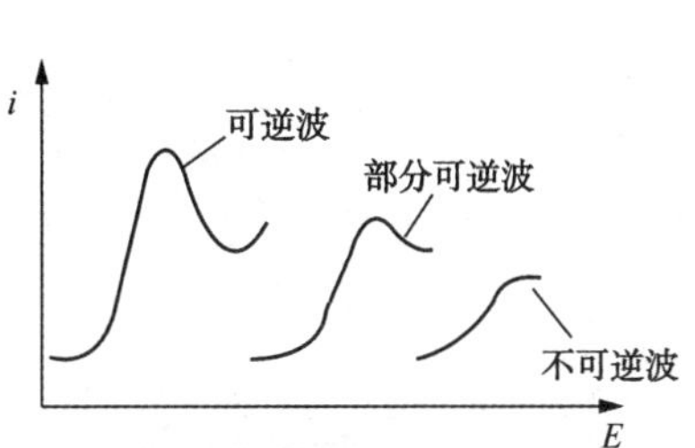

图 5-18　单扫描极谱波
(可逆波、部分可逆波、不可逆波)

5.3.3　单扫描极谱法的特点及应用

单扫描极谱法的主要特点有：①方法快速，由于极化速度快，数秒钟便可完成一次测量，并可直接在荧光屏上读取峰高值；②灵敏度较高，对可逆波来说，一般可达 10^{-7}mol/L；③分辨率高，两物质的峰电位相差 0.1V 以上，就可以分开，采用导数单扫描极谱，分辨率更高；④前放电物质的干扰小，在数百甚至近千倍前波电物质存在时，不影响后续还原物质的测定，这是由于全扫描前有大约 5s 的静止期，相当于在电极表面附近进行了电解分离；⑤由于氧波为不可逆波，其干扰作用也大为降低，往往可以不除去溶液中的氧而进行测定。因此，单扫描极谱法特别适合于配合物吸附波和具有吸附性质的催化波的测定，从而使得该方法成为测定许多物质的有力工具。

5.3.4　JP303 型极谱分析仪

(一) 仪器简介

JP-303 型极谱分析仪，是由专用微机控制的全自动智能分析仪器。仪器采用彩色薄膜功能键和 CRT 显示器实现全汉字的人机对话，通过屏幕菜单和提示行指导使用者进行操作。仪器的各种方法、参数，全部由微机设定、控制并存储起来。在测试过程中实时显示极谱曲线和进行各种数据处理和统计学误差处理。因此 JP-303 型极谱分析仪，是一种使用灵活、操作简便的傻瓜式自动测量仪器。

在专用微机的控制下，仪器的常规极谱和一、二次导数极谱均能以最佳参数自动适应于各种扫描速率和各档量程，并对前期电流和电容电流实行自动补偿。仪器能对测试过程中获得的极谱曲线进行实时地扣除本底、数字滤波、智能寻峰、切线拟合、自动测量波高等数据处理，能按照常用的三种定量方法(标准比较法、标准曲线法、标准加入法)对数据进行统计学处理以及显示校准曲线和回归方程，并自动计算出波峰电位、波峰电流、浓度含量、标准偏差、变异系数和线性相关系数。仪器可以把使用者的测定结果、实测方法和全部参数以及极谱曲线，编号存储在内部芯片上记忆下来，并可随时调用和反演。仪器还配有打印机，可记录 CRT 上显示的汉字、数据和图形作为测试报告。

(二) 仪器组成

JP-303 型极谱分析仪主要包括主机、显示器、电极系统、主机电源电缆、电极系统电缆、打印机、打印电缆等七部分，图 5-19 为 JP-303 型极谱分析仪实物图。

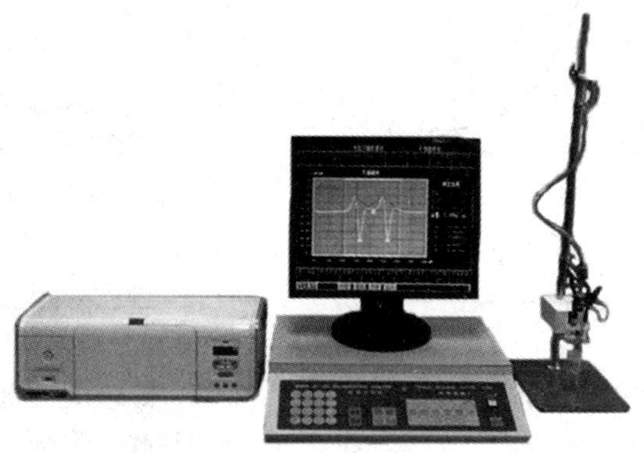

图 5-19　JP-303 型极谱分析仪

(三) 仪器工作原理

JP-303 型极谱分析仪的基本测量原理电路如图 5-20 所示。

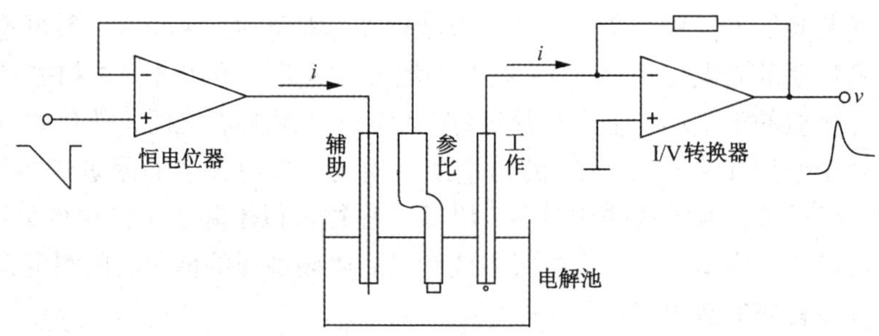

图 5-20　测量原理电路

仪器通过恒电位器，在含有被测离子的电解池的参比(甘汞)电极和工作(滴汞)电极上，加一随时间作直线变化的扫描电压 E，引起电极反应产生电解池电流 i，该电流在辅助(铂)电极和工作电极之间流通。把电解池的这一(i-E)伏安曲线用显示器显示出来，如图 5-21 所示，被称为(常规)极谱波。图中峰点电位 E_p 取决于被测离子的特性，波高 I_p(“前谷”测量：正向标注波峰之前的负峰，或负向标注波峰之前的正峰)与被测离子的浓度成正比关系。这就是极谱法做定性、定量分析的基础。

在温度为 25℃，对反应物质是能溶于汞及溶液的可逆过程，波高电流值的近似表达式为

$$I_p = 2344 n^{\frac{3}{2}} m^{\frac{2}{3}} t_p^{\frac{2}{3}} D^{\frac{1}{2}} (dE/dt)^{\frac{1}{2}} C$$

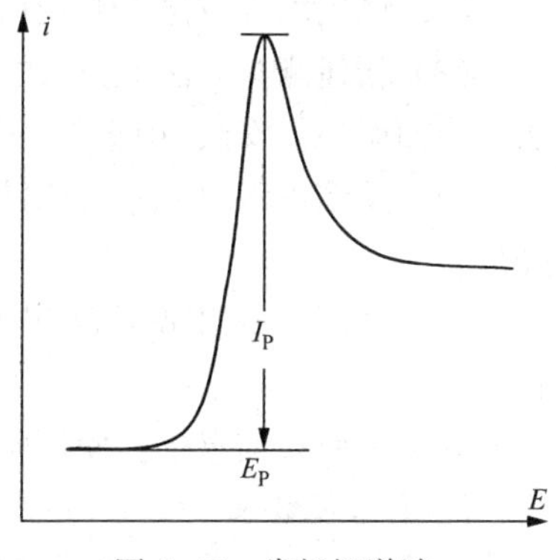

图 5-21　常规极谱波

式中 I_p——波高电流值，μA；

n——参加反应物质的电子转移数；

m——滴汞电极的汞滴流速，mg/s；

t_p——出现波峰的时间，s；

D——扩散系数，cm^2/s；

dE/dt——电压变化速率，V/s；

C——被测离子的浓度，m mol/L。

这一公式指出：当 D(受温度影响)、dE/dt(扫描速率)、m(决定于毛细管孔径并受汞池高度控制)、t_p(决定于静止时间和原点电位)都保持定值，波峰电流 I_p是正比于被测离子的浓度 C 的。即使对于那些反应产物不溶于汞的半可逆过程或完全不可逆过程，虽然波高电流值的表达式不同，$I_p \propto C$ 的关系仍然是确定的。

为了进一步提高仪器的测量灵敏度和分辨能力，也为了仪器能更准确地自动测量波高，本仪器采用导数极谱法，用微分放大器来取得($di/dE - E$)一次导数极谱波和($d^2i/dE^2 - E$)二次导数极谱波，分别如图 5-22 和图 5-23 所示。

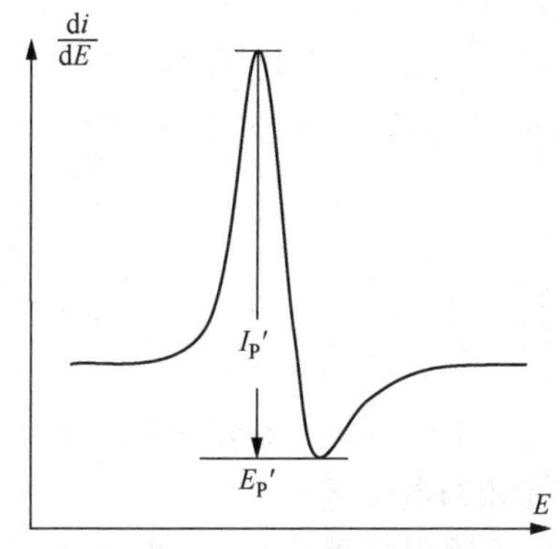

图 5-22　一次导数极谱波

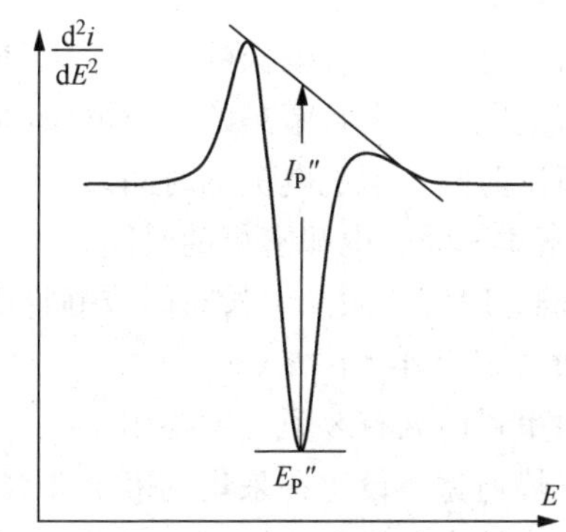

图 5-23　二次导数极谱波

图中 E'_p、E''_p为导数极谱波的波峰电位，波高电流 I'_p(“后谷”测量：正向标注波峰之后的负峰，或负向标注波峰之后的正峰)、I''_p(“切线”拟合测量：正向标注波峰前后两负峰的切线，或负向标注波峰前后两正峰的切线)在一般情况下仍然与被测离子具有正比关系。I''_p也可用负峰与其前、后正峰(“前谷”或“后谷”)间的高差来表示。

(四) 仪器使用方法

在联机实测前，请熟悉主机的各种功能、菜单和操作。建议操作者单独启动主机(预存有示范数据和曲线)，反复练习、操作。下面叙述仪器的主要功能、菜单。

1. 运行方式菜单

此菜单里目前列有 6 项，确定仪器的运行方式。

(1) 使用当前方法：每当仪器由预置参数状态进入测试运行状态时，工作参数区的当前实验参数都会自动储存在机内当前方法存储区中。当下次开机或复位时，当前方法存储区中的参数又会自动装入工作参数区。选此项，即是使用先前的实验参数继续进行测试。

（2）调用库存方法：调用操作者编码储存在方法库中的实测方法，进行测试。

（3）新建测试方法：由仪器出厂提供的极谱法（目前有线性扫描极谱法，线扫溶出伏安法，线扫循环伏安法）中选择一种测试方法，自己预置参数进行测试。

（4）反演库存曲线：调出操作者编码储存在曲线库中的实测曲线，演示计算或重新处理。

（5）处理库存数据：调出操作者储存在数据库中的实测样品数据，统计处理和列表打印。

（6）正弦扫描自检：使用正弦扫描模拟测试的方法，自检仪器的主机（不能用于测量）。

2. 方法参数菜单

由于测试方法不同，此菜单部分参数项不一样。

（1）导数：导数极谱法设定。“0”——常规极谱，“1”——一次导数，“2”——二次导数。

（2）量程：极谱电流测量灵敏度大量程（10 的方次）设定。

（3）扫描次数：一次测量的重复扫描次数。

（4）扫描速率：极化电位的扫描速率。

（5）起始电位：极谱扫描电压的起始电位，即屏幕显示的“原点电位 E_o”。

（6）终止电位：极谱扫描电压的终止电位（起始电位至终止电位为扫描区间）。

（7）清洗电位：清洗电极的相对电位（向扫描区间外偏离终止电位的幅度）。

（8）富集电位：电解富集的相对电位（向扫描区间外偏离起始电位的幅度）。

（9）清洗时间：清洗电极的时间。

（10）富集时间：电解富集的时间。

（11）静止时间：汞滴生长时间或静止平衡时间。

3. 曲线参数菜单

此菜单里目前列有 8 项，主要用于设定极谱曲线采集、处理、显示过程中的一些参数。

（1）寻峰窗宽：设定在采集的极谱曲线中智能寻峰的电位宽度。

（2）最小峰高：设定智能寻峰中的最小峰峰值（满量程的百分比），小于此值的波峰予以忽略，不予标定。

（3）数字滤波：设定在测试采集或反演重现极谱曲线过程中滑动平均值滤波的系数 n（$2n+1$ 点平均）。

（4）本底曲线：设定被作为本底曲线而预先存储在库曲线中的曲线号，用于扣除本底。

（5）扣除本底：设定测试采集或反演重现的极谱曲线是否扣除本底曲线。

（6）平均曲线：设定是否对重复扫描采集的多根极谱曲线进行逐点平均。在定量测试时通常应置为“YES”。若置为“NO”，屏幕将保留所有的极谱曲线，波峰数据为第一根曲线的数据。

（7）数字微分：设定是否叠加显示采集或反演的极谱曲线的数字微分曲线。

（8）波峰反相：设定是否颠倒显示极谱曲线。

4. 定量方法菜单

此菜单里目前列有 3 项，供选择浓度含量自动计算所采用的计算方法。

（1）标准比较法：也叫波高比较法。依据样品与标准成正比的方法来计算样品浓度。

(2) 标准曲线法：也叫工作曲线法、校准曲线法。依据线性回归分析导出线性回归方程的办法来计算样品浓度。

(3) 标准加入法：也叫加入标准法。此方法因加入标准的方式不同而有多种计算法，本仪器采用外推法。依据线性回归分析导出线性回归方程的办法来计算样品浓度。

5. 存储内容菜单

此菜单里目前列有3项，被选中的项目将存储在机内记忆芯片里，断电也不会丢失，可长期保存。

(1) 标准波峰数据：存储数据处理后的波峰电位和波高电流值，用来建立标准数据库进行线性回归分析和浓度计算。

(2) 极谱曲线数据：存储数据处理后的极谱曲线(包括全部实验参数)作为库曲线，以便扣除本底或反演计算。

(3) 测试方法参数：存储当前的全部实验参数作为库方法，以便日后测量同样的物质时，可直接调用库方法(已设置好全部实验参数)进行傻瓜式操作。

(五) 仪器使用注意事项

(1) 如果仪器测试时极谱曲线呈一根直线(高灵敏度量程亦如此)而仪器自检正常，通常是电极系统和电极电缆方面的问题。请检查毛细管是否在滴汞，滴汞电极和甘汞电极中是否有气泡阻断通路，三根电极电缆是否插错、断线等。每当更换了毛细管后，请在靠近滴汞电极处反复用力小心挤压输汞软管，务必排除滴汞电极不锈钢接头体中的全部气泡。如果电极电缆插头断线，可旋开插头重新焊接。

(2) 如果毛细管下端洞口被堵塞，可将其在溶液中浸泡一段时间，然后反复用力小心挤压输汞软管，使汞滴能自由滴落。实在不行，可将毛细管下端堵塞处截去一小段(切口应整齐)或更换一根新的毛细管。

(3) 测量时三支电极应置于电解池中部，不能与电解池壁相碰，以免影响测试的重现性。

(4) 电极系统应放置于不受外界震动影响的坚固的工作台上。仪器工作时应避免外界的震动，以免影响测试的重现性。对低含量物质的测定尤其应注意。

(5) 在采用标准加入法测量样品浓度含量时，应把未加标准的样品极谱曲线存储起来，测试完加标系列及线性回归后，再使用“反演库存曲线”的运行方式(不要改变参数值)，反演样品曲线并计算浓度含量。

(6) 在采用标准曲线法和标准加入法存储标准波峰数据时，(除了选择波峰数据外)应使用数字键设定存储在哪个标准组号中。采用标准比较法时无须此项操作。

(7) 使用CLR键删除不需要的标准或样品数据有两种方法：

① 在仪器处于核查数据的状态时，可逐一删除选中的单个标准或样品数据。

② 在仪器处于存储标准或存储样品的状态时，可一次性删除选中(“标准数据”或“样品数据”项下)组号内的全部标准或样品数据。

注意：已被删除的数据不能再复原，因此在执行删除操作前，请仔细校核。

(8) 本仪器的电位扫描幅度由“终止电位”和“起始电位”的差值来设定，不再是500mV的固定值。扫描幅度单元素测量时可设置窄些，多元素测量应设置宽些。

(9) 使用滴汞电极测量时应正确设置扫描参数，使仪器扫描周期小于汞滴的自由滴落周期，以便震动器同步汞滴。汞滴的自由滴落周期决定于毛细管孔径，并可用升降汞池的位置来调整；而仪器的扫描周期由静止时间和扫描时间之和决定。扫描时间可由扫描幅度除以扫描速率得到，仪器在“测试运行”期间亦会显示。

(10) 本仪器仅在“测试运行”期间才接通参比(甘汞)电极和辅助(铂)电极，这样可避免测试前的电极反应所带来的影响。

(11) 当“震动电极”置为“YES”(使用滴汞电极测量)时，每次测量的重复扫描次数比设置的扫描次数多一次，数据处理亦将第一条极谱曲线丢弃不用，这是因为该曲线与后继的曲线略有偏差。

(12) 经数据处理后能标定的波峰应满足智能寻峰的三个条件：“波峰电位”和“波高基准”都在寻峰窗口中，并且峰的峰值大于“最小峰高”。如果使用者需要的波峰没有标定，可以平移寻峰窗口，改变寻峰窗宽或最小峰高参数，来重新标定。

(13) 在“存储极谱曲线数据”或“存储测试方法参数”时，若要存储在已设有编码的号数下，应先用 CLR 键删除原有编码，才能重新键入编码存入。当然，新的数据把原来的数据覆盖了。

(14) 如果采用“扣除本底”的功能进行浓度定量，应先存储空白底液的极谱曲线，然后将“本底曲线”参数置为空白底液曲线的存储号，“扣除本底”参数置为“YES”，并适当增大量程后，方可进行测量。

(15) 测量某种物质时，应该选择适当的支持电解质制备溶液，使被测物质在这种底液中的极谱波灵敏度高又不易受干扰。

5.4 伏安分析法

5.4.1 直流循环伏安法

循环伏安法与单扫描极谱法相似，都是以快速线性扫描的形式施加极化电压于工作电极上，其不同之处在于：单扫描极谱法所施加的是锯齿波电压，而循环伏安法则是施加三角波电压。当线性扫描由起始电压 E_i 开始，随时间接一定方向作线性扫描，达到一定电压 E_m 后，将反向扫描，以相同的扫描速度返回到原来的起始扫描电压，构成等腰三角形脉冲，如图 5-24 所示。电压扫描速度可从每秒数毫伏到 1V 甚至更大。循环伏安极谱法所使用的工作电极为表面固定的微电极(如悬汞电极、汞膜电极)和固体电极(如 Pt 圆盘电极、玻璃碳电极、碳糊电极)等。

在扫描电压范围内，当工作电极电位不断随扫描变负时，电解液中某物质在电极上发生了被还原的阴极过程，而反向扫描时，在电极上发生使还原产物重新氧化的阳极过程。即正向扫描时，氧化态物质在电极上可逆地还原生成还原态物质，$O_x+ne^- \longrightarrow Red$；反向扫描时，在电极表面生成的还原态物质则被可逆地氧化为氧化态，$Red \longrightarrow O_x+ne^-$；于是一次三角波扫描，完成了一个还原-氧化过程的循环，故此法称为循环伏安法。所得极化曲线(即可逆循环伏安曲线)见图 5-25。图的上半部分是还原波，称为阴极支，下半部分是氧化波，称为阳极支。出现峰电流的原因和单扫描极谱法完全一样，其氧化波的峰电流也是由于扫描速度较快，在电极表面附近可氧化物质的扩散层变厚所致。还原峰的峰电流和峰电位方程式与单扫描极谱法相同；氧化峰的峰电流和峰电位分别为(一般用 i_{pa} 和 E_{pa} 分别表示氧化峰的峰电流和峰电位，而用 i_{pc} 和 E_{pc} 分别表示还原峰的峰电流和峰电位，还应注意峰电流的测量方法，见图 5-25)：

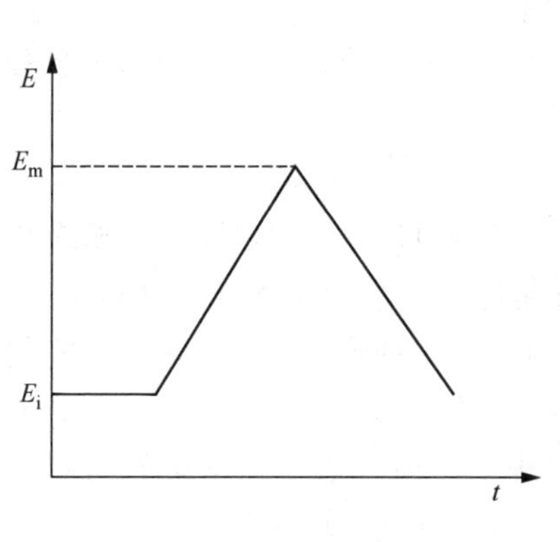

图 5-24　三角波电压

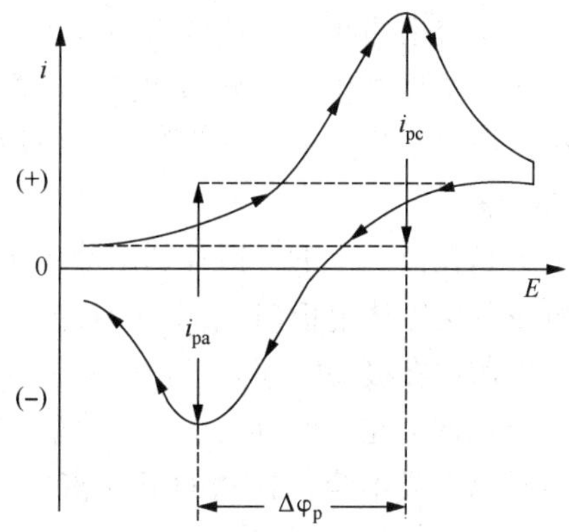

图 5-25　循环伏安图

$$i_{pa} = i_{pc} \tag{5-27}$$

$$E_{pa} = E_{1/2} + 1.1\frac{RT}{nF} \tag{5-28}$$

对于可逆反应，则曲线上下对称，此时上下峰电流的比值及峰电位的差值分别为：

$$\frac{i_{pc}}{i_{pa}} \approx 1$$

$$E = E_a - E_c = \frac{2.2RT}{nF} = \frac{56}{n} \quad (\mathrm{mV})(25℃)$$

循环伏安曲线的两个峰电流的比值以及两个峰电位差值是循环伏安法中最为重要的参数。循环伏安法可用来判断电极过程的可逆性，即由峰电流之比推断反应是否可逆。如果电极反应的速率常数很大，同一电极反应在阴极和阳极两个方向进行的速度相等，而且符合能斯特方程，则得到上下两支曲线基本对称的循环伏安曲线，其两个峰电位之差为 56/n(mV)，阳极电流与阴极电流之比为 1，这是可逆体系的基本特征。

通过对循环伏安图进行定性和定量分析，可以确定电极上进行的电极过程的热力学可逆程度、得失电子数、是否伴随偶合化学反应及电极过程动力学参数，从而拟定或推断电极上所进行的电化学过程的机理。循环伏安法是一种很有用的电化学研究方法，仪器设备简单、操作简便，很容易获得有关电极反应中的各种信息。这种方法对研究有机物、金属化合物及生物物质等的氧化-还原机理特别有用，也可用于研究电极反应的性质、机理和电极过程动力学参数等，已经成为电分析化学中强有力的工具之一。

5.4.2 溶出伏安法

(一) 溶出伏安法基本原理

溶出伏安法又称反向溶出伏安法、溶出极谱法、反向溶出极谱法等。溶出伏安法是一种灵敏度很高的电化学分析方法，可一次连续测定多种离子，而且灵敏度很高。在一般情况下，能测定溶液中 $10^{-9} \sim 10^{-7}$ mol/L 的金属离子，在适宜的条件下灵敏度甚至可以达到 $10^{-12} \sim 10^{-11}$ mol/L。与经典极谱法相比，灵敏度可提高一万倍，而且容易消除干扰。所用的仪器简单、轻便，易于操作而且价格便宜。但电解富集较为费时，一般需 3~15min，富集后只能记录一次溶出曲线，方法的重现性也往往不够理想。

溶出伏安法将电化学富集与测定两者有机地结合在一起，分为两步：第一步是预电解也称为电析，第二步是溶出。下面分别加以说明。

1. 预电解

预电解是在恒电位下、搅拌的溶液中进行，在一定的电压下将被测离子电解沉积，富集在静电极或其他固体电极(统称为工作电极)上。富集后，让溶液静置 30s~1min，称为休止期，再用极谱法在极短时间内溶出。物质在电极上电析富集的形式可分为两类：①物质以生成汞齐的形式富集在工作电极上，适合这一类富集的物质是那些容易与汞生成汞齐的金属离子；②物质以生成难溶膜状物的形式富集在工作电极上，适合这一类富集的物质一般为阴离子。

2. 溶出

溶出即把富集在电极上生成汞齐或金属的被测物进行电化学溶出，使之重新成为离子返回溶液中去。溶出过程中，电流随电压变化的曲线称为溶出极谱图或伏安曲线。溶出伏安曲线呈峰状波，峰值电流(即波高)可作为定量分析的依据，而峰值电位一般可作为定性分析的依据。

物质富集后，溶出时也分为两种类型。物质溶出时，若工作电极发生氧化反应，电位从较负处到较正处扫描，得到伏安曲线，称为阳极溶出伏安法。一般适用于测定微量金属离子。物质溶出时，若工作电极发生还原反应，电位从较正处向较负处扫描，得到伏安曲线，称为阴极溶出伏安法。一般适用于测定微量的阴离子。

常见的工作电极有悬汞电极、汞膜电极和固体电极。悬汞电极是将一小滴汞悬挂在电极杆上作为电极。悬汞电极适用于能生成汞齐的金属离子和能生成难溶性汞盐的阴离子的测定，适用的浓度范围为 $10^{-7} \sim 10^{-3}$ mol/L。

在汞膜电极中，常用的是银基汞膜电极。汞膜电极面积大，同样的汞量做成厚度为几十纳米的汞膜，其表面积比悬汞大，电极效率高。它的灵敏度比悬汞电极高约 3 个数量级以上，可测定的浓度范围为 $10^{-16} \sim 10^{-6}$ mol/L。

当溶出伏安法在较正电位范围内进行时，采用汞电极不合适，此时可采用玻璃碳电极、铂电极和金电极等固体电极。

(二) 阳极溶出伏安法

阳极溶出伏安法，是在适当的支持电解质溶液中，选择一定的预电解电位，经过一定时间的电解富集，使被测离子按一定的比例在工作电极上沉积与汞生成汞齐，然后在较短时间内做反向电位扫描，使沉积在电极表面的金属溶出。其反应式为：

$$M^{n+} + ne^- (+ Hg) \underset{\text{电压扫描溶出}}{\overset{\text{恒电位电解富集}}{\rightleftharpoons}} M(Hg)$$

式中，M 为金属；e^-为电子；M(Hg)为汞齐。

1. 富集过程

在一定的条件下，通过预电解使被测离子在工作电极上沉积，从而达到富集的目的，即富集过程。被测物在电极上沉积的量，可由下式表示：

$$Q = 0.62nFAD^{2/3}\omega^{1/2}\mu^{1/6}ct \quad (5-29)$$

式中 n——金属离子的电荷数；

F——法拉第常数；

A——电极面积；

D——金属离子的扩散系数；

ω——溶液搅拌的速度；

μ——溶液的黏度；

c——被测金属离子的浓度；

t——预电解时间。

从上式可以看出，影响电解沉积的金属量 Q 的因素很多，但在一定的条件下，这些因素是可以控制的。因此对于给定的金属离子来说，它们可被视为常数。式(5-29)可表示为：

$$Q = K'c \quad (5-30)$$

式(5-30)表明：在一定条件下，电解沉积在电极上的被测金属的量与溶液中被测金属离子的浓度成正比。必须指出的是，公式中的 Q 不是溶液中所含被测物之总量，而是其中的一部分。它是在控制一定的电解条件下，电解沉积溶液中一定比例数的被测金属的量，富集过程极谱波如图 5-26 所示。这个关系只有在严格控制搅拌速度、预电解时间等前提时才成立。

2. 溶出过程

这个过程的目的是将电解沉积在工作电极上的被测物，在反向电压扫描的条件下溶出，产生氧化电流。记录下电流-电压曲线，即阳极溶出极谱图。根据溶出的极谱波，得出定性定量的结果。溶出极谱波的形状，如图 5-26所示。峰值电流用 i_p^a 表示，在一定的条件下，它与沉积在电极上被测金属的量成正比，而沉积金属的量是与溶液中被测金属的浓度成正比。所以峰值电流 i_p^a 与溶液中被测金属离子浓度 c 之间的关系可表示为：

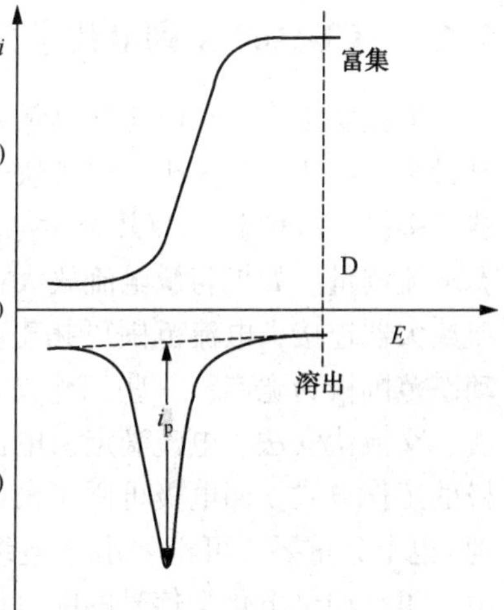

图 5-26 富集-溶出极谱波

$$i_p^a = Kc \quad (5-31)$$

这就是溶出伏安法定量分析的依据。在实际测定中必须控制的条件是：电极、预电解时间、搅拌速度、电压扫描的速度以及溶液的组成。对于给定的被测离子，只要上述条件固定，就可以根据上式做定量分析。E_p^a 为峰值电位，在一定条件下是被测离子的特征常数，可以作为定性分析的依据。

阳极溶出伏安法的灵敏度较高，它可以与氢火焰原子吸收分析方法媲美，现已广泛地应用于纯物质中微量杂质的测定。阳极溶出伏安法可测定 30 多种元素，目前经常可用于测定铋、镉、铜、铟、铊、铑、铅、锡、锌等十几种元素。

(三) 阴极溶出伏安法

阴极溶出伏安法与阳极溶出伏安法相反。待测物质在电解池中在较正的电位下，以形成难溶膜状物的形式富集于工作电极上，随后在向负电位方向连续改变电压的情况下，使难溶膜电解析出。

在测定时，首先将工作电极作阳极，经阳极氧化，电极本身溶解而产生金属离子，该金属离子与溶液中被测的微量阴离子生成难溶化合物薄膜，包在电极表面而富集：

$$nMe^{+} + A^{n-} \longrightarrow Me_nA$$

式中，Me 为制成电极的金属；A 为溶液中待测的阴离子。

当电极电位由正向负方向连续变化时，所生成的薄膜便被阴极溶出：

$$Me_nA \longrightarrow nMe^{+} + A^{n-}$$

$$Me^{+} + e^{-} \longrightarrow Me \qquad (5-32)$$

这时生成的 A^{n-}扩散到溶液中去，Me^{+}则被还原留在电极表面。相应于式(5-32)的极谱图是尖峰状的电流-电压曲线。根据峰值电流的大小可计算出待测物的含量。

这种方法适用于能与电极金属离子生成难溶化合物的阴离子、有机阴离子和有特殊官能团的化合物的测定。

5.4.3 CHI660 系列电化学分析仪/工作站

电化学工作站是电化学测量系统的简称，是电化学研究和教学常用的测量设备。将多种测量系统组成一台整机，内含快速数字信号发生器、高速数据采集系统、电位电流信号滤波器、多级信号增益、IR 降补偿电路以及恒电位仪、恒电流仪。可直接用于超微电极上的稳态电流测量。如果与微电流放大器及屏蔽箱连接，可测量 1pA 或更低的电流。如果与大电流放大器连接，电流范围可拓宽为±100A。某些实验方法的时间尺度的数量级可达 10 倍，动态范围极为宽广，一些工作站甚至没有时间记录的限制。可进行循环伏安法、交流阻抗法、交流伏安法、电流滴定、电位滴定等测量。工作站可以同时进行两电极、三电极及四电极的工作方式。四电极可用于液/液界面电化学测量，对于大电流或低阻抗电解池(例如电池)也十分重要，可消除由于电缆和接触电阻引起的测量误差。仪器还有外部信号输入通道，可在记录电化学信号的同时记录外部输入的电压信号，例如光谱信号，快速动力学反应信号等。这对光谱电化学、电化学动力学等实验极为方便。

(一) 仪器简介

CHI660 系列电化学分析仪/工作站集成了几乎所有常用的电化学测量技术，包括恒电位、恒电流、电位扫描、电流扫描、电位阶跃、电流阶跃、脉冲、方波、交流伏安法、流体力学调伏安法、库仑法、电位法以及交流阻抗等，可以进行各种电化学常数的测量。

(二) 仪器组成

CHI660 系列电化学分析仪/工作站主要由电化学工作站、微机、三电极系统三大部分组成，如图 5-27、图 5-28 所示。

(三) 仪器使用方法

(1) 打开仪器后部的开关。

(2) 将所需要检测的体系(一般为某物质的溶液)放置在烧杯或其他适合的容器中，将所需要采用的电极放置在溶液内。

(3) 电极一般采用三电极系统，分别为工作电极、辅助电极、参比电极，接线方式如下：绿色夹头接工作电极，红色夹头接对电极，白色夹头接参比电极。在使用两电极系统的情况下接线方式如下：绿色夹头接工作电极，红色和白色夹头接另一电极。

（4）双击电脑上的 CHI660E 软件打开软件界面。

（5）点击软件中的 Setup（设置）的菜单上找到 System（系统）的命令，选择正确的端口，在此为 com 5 端口。

（6）点击软件中的 Setup（设置）的菜单上找到 Hardware Test（硬件测试）选项，进行系统测试，大约一分钟后屏幕上会显示硬件测试的结果。

（7）测试完成后，可以选择所需要的电化学技术进行实验，实验结果点击保存按钮保存。

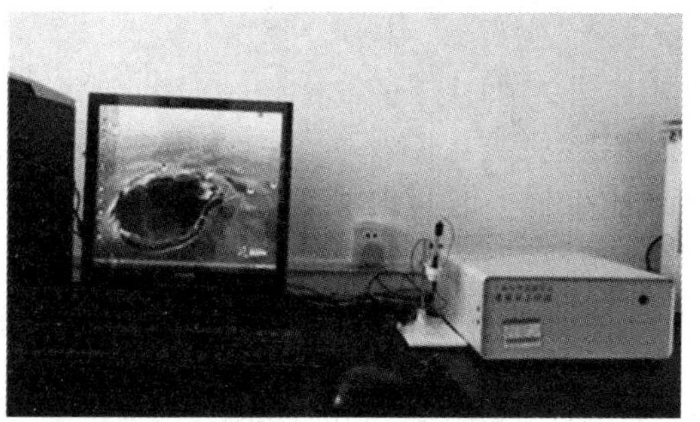

图 5-27　CHI660 系列电化学分析仪

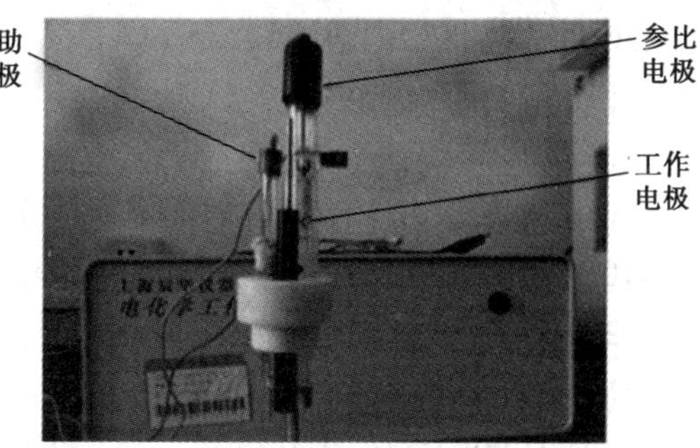

图 5-28　三电极系统

（四）仪器使用注意事项

（1）仪器最好接地，将要确保电源的三芯插头中的中间插头应接地良好，如果室内布线不规范（如以零代地），则必须将接线板中的地线插脚（三孔插座中的中间插脚）连接到最近的钢制水管上。

（2）开机时先开计算机再开启电化学仪主机电源，不可反复开关。

（3）准确连接工作/辅助/参比电极，然后再双击打开电化学工作软件。

（4）仪器的专用电缆中的工作电极夹与其余两个（辅助电极夹，参比电极夹）不能短接，也不要把电极连接线弄湿，而且平时仪器不用时，可以用模拟电解池来连接。

（5）检测过程中不应出现电流 Overflow 的现象，当软件显示电流过大的时候应及时停止实验，关闭仪器，检测电极系统之间是否有短路现象。

（6）严禁将溶液等放置在仪器上方，以防将溶液溅入仪器内部导致主板损毁。

（7）关机时按照关软件、关电脑、关电化学分析仪主机顺序进行。

5.5　实验技术

5.5.1　水样中镉的极谱分析

（一）实验目的

（1）学习极谱分析的相关知识；

（2）运用标准曲线法进行极谱分析。

（二）实验原理

极谱定量分析的基础是在一定条件下，扩散电流 i_d 与被测离子浓度 c 成正比，利用这一规律，通过直接比较法、标准曲线法或标准加入法即可对被测离子进行定量测定。

本实验采用标准曲线法测定镉含量，即先配制一系列不同浓度的 Cd^{2+} 标准溶液，在一定的实验条件下，分别测量其扩散电流(或波高)，绘制扩散电流-浓度的关系曲线(标准曲线)，然后在相同条件下，测量未知试液中 Cd^{2+} 的扩散电流，可从标准曲线上查得相应的 Cd^{2+} 含量。标准曲线法适合于大批量的同类试样的分析测定。

Cd^{2+}、Cu^{2+}、Zn^{2+} 等离子在氨性介质中都能生成氨络离子，可在滴汞电极上被还原，得到极谱波。

本实验以 $NH_3 \cdot H_2O-NH_4Cl$ 为支持电解质，消除迁移电流，以明胶作极大抑制剂，用 Na_2SO_3 除去溶液中的溶解氧。

(三) 仪器和试剂

1. 仪器

极谱仪、MCB-2B 型多功能电化学分析仪、悬汞电极、饱和甘汞电极、电解杯(或烧杯)10mL、容量瓶 25mL、吸量管 5mL 等。

2. 试剂

(1) 5.00×10^{-3} mol/L Cd^{2+} 标准溶液；

(2) 5.00×10^{-2} mol/L Cu^{2+}、Cd^{2+} 和 Zn^{2+} 的三种溶液；

(3) 1 mol/L $NH_3 \cdot H_2O$-1 mol/L NH_4Cl 溶液；

(4) 0.01%明胶；

(5) 无水 Na_2SO_3；

(6) 含 Cd^{2+} 的水样；

(7) N_2：纯度 99.99%。

(四) 操作步骤

(1) 打开电源开关，预热 20~30min。设置分析条件：选择方波极谱法；设置电压扫描范围：-0.5~-1.0V；间隔电压：5mV；方波周期：200ms；方波幅度：40mV。

(2) 标准曲线法测定水样中 Cd^{2+} 离子的含量；

① 于 5 只 25mL 容量瓶中：依次加入 5.00×10^{-3} mol/L Cd^{2+} 标准溶液 1.00mL、2.00mL、3.00mL、4.00mL 和 5.00mL，于另一只 25mL 容量瓶中加入含 Cd^{2+} 的水样 5.00mL，然后在上述 6 只容量瓶中各加入 $NH_3 \cdot H_2O-NH_4Cl$ 溶液 2.5mL，无水 Na_2SO_3 0.3g，明胶 10 滴，以蒸馏水稀释至刻度，摇匀。

② 从低浓度溶液开始，在仪器上依次测量标准溶液和未知水样的方波电流。每次更换溶液后都要重新旋出大小相等的新鲜汞滴进行测定。

③ 测定后的废液用专门的容器收集后集中处理，不得乱倒，做好实验的结束整理工作。

(五) 数据及处理

(1) 以测量出 Cd^{2+} 标准溶液的峰面积为纵坐标，其相应的浓度为横坐标，绘制标准曲线。

(2) 由待测试液的锋面积用标准曲线求出试样中 Cd^{2+} 含量。

(六) 思考题

(1) 半波电位在极谱分析中有何实用价值?

(2) 为什么在极谱定量分析中，要消除迁移电流？应采取何种措施减少或消除迁移电流?

5.5.2 微量钼的极谱催化波测定

(一) 目的要求

(1) 学习利用极谱催化波进行定量测定的基本原理;

(2) 学习催化波定量分析的实验方法。

(二) 基本原理

经典极谱法是通过测量扩散电流大小的方法来确定被测离子的含量，但是检测的灵敏度不够高，一般只能测定浓度在 10^{-5}mol/L 以上的组分。若将极谱还原过程与化学反应动力学结合起来，利用所产生的极谱催化波进行定量分析可以大大提高测定灵敏度，检测下限可达 $10^{-11}\sim10^{-9}$mol/L。

本实验是在 0.07 mol/L H_2SO_4，0.14mol/L $KClO_3$ 和 0.02mol/L 酒石酸钾钠 KNa-Tar (Tar 表示酒石酸)组成的底液中，通过极谱催化波测定微量钼。在一定电位下，发生下列电极反应:

$$Mo(V) - Tar + e^- = Mo(IV) - Tar$$

由于 $KClO_3$ 在酸性介质中为一强氧化剂，能将上述电极反应的还原产物 Mo(Ⅳ) - Tar 立即氧化:

$$6Mo(IV) - Tar + ClO_3^- + 6H^+ = 6Mo(V) - Tar + Cl^- + 3H_2O$$

产生的 Mo(V) - Tar 又可在滴汞电极上被还原，在电极表面附近形成电极反应→化学反应→电极反应的往复循环，使极谱电流大为增强，该极谱电流受化学反应速度所控制。而在实验的电位范围内，$KClO_3$ 不会发生电极反应。在这一循环过程中，钼的浓度在反应前后几乎未起变化，实际消耗的是 $KClO_3$，所以可把钼看作催化剂。由催化反应而增加的电流称为催化电流，在一定的催化剂浓度范围内，催化电流与催化剂浓度成正比，因此可作为定量分析的基础。催化电流的强度远比单纯的扩散电流强，故测定的灵敏度大为提高。

在无吸附现象时，极谱催化波的波形与经典极谱波相同，本实验中钼-酒石酸络阴离子吸附于汞电极表面，因而所得的极谱催化波呈对称峰形，通过测量峰高，即可测定钼的含量。

(三) 仪器和试剂

1. 仪器

MEC-2B 型多功能电化学分析仪；悬汞电极；饱和甘汞电极；电解杯(或烧杯) 10mL；容量瓶(250mL，100mL，25 mL)；吸量管(10mL，5mL)等。

2. 试剂

(1) Mo(Ⅵ)标准储备溶液：准确称取分析纯 $Na_2MoO_4 \cdot 2H_2O$ 0.252g，用水溶解并定容至 100mL，该溶液含 Mo(Ⅵ)1.00mg/mL;

(2) Mo(Ⅵ)标准工作溶液：将 Mo(Ⅵ)标准储备液先稀释成含 Mo(Ⅵ) 4.00μg/mL，再稀释为含 Mo(Ⅵ)0.200μg/mL(现配现用);

(3) 0.35 mol/L $KClO_3$ 溶液：准确称取分析纯 $KClO_3$ 10.723g 溶解于水，稀释定容至 250mL;

(4) 0.20 mol/L 酒石酸钾钠溶液：准确称取分析纯 $NaKC_2H_4O_6 \cdot 4H_2O$ 5.644g，溶解于水，稀释定容至 100mL;

(5) 0.7 mol/L H_2SO_4：量取分析纯浓 H_2SO_4(相对密度 1.84) 4.0mL，小心加入已盛有水的烧杯中，稀释后定容成 100mL；

(6) 含钼的未知试液：约含 Mo(Ⅵ) 10^{-6} mol/L；

(7) 纯 N_2：99.99%N_2。

(四) 实验步骤

(1) 打开仪器电源，预热。设置分析条件：选择方波极谱法；电压扫描范围：+0.1~-0.8V；间隔电压：5mV；方波周期：200ms；方波幅度：40mV。

(2) 于 7 只 25mL 容量瓶中，按表 5.1 所列体积(mL)加入各种溶液，然后定容至 25mL，溶液配制方法如表 5-1 所示。

表 5-1 系列溶液配制方法

试剂 \ 编号	1#	2#	3#	4#	5#	6#	7#
H_2SO_4	2.5	2.5	2.5	2.5	2.5	2.5	2.5
Na-Tar	2.5	2.5	2.5	2.5	2.5	0	2.5
$KClO_3$	10.0	10.0	10.0	10.0	10.0	10.0	0
Mo(Ⅵ) 0.200 μg/mL	1.00	2.00	5.00	7.50	10.00	5.00	
Mo(Ⅵ) 4.00μg/mL							5.00

(3) 依次将 1#~7#溶液倒入电解杯中，通入 N_2 气 5min 除氧，然后于+0.1~-0.8V 作电压扫描，记录极谱图。

(4) 于 25mL 容量瓶中，按上表 1#溶液的用量加入 H_2SO_4，KNa-Tar 和 $KClO_3$溶液，再加入含钼的未知试液 2.50mL，定容成 25mL 后，测绘极谱图。

(5) 做好实验的结束清理工作。

(五) 数据及处理

(1) 测量各极谱图催化电流的峰高，对于未加 KNa-Tar 的 6#溶液，测量其极谱图上峰顶距基线的高度 H。

(2) 以 1#~5#溶液所加入 Mo(Ⅵ)标准溶液的体积为横坐标，相应的峰高为纵坐标，作标准曲线。

(3) 测量未知试液极谱图的峰高，从标准曲线查得相应于 Mo(Ⅵ)标准工作溶液的体积，进而计算钼的含量，以每毫升原始试液含钼的微克数表示。

(六) 思考题

(1) 本实验中为什么要加入 $KClO_3$？酒石酸钾钠在本实验中起什么作用？

(2) 将 6#溶液与 3#溶液的极谱图相比较，可以得出什么结论？

(3) 将 7#溶液与 5#溶液的极谱图相比较，可以得出什么结论？

5.5.3 铁氰化钾在电极上的氧化还原

(一) 实验目的

(1) 学习循环伏安法测定电极反应参数的基本原理。

(2) 熟悉伏安法测定的实验技术。

(3) 学习固体电极表面的处理方法。

(二) 实验原理

循环伏安法(CV)是将循环变化的电压施加于工作电极和参比电极之间，记录工作电极上得到的电流与施加电压的关系曲线。

当工作电极被施加的扫描电压激发时，其上将产生响应电流，以电流对电位作图，称为循环伏安图。典型的循环伏安图如图 5-29 所示。

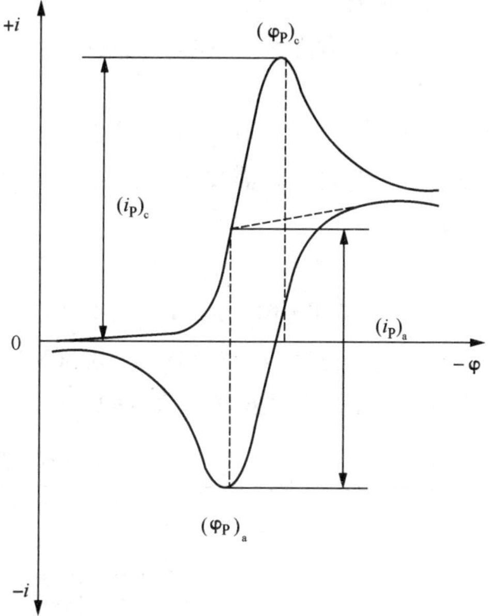

图 5-29　典型的循环伏安图

从循环伏安图中可得到几个重要的参数：阳极峰电流$(i_p)_a$、阳极峰$(E_p)_a$、阴极峰电流$(i_p)_c$、阴极峰电位$(E_p)_c$。

对可逆氧化还原电对的式量电位 $E^{\ominus}{}'$ 与$(E_p)_c$和$(E_p)_a$的关系为：

$$E^{\ominus}{}' = \frac{(E_p)_a - (E_p)_c}{2} \qquad (5-33)$$

而两峰之间的电位差值为：

$$\Delta E_p = (E_p)_a - (E_p)_c \approx \frac{0.059}{n} \qquad (5-34)$$

对铁氰化钾电对，其反应为单电子过程，ΔE_p是多少？从实验求出来与理论值比较。对可逆体系的正向峰电流，由 Randles-Savcik 方程可表示为：

$$i_p = 2.69 \times 105 n^{3/2} A D^{1/2} \nu^{1/2} c \qquad (5-35)$$

式中　i_p——峰电流，A；

n——电子转移数；

A——电极面积，cm^2；

D——扩散系数，cm^2/s；

ν——扫描速度，V / s；

c——浓度，mol/L。

根据上式，i_p与 $\nu^{1/2}$ 和 c 都是直线关系，对研究电极反应过程具有重要意义。在可逆电极反应过程中，

$$\frac{(i_p)_a}{(i_p)_c} \approx 1 \qquad (5-36)$$

对一个简单的电极反应过程，式(5-34)和式(5-36)是判别电极反应是否为可逆体系的重要依据。

(三) 仪器与试剂

1. 仪器

CHI660 电化学工作站；三电极系统：铂盘电极为工作电极，Ag/AgCl 电极(或饱和甘汞电极)为参比电极，铂电极为对极(铂丝、铂片、铂柱均可)。

2. 试剂

浓度分别为 1.0×10^{-3}mol/L、2.0×10^{-3}mol/L、4.0×10^{-3}mol/L、6.0×10^{-3}mol/L、8.0×10^{-3}mol/L、1.0×10^{-2}mol/L $K_3[Fe(CN)_6]$(铁氰化钾)溶液(含 0.2mol/L KCl)。

(四) 实验步骤

1. 选择仪器实验方法

电位扫描技术——循环伏安法。

2. 参数设置

初始电位：0.60V；开关电位 1：0.60V；开关电位 2：-0.20V；等待时间：3~5s；扫描速度：根据实验需要设定；循环次数：2~3 次；灵敏度选择：10μA；滤波参数：50Hz；放大倍数：1。

3. 操作步骤

(1) 以 1.0×10^{-3}mol/L $K_3[Fe(CN)_6]$溶液为实验溶液。分别设扫描速度为 0.02V/s，0.05V/s，0.10V/s，0.20V/s，0.30V/s，0.40V/s，0.50V/s 和 0.60V/s，记录扫描伏安图，并将实验结果及数据填入表 5-2。

表 5-2 线性扫描伏安法实验结果

扫描速度/(V/s)	0.02	0.05	0.10	0.20	0.30	0.40	0.50	0.60
峰电流(i_p)								
峰电位(E_p)								

(2) 固定扫描速度为 0.10V/s，扫描系列浓度的 $K_3[Fe(CN)_6]$(铁氰化钾)溶液(含 0.2mol/L KCl)，记录各个溶液的扫描伏安图。将实验结果填入表 5-3。

表 5-3 不同浓度溶液的峰电流

浓度/(mol/L)	1.0×10^{-3}	2.0×10^{-3}	4.0×10^{-3}	6.0×10^{-3}	8.0×10^{-3}	1.0×10^{-2}
峰电流(i_p)						

(3) 以 1.0×10^{-3}mol/L $K_3[Fe(CN)_6]$溶液为实验溶液，改变扫描速度，将实验结果填入表 5-4。

表 5-4 不同扫速下的峰电流之比和峰电位之差

扫描速度/(V/s)	0.02	0.05	0.10	0.20	0.30	0.40	0.50	0.60
峰电流之比($\|i_{Pc}/i_{Pa}\|$)								
峰电位之差(ΔE_p)								

(五) 数据处理

(1) 将表 5-2 中的峰电流对扫描速度 ν 的 1/2 次方作图($i_p-\nu^{1/2}$)得到一条直线，说明什么问题?

(2) 将表 5-3 中的峰电位对扫描速度作图($E_p-\nu$)，并根据曲线解释电极过程。

(3) 将表 5-3 中的峰电流对浓度作图(i_p-c)，将得到一条直线，试解释之。

(4) 表 5-4 中的峰电流之比值几乎不随扫描速度的变化而变化，并且接近于 1，为什么？

(5) 以表5-4中的峰电位之差值对扫描速度作图($\Delta E_p - v$)，从图上能说明什么问题？

(六) 思考题

(1) 解释溶液的循环伏安图的形状。

(2) 如何利用循环伏安法判断电极过程的可逆性。

- 模块一：极谱伏安分析法概述
  - ①极谱分析基本原理
  - ②扩散电流方程式(定量分析)
  - ③半波电位(定性分析)
  - ④干扰电流及消除方法
- 模块二：极谱定量分析方法及应用
  - ①极谱波高的测量方法
  - ②极谱定量分析方法
  - ③极谱分析法的应用
- 模块三：单扫描极谱法
  - ①单扫描极谱法基本原理
  - ②峰电流的性质
  - ③单扫描极谱法的特点
  - ④单扫描极谱法的应用
- 模块四：直流循环伏安法
  - ①直流循环伏安法基本原理
  - ②可逆循环伏安曲线
  - ③直流循环伏安法的应用
- 模块五：溶出伏安法
  - ①溶出伏安法基本原理
  - ②溶出伏安法的分析步骤(电解富集→溶出)
  - ③阳极溶出伏安法
  - ④阴极溶出伏安法

习题

一、简答题

1. 伏安和极谱分析时一种特殊情况下的电解形式，其特殊表现在哪些方面？
2. 极谱分析法采用的滴汞电极具有哪些特点？在极谱分析法中为什么常用三电极系统？
3. 何谓半波电位？它有何性质和用途？
4. 残余电流产生的原因是什么？它对极谱分析有什么影响？
5. 何谓极谱扩散电流方程式(也称尤考维奇方程式)？式中各符号的意义及单位是什么？
6. 影响极谱扩散电流的因素是什么？极谱干扰电流有哪些？如何消除？
7. 极谱的底液包括哪些物质？其作用是什么？
8. 直流极谱法有哪些局限性？应从哪些方面来克服这些局限性？

9. 试比较单扫描极谱法及循环伏安法的原理、特点和应用等方面的异同点。

10. 试述溶出伏安法的基本原理及分析过程，解释溶出伏安法灵敏度比较高的原因。

11. 单扫描极谱与普通极谱的曲线图形是否有差别？为什么？

12. 极谱分析用作定量分析的依据是什么？有哪几种定量方法？如何进行？

13. 在极谱分析中，为什么要加入大量的支持电解质？加入电解质后电解池的电阻降低，但电流不会增大，为什么？

二、填空题

1. 滴汞电极的滴汞面积很________，电解时电流密度很________，很容易发生________极化，是极谱分析的________。

2. 极谱极大可由在被测电解液中加入少量________物质予以抑制，加入________可消除迁移电流。

3. ________是残余电流的主要部分，这种电流是由于对滴汞电极和待测液的________形成的，所以也叫________。

4. 选择极谱底液应遵循的原则：________好；极限扩散电流与________物质浓度的________关系；干扰少等。

5. 单扫描极谱法施加的是________电压。循环伏安法施加的是________电压，其所用的工作电极是________的微电极(悬汞电极)。

6. 阳极溶出伏安法的优点是________，这主要是由于经过预先长时间的________，使在电极表面上被测量的________增大，从而提高了________。

7. 在经典极谱法中，极谱图上会出现异常电流峰，这个现象在极谱中称为________它是由于滴汞表面的________不均，致使表面运动导致电极表面溶液产生________使还原物质增多。此干扰电流可加入________消除。

8. 伏安和极谱分析法是根据测量特殊形式电解过程中的________曲线来进行分析的方法。特殊的电极表现为________和________，特殊的电解条件为________、________和________。

9. 在Ilkovic电流公式中，不受温度影响的参数是________。

10. 溶出伏安法的操作步骤，通常分为二步，第一步是________，目的是________，第二步是________。

三、计算题

1. 在0.1mol/L KCl底液中，5.00×10^{-3} mol/L Cd^{2+}的扩散电流为50.0μA，若汞在毛细管中的流速为18滴/min，10滴汞重3.82×10^{-2}g，求：

(1) Cd^{2+}在KCl溶液中的扩散系数；(2)若使用另一根毛细管，汞滴的滴落时间t为3.00s，10滴汞重为4.20×10^{-2}g，计算其扩散电流的i_d值。

2. 在1mol/L盐酸介质中用极谱法测定铅离子，若Pb^{2+}浓度为2.0×10^{-4}mol/L，滴汞流速为2.0mg/s，汞滴下时间为4.0s，求Pb^{2+}在此体系中所产生的极限扩散电流。(Pb^{2+}的扩散系数为$1.01\times10^{-5}cm^2/s$)

3. 已知Cd^{2+}在0.1mol/L硝酸钾和1mol/L氨水中扩散系数与在0.1mol/L硝酸钾中的扩散系数之比为1.1881，在前一介质中测得极谱波的$E_{1/2}$为-0.7841V，在后一介质中得$E_{1/2}$为-0.5577V，求$Cd(NH_3)_4^{2+}$配合物的离解常数。(实验温度25℃，氨的活度

系数为 1)

4. 某物质的循环伏安曲线表明，$E_{p,a}=0.555V$(对 SCE)，$E_{p,c}=0.495V$，计算：(1)该可逆电对的电子转移数；(2)形式电位 E^{θ}。

5. 某金属离子在滴汞电极上产生良好的极谱还原波。当汞柱高度为 64.7cm 时，测得平均极限扩散电流为 1.71μA，如果将汞柱高度升为 83.1cm，其平均极限扩散电流为多大？由此可知，在极谱分析中应注意什么？

6. 铅离子在 1.0mol/L HCl 介质中能产生一可逆的极谱还原波，在汞滴最大时，5.0×10^{-4}mol/L Pb^{2+}所产生的极限扩散电流为 3.96μA，已知滴汞电极的毛细管常数为 $2.21mg^{2/3}\cdot s^{-1/2}$。求铅离子在 1.0mol/L HCl 介质中的扩散系数。

7. 对于一个可逆电极反应，从其极谱波的有关数据中可计算得到其电极反应的电子转移数。如，从某金属离子还原的极谱波上，测得极限扩散电流为 42.2μA，半波电位为-0.781V，电极电位为-0.750V 处对应的扩散电流为 3.4μA。试求该金属离子的电极反应电子数。

8. Cu^{2+}在 1mol/L NH_3-NH_4Cl 介质中，主要以 $Cu(NH_3)_4^{2+}$配离子形式存在，该配离子在汞滴电极上分二步还原

$$Cu(NH_3)_4^{2+} + e^- = Cu(NH_3)_2^{+} + 2\ NH_3$$
$$Cu(NH_3)_2^{+} + e^- = Cu + 2\ NH_3$$

其半波电位分别为-0.24V 和-0.70V。在此介质中，于-0.70V 处测得不同浓度 Cu^{2+}的极限电流数据如下表所示：

$c_{Cu^{2+}}$/(mmol/L)	i_d/μA	$c_{Cu^{2+}}$/(mmol/L)	i_d/μA
0.00	2.0	1.50	21.5
0.50	8.5	2.00	28.0
1.00	15.0		

在相同实验条件下，测得某未知 Cu^{2+}溶液的极限电流为 7.49μA。试计算该未知液中的 Cu^{2+}的浓度。

9. 在 pH 值为 5 的乙酸盐缓冲溶液中，IO_3^- 还原为 I^-的可逆极谱波的半波电位为+0.785V，计算此电极反应的标准电极电位。

10. 某金属离子在 2mol/L HCl 介质中还原而产生极谱波。在 25℃时，测得其平均极限扩散电流为 4.25μA，测得不同电位时的平均扩散电流值如下表所示。

E/V(vs. SCE)	平均扩散电流/μA	E/V(vs. SCE)	平均扩散电流/μA
-0.432	0.56	-0.462	2.54
-0.443	1.03	-0.472	3.19
-0.455	1.90	-0.483	3.74

试求：(1)电极反应的电子转移数；(2)极谱波的半波电位；(3)电极反应的可逆性。

11. 采用标准加入法测定某试样中的锌，取试样 1.000g 溶解后加入 NH_3-NH_4Cl 底液，稀释至 50mL，取试样 10mL 测得极谱波高为 10.0μA，加入浓度为 1.000mg/mL Zn^{2+}标准液 0.5mL 后，测得波高为 20.0μA。计算锌的质量分数。

12. 1.00g 含铅的试样，溶解后配制在 100mL0.1mol/L HCl-1mol/L KCl-0.02%明胶溶液中，已知在此介质中 Pb^{2+}还原的扩散电流常数为 3.78。取此试样溶液 20.0mL 进行测定，得扩散电流 3.00μA。实验测得 10 滴汞滴下的时间为 40.0s，汞流速度为 2.00mg/s，求此试样中铅的质量分数。

13. 在 0.1mol/L KNO_3介质中，1.0×10^{-4} mol/L Cu^{2+}在纯介质中，以及与不同浓度的配合剂 X 所形成配合物的可逆极谱波的半波电位数据如下：

c_x/(mol/L)	$E_{1/2}$/V(*vs.* SCE)	c_x/(mol/L)	$E_{1/2}$/V(vs. SCE)
0.00	-0.586	1.00×10^{-2}	-0.778
1.00×10^{-3}	-0.719	3.00×10^{-2}	-0.808
3.00×10^{-3}	-0.743		

电极反应系二价铜离子还原为铜汞齐，求 Cu^{2+}与 X 形成配合物的化学式和稳定常数。

14. 用极谱法测定氯化锶溶液中的微量镉离子。取试液 5mL，加入 0.04%明胶 5mL，用水稀释至 50mL，倒出部分溶液于电解池中，通氮气 5~10min 后，于-0.9~-0.3V 电位间记录极谱图，得波高 50μA。另取试液 5mL，加入 0.5mg/mL 镉离子标准溶液 1.0mL，混合均匀。按上述测定步骤同样处理，记录极谱图波高为 90μA。

(1) 请解释操作手续中各步骤中的作用；

(2) 能否用还原铁粉、亚硫酸钠或通 CO_2代替通氮气？

(3) 计算试样中 Cd^{2+}的含量(以 g/L 表示)。

15. 在 1mol/L 的盐酸介质中，四氧化锇产生一极谱波，得到的扩散电流常数 I 为 9.59 (单位为：$\mu A \cdot s^{1/2} \cdot mg^{-2/3} \cdot mmol^{-1} \cdot L$)，其扩散系数 D 为 $9.8\times10^{-6}cm^2/s$，求电极反应电子数 n。

16. 某二价的金属离子，在 1.0mol/L 配合剂中，生成配位数为 1 的配合物。该配合物在滴汞电极上可逆还原，其半波电位为-0.980V，电极反应电子数为 2。已知该配合物的不稳定常数为 10^{-16}，试求金属离子还原为金属汞齐的可逆极谱波的半波电位。

17. 镉在 1mol/L 盐酸介质中能产生一可逆的两电子极谱还原波，5.0×10^{-4}mol/L Cd^{2+}所获得的扩散电流为 3.96μA，若滴汞电极汞流速度为 2.50mg/s，汞滴滴下时间为 3.02s，Cd^{2+}在 1mol/L 盐酸介质中的扩散系数为多少？

18. 用极谱法测定未知铅溶液。取 25.00mL 的未知试液，测得扩散电流为 1.86μA。然后在同样实验条件下，加入 2.12×10^{-3}mol/L 的铅标准溶液 5.00mL，测得其混合液的扩散电流为 5.27μA。试计算未知铅溶液的浓度。

19. 3.000g 锡矿试样以 Na_2O_2熔融后溶解之，将溶液转移至 250mL 容量瓶中，稀释至刻度。吸取稀释后的试液 25mL 进行极谱分析，测得扩散电流为 24.9μA。然后在此溶液中加入 5mL 浓度为 6.0×10^{-3} mol/L 的标准锡溶液，测得扩散电流为 28.3μA。计算矿样中锡的质量分数。($A_{r,Sn}$=118.7)

20. 用极谱法测定铟获得如下数据

溶　　液	在-0.70V 处观测到的电流/mA
25.0mL0.40 mol/L KCl 稀释到 100.0mL	8.7
25.0mL0.40 mol/L KCl 和 20.0mL 试样稀释到 100.0mL	49.1
25.0mL0.40 mol/L KCl 和 20.0mL 试样并加入 10.0 mL2.0×10^{-4} mol/L In(Ⅲ)稀释到 100.0mL	64.6

计算样品溶液中铟的含量(mg/L)。

附　录

附录一　标准电极电势表(298.16K)

1. 在酸性溶液中

电极反应	E/V	电极反应	E/V
$Ag^+ + e^- = Ag$	0.7996	$Bi_2O_4 + 4H^+ + 2e^- = 2BiO^+ + 2H_2O$	1.593
$Ag^{2+} + e^- = Ag^+$	1.980	$BiO^+ + 2H^+ + 3e^- = Bi + H_2O$	0.320
$AgAc + e^- = Ag + Ac^-$	0.643	$BiOCl + 2H^+ + 3e^- = Bi + Cl^- + H_2O$	0.1583
$AgBr + e^- = Ag + Br^-$	0.07133	$Br_2(aq) + 2e^- = 2Br^-$	1.0873
$Ag_2BrO_3 + e^- = 2Ag + BrO_3^-$	0.546	$Br_2(l) + 2e^- = 2Br^-$	1.066
$Ag_2C_2O_4 + 2e^- = 2Ag + C_2O_4^{2-}$	0.4647	$HBrO + H^+ + 2e^- = Br^- + H_2O$	1.331
$AgCl + e^- = Ag + Cl^-$	0.22233	$HBrO + H^+ + e^- = 1/2Br_2(aq) + H_2O$	1.574
$Ag_2CO_3 + 2e^- = 2Ag + CO_3^{2-}$	0.47	$HBrO + H^+ + e^- = 1/2Br_2(l) + H_2O$	1.596
$Ag_2CrO_4 + 2e^- = 2Ag + CrO_4^{2-}$	0.4470	$BrO_3^- + 6H^+ + 5e^- = 1/2Br_2 + 3H_2O$	1.482
$AgF + e^- = Ag + F^-$	0.779	$BrO_3^- + 6H^+ + 6e^- = Br^- + 3H_2O$	1.423
$AgI + e^- = Ag + I^-$	-0.152 24	$Cd^{2+} + 2e^- = Cd(Hg)$	-0.3521
$Ag_2S + 2H + 2e^- = 2Ag + H_2S$	-0.0366	$Ce^{3+} + 3e^- = Ce$	-2.483
$AgSCN + e^- = Ag + SCN^-$	0.08951	$Cl_2(g) + 2e^- = 2Cl^-$	1.35827
$Ag_2SO_4 + 2e^- = 2Ag + SO_4^{2-}$	0.654	$HClO + H^+ + e^- = 1/2Cl_2 + H_2O$	1.611
$Al^{3+} + 3e^- = Al$	-1.662	$HClO + H^+ + 2e^- = Cl^- + H_2O$	1.482
$AlF_6^{3-} + 3e^- = Al + 6F^-$	-2.069	$ClO_2 + H^+ + e^- = HClO_2$	1.277
$As_2O_3 + 6H^+ + 6e^- = 2As + 3H_2O$	0.234	$HClO_2 + 2H^+ + 2e^- = HClO + H_2O$	1.645
$HAsO_2 + 3H^+ + 3e^- = As + 2H_2O$	0.248	$HClO_2 + 3H^+ + 3e^- = 1/2Cl_2 + 2H_2O$	1.628
$H_3AsO_4 + 2H^+ + 2e^- = HAsO_2 + 2H_2O$	0.560	$HClO_2 + 3H^+ + 4e^- = Cl^- + 2H_2O$	1.570
$Au^+ + e^- = Au$	1.692	$ClO_3^- + 2H^+ + e^- = ClO_2 + H_2O$	1.152
$Au^{3+} + 3e^- = Au$	1.498	$ClO_3^- + 3H^+ + 2e^- = HClO_2 + H_2O$	1.214
$AuCl_4^- + 3e^- = Au + 4Cl^-$	1.002	$ClO_3^- + 6H^+ + 5e^- = 1/2Cl_2 + 3H_2O$	1.47
$Au^{3+} + 2e^- = Au^+$	1.401	$ClO_3^- + 6H^+ + 6e^- = Cl^- + 3H_2O$	1.451
$H_3BO_3 + 3H^+ + 3e^- = B + 3H_2O$	-0.8698	$ClO_4^- + 2H^+ + 2e^- = ClO_3^- + H_2O$	1.189
$Ba^{2+} + 2e^- = Ba$	-2.912	$ClO_4^- + 8H^+ + 7e^- = 1/2Cl_2 + 4H_2O$	1.39
$Ba^{2+} + 2e^- = Ba(Hg)$	-1.570	$ClO_4^- + 8H^+ + 8e^- = Cl^- + 4H_2O$	1.389
$Be^{2+} + 2e^- = Be$	-1.847	$Co^{2+} + 2e^- = Co$	-0.28
$BiCl_4^- + 3e^- = Bi + 4Cl^-$	0.16	$Co^{3+} + e^- = Co^{2+}(2mol/L\ H_2SO_4)$	1.83

续表

电极反应	E/V	电极反应	E/V
$CO_2+2H^++2e^-$ ══ HCOOH	-0.199	$In^{3+}+2e^-$ ══ In^+	-0.443
$Cr^{2+}+2e^-$ ══ Cr	-0.913	$In^{3+}+3e^-$ ══ In	-0.3382
$Cr^{3+}+e^-$ ══ Cr^{2+}	-0.407	$Ir^{3+}+3e^-$ ══ Ir	1.159
$Cr^{3+}+3e^-$ ══ Cr	-0.744	K^++e^- ══ K	-2.931
$Cr_2O_7^{2-}+14H^++6e^-$ ══ $2Cr^{3+}+7H_2O$	1.232	$La^{3+}+3e^-$ ══ La	-2.522
$HCrO_4^-+7H^++3e^-$ ══ $Cr^{3+}+4H_2O$	1.350	Li^++e^- ══ Li	-3.0401
Cu^++e^- ══ Cu	0.521	$Mg^{2+}+2e^-$ ══ Mg	-2.372
$Cu^{2+}+e^-$ ══ Cu^+	0.153	$Mn^{2+}+2e^-$ ══ Mn	-1.185
$Cu^{2+}+2e^-$ ══ Cu	0.3419	$Mn^{3+}+e^-$ ══ Mn^{2+}	1.5415
$CuCl+e^-$ ══ $Cu+Cl^-$	0.124	$MnO_2+4H^++2e^-$ ══ $Mn^{2+}+2H_2O$	1.224
$F_2+2H^++2e^-$ ══ 2HF	3.053	$MnO_4^-+e^-$ ══ MnO_4^{2-}	0.558
F_2+2e^- ══ $2F^-$	2.866	$MnO_4^-+4H^++3e^-$ ══ MnO_2+2H_2O	1.679
$Fe^{2+}+2e^-$ ══ Fe	-0.447	$MnO_4^-+8H^++5e^-$ ══ $Mn^{2+}+4H_2O$	1.507
$Fe^{3+}+3e^-$ ══ Fe	-0.037	$MO^{3+}+3e^-$ ══ MO	-0.200
$Fe^{3+}+e^-$ ══ Fe^{2+}	0.771	$N_2+2H_2O+6H^++6e^-$ ══ $2NH_4OH$	0.092
$[Fe(CN)_6]^{3-}+e^-$ ══ $[Fe(CN)_6]^{4-}$	0.358	$3N_2+2H^++2e^-$ ══ $2NH_3(aq)$	-3.09
$FeO_4^{2-}+8H^++3e^-$ ══ $Fe^{3+}+4H_2O$	2.20	$N_2O+2H^++2e^-$ ══ N_2+H_2O	1.766
$Ga^{3+}+3e^-$ = Ga	-0.560	$N_2O_4+2e^-$ ══ $2NO_2^-$	0.867
$Ca^{2+}+2e^-$ ══ Ca	-2.868	$N_2O_4+2H^++2e^-$ ══ $2HNO_2$	1.065
$Cd^{2+}+2e^-$ ══ Cd	-0.4030	$N_2O_4+4H^++4e^-$ ══ $2NO+2H_2O$	1.035
$CdSO_4+2e^-$ ══ $Cd+SO_4^{2-}$	-0.246	$2NO+2H^++2e^-$ ══ N_2O+H_2O	1.591
$H_2O_2+2H^++2e^-$ ══ $2H_2O$	1.776	$HNO_2+H^++e^-$ ══ $NO+H_2O$	0.983
$Hg^{2+}+2e^-$ ══ Hg	0.851	$2HNO_2+4H^++4e^-$ ══ N_2O+3H_2O	1.297
$2Hg^{2+}+2e^-$ ══ Hg_2^{2+}	0.920	$NO_3^-+3H^++2e^-$ ══ HNO_2+H_2O	0.934
$Hg_2^{2+}+2e^-$ ══ 2Hg	0.7973	$NO_3^-+4H^++3e^-$ ══ $NO+2H_2O$	0.957
$Hg_2Br_2+2e^-$ ══ $2Hg+2Br^-$	0.13923	$2NO_3^-+4H^++2e^-$ ══ $N_2O_4+2H_2O$	0.803
$Hg_2Cl_2+2e^-$ ══ $2Hg+2Cl^-$	0.26808	Na^++e^- ══ Na	-2.71
$Hg_2I_2+2e^-$ ══ $2Hg+2I^-$	-0.0405	$Nb^{3+}+3e^-$ ══ Nb	-1.1
$Hg_2SO_4+2e^-$ ══ $2Hg+SO_4^{2-}$	0.6125	$2H^++2e^-$ ══ H_2	0.00000
I_2+2e^- ══ $2I^-$	0.5355	$H_2(g)+2e^-$ ══ $2H^-$	-2.23
$I_3^-+2e^-$ ══ $3I^-$	0.536	$HO_2+H^++e^-$ ══ H_2O_2	1.495
$H_5IO_6+H^++2e^-$ ══ $IO_3^-+3H_2O$	1.601	$O_2+4H^++4e^-$ ══ $2H_2O$	1.229
$2HIO+2H^++2e^-$ ══ I_2+2H_2O	1.439	$O(g)+2H^++2e^-$ ══ H_2O	2.421
$HIO+H^++2e^-$ ══ I^-+H_2O	0.987	$O_3+2H^++2e^-$ ══ O_2+H_2O	2.076
$2IO_3^-+12H^++10e^-$ ══ I_2+6H_2O	1.195	$P(red)+3H^++3e^-$ ══ $PH_3(g)$	-0.111
$IO_3^-+6H^++6e^-$ ══ I^-+3H_2O	1.085	$P(white)+3H^++3e^-$ ══ $PH_3(g)$	-0.063

续表

电极反应	E/V	电极反应	E/V
$H_3PO_2+H^++e^-$ ══ $P+2H_2O$	-0.508	$SiF_6^{2-}+4e^-$ ══ $Si+6F^-$	-1.24
$H_3PO_3+2H^++2e^-$ ══ $H_3PO_2+H_2O$	-0.499	(quartz) $SiO_2+4H^++4e^-$ ══ $Si+2H_2O$	0.857
$H_3PO_3+3H^++3e^-$ ══ $P+3H_2O$	-0.454	$Sn^{2+}+2e^-$ ══ Sn	-0.1375
$H_3PO_4+2H^++2e^-$ ══ $H_3PO_3+H_2O$	-0.276	$Sn^{4+}+2e^-$ ══ Sn^{2+}	0.151
$Pb^{2+}+2e^-$ ══ Pb	-0.1262	Sr^++e^- ══ Sr	-4.10
$PbBr_2+2e^-$ ══ $Pb+2Br^-$	-0.284	$Ni^{2+}+2e^-$ ══ Ni	-0.257
$PbCl_2+2e^-$ ══ $Pb+2Cl^-$	-0.2675	$NiO_2+4H^++2e^-$ ══ $Ni^{2+}+2H_2O$	1.678
PbF_2+2e^- ══ $Pb+2F^-$	-0.3444	$O_2+2H^++2e^-$ ══ H_2O_2	0.695
PbI_2+2e^- ══ $Pb+2I^-$	-0.365	$Te^{4+}+4e^-$ ══ Te	0.568
$PbO_2+4H^++2e^-$ ══ $Pb^{2+}+2H_2O$	1.455	$TeO_2+4H^++4e^-$ ══ $Te+2H_2O$	0.593
$PbO_2+SO_4^{2-}+4H^++2e^-$ ══ $PbSO_4+2H_2O$	1.6913	$TeO_4^-+8H^++7e^-$ ══ $Te+4H_2O$	0.472
$PbSO_4+2e^-$ ══ $Pb+SO_4^{2-}$	-0.3588	$H_6TeO_6+2H^++2e^-$ ══ TeO_2+4H_2O	1.02
$Pd^{2+}+2e^-$ ══ Pd	0.951	$Th^{4+}+4e^-$ ══ Th	-1.899
$PdCl_4^{2-}+2e^-$ ══ $Pd+4Cl^-$	0.591	$Ti^{2+}+2e^-$ ══ Ti	-1.630
$Pt^{2+}+2e^-$ ══ Pt	1.118	$Ti^{3+}+e^-$ ══ Ti^{2+}	-0.368
Rb^++e^- ══ Rb	-2.98	$TiO^{2+}+2H^++e^-$ ══ $Ti^{3+}+H_2O$	0.099
$Re^{3+}+3e^-$ ══ Re	0.300	$TiO_2+4H^++2e^-$ ══ $Ti^{2+}+2H_2O$	-0.502
$S+2H^++2e^-$ ══ $H_2S(aq)$	0.142	Tl^++e^- ══ Tl	-0.336
$S_2O_6^{2-}+4H^++2e^-$ ══ $2H_2SO_3$	0.564	$V^{2+}+2e^-$ ══ V	-1.175
$S_2O_8^{2-}+2e^-$ ══ $2SO_4^{2-}$	2.010	$Sr^{2+}+2e^-$ ══ Sr	-2.89
$S_2O_8^{2-}+2H^++2e^-$ ══ $2HSO_4^-$	2.123	$Sr^{2+}+2e^-$ ══ $Sr(Hg)$	-1.793
$2H_2SO_3+H^++2e^-$ ══ $H_2SO_4^-+2H_2O$	-0.056	$Te+2H^++2e^-$ ══ H_2Te	-0.793
$H_2SO_3+4H^++4e^-$ ══ $S+3H_2O$	0.449	$V^{3+}+e^-$ ══ V^{2+}	-0.255
$SO_4^{2-}+4H^++2e^-$ ══ $H_2SO_3+H_2O$	0.172	$VO^{2+}+2H^++e^-$ ══ $V^{3+}+H_2O$	0.337
$2SO_4^{2-}+4H^++2e^-$ ══ $S_2O_6^{2-}+2H_2O$	-0.22	$VO_2^++2H^++e^-$ ══ $VO^{2+}+H_2O$	0.991
$Sb+3H^++3e^-$ ══ $2SbH_3$	-0.510	$V(OH)_4^++2H^++e^-$ ══ $VO^{2+}+3H_2O$	1.00
$Sb_2O_3+6H^++6e^-$ ══ $2Sb+3H_2O$	0.152	$V(OH)_4^++4H^++5e^-$ ══ $V+4H_2O$	-0.254
$Sb_2O_5+6H^++4e^-$ ══ $2SbO^++3H_2O$	0.581	$W_2O_5+2H^++2e^-=2WO_2+H_2O$	-0.031
$SbO^++2H^++3e^-$ ══ $Sb+H_2O$	0.212	$WO_2+4H^++4e^-=W+2H_2O$	-0.119
$Sc^{3+}+3e^-$ ══ Sc	-2.077	$WO_3+6H^++6e^-=W+3H_2O$	-0.090
$Se+2H^++2e^-$ ══ $H_2Se(aq)$	-0.399	$2WO_3+2H^++2e^-=W_2O_5+H_2O$	-0.029
$H_2SeO_3+4H^++4e^-$ ══ $Se+3H_2O$	0.74	$Y^{3+}+3e^-=Y$	-2.37
$SeO_4^{2-}+4H^++2e^-$ ══ $H_2SeO_3+H_2O$	1.151	$Zn^{2+}+2e^-$ ══ Zn	-0.7618

2. 在碱性溶液中

电极反应	E/V	电极反应	E/V
$AgCN+e^- = Ag+CN^-$	-0.017	$H_3IO_3^{2-}+2e^- = IO_3^-+3OH^-$	0.7
$[Ag(CN)_2]^-+e^- = Ag+2CN^-$	-0.31	$IO^-+H_2O+2e^- = I^-+2OH^-$	0.485
$Ag_2O+H_2O+2e^- = 2Ag+2OH^-$	0.342	$IO_3^-+2H_2O+4e^- = IO^-+4OH^-$	0.15
$2AgO+H_2O+2e^- = Ag_2O+2OH^-$	0.607	$IO_3^-+3H_2O+6e^- = I^-+6OH^-$	0.26
$Ag_2S+2e^- = 2Ag+S^{2-}$	-0.691	$Ir_2O_3+3H_2O+6e^- = 2Ir+6OH^-$	0.098
$H_2AlO_3^-+H_2O+3e^- = Al+4OH^-$	-2.33	$La(OH)_3+3e^- = La+3OH^-$	-2.90
$AsO_2^-+2H_2O+3e^- = As+4OH^-$	-0.68	$Mg(OH)_2+2e^- = Mg+2OH^-$	-2.690
$AsO_4^{3-}+2H_2O+2e^- = AsO_2^-+4OH^-$	-0.71	$MnO_4^-+2H_2O+3e^- = MnO_2+4OH^-$	0.595
$H_2BO_3^-+5H_2O+8e^- = BH_4^-+8OH^-$	-1.24	$MnO_4^{2-}+2H_2O+2e^- = MnO_2+4OH^-$	0.60
$H_2BO_3^-+H_2O+3e^- = B+4OH^-$	-1.79	$Mn(OH)_2+2e^- = Mn+2OH^-$	-1.56
$Ba(OH)_2+2e^- = Ba+2OH^-$	-2.99	$Mn(OH)_3+e^- = Mn(OH)_2+OH^-$	0.15
$Be_2O_3^{2-}+3H_2O+4e^- = 2Be+6OH^-$	-2.63	$2NO+H_2O+2e^- = N_2O+2OH^-$	0.76
$Bi_2O_3+3H_2O+6e^- = 2Bi+6OH^-$	-0.46	$NO+H_2O+e^- = NO+2OH^-$	-0.46
$BrO^-+H_2O+2e^- = Br^-+2OH^-$	0.761	$2NO_2^-+2H_2O+4e^- = N_2^{2-}+4OH^-$	-0.18
$BrO_3^-+3H_2O+6e^- = Br^-+6OH^-$	0.61	$2NO_2^-+3H_2O+4e^- = N_2O+6OH^-$	0.15
$Ca(OH)_2+2e^- = Ca+2OH^-$	-3.02	$NO_3^-+H_2O+2e^- = NO_2^-+2OH^-$	0.01
$Ca(OH)_2+2e^- = Ca(Hg)+2OH^-$	-0.809	$2NO_3^-+2H_2O+2e^- = N_2O_4+4OH^-$	-0.85
$ClO^-+H_2O+2e^- = Cl^-+2OH^-$	0.81	$Ni(OH)_2+2e^- = Ni+2OH^-$	-0.72
$ClO_2^-+H_2O+2e^- = ClO^-+2OH^-$	0.66	$NiO_2+2H_2O+2e^- = Ni(OH)_2+2OH^-$	-0.490
$ClO_2^-+2H_2O+4e^- = Cl^-+4OH^-$	0.76	$O_2+H_2O+2e^- = HO_2^-+OH^-$	-0.076
$ClO_3^-+H_2O+2e^- = ClO_2^-+2OH^-$	0.33	$Cr(OH)_3+3e^- = Cr+3OH^-$	-1.48
$ClO_3^-+3H_2O+6e^- = Cl^-+6OH^-$	0.62	$Cu^2+2CN^-+e^- = [Cu(CN)_2]^-$	1.103
$ClO_4^-+H_2O+2e^- = ClO_3^-+2OH^-$	0.36	$[Cu(CN)_2]^-+e^- = Cu+2CN^-$	-0.429
$[Co(NH_3)_6]^{3+}+e^- = [Co(NH_3)_6]^{2+}$	0.108	$Cu_2O+H_2O+2e^- = 2Cu+2OH^-$	-0.360
$Co(OH)_2+2e^- = Co+2OH^-$	-0.73	$P+3H_2O+3e^- = PH_3(g)+3OH^-$	-0.87
$Co(OH)_3+e^- = Co(OH)_2+OH^-$	0.17	$H_2PO_2^-+e^- = P+2OH^-$	-1.82
$CrO_2^-+2H_2O+3e^- = Cr+4OH^-$	-1.2	$HPO_3^{2-}+2H_2O+2e^- = H_2PO_2^-+3OH^-$	-1.65
$CrO_4^{2-}+4H_2O+3e^- = Cr(OH)_3+5OH^-$	-0.13	$HPO_3^{2-}+2H_2O+3e^- = P+5OH^-$	-1.71
$Cu(OH)_2+2e^- = Cu+2OH^-$	-0.222	$PO_4^{3-}+2H_2O+2e^- = HPO_3^{2-}+3OH^-$	-1.05
$2Cu(OH)_2+2e^- = Cu_2O+2OH^-+H_2O$	-0.080	$PbO+H_2O+2e^- = Pb+2OH^-$	-0.580
$[Fe(CN)_6]^{3-}+e^- = [Fe(CN)_6]^{4-}$	0.358	$HPbO_2^-+H_2O+2e^- = Pb+3OH^-$	-0.537
$Fe(OH)_3+e^- = Fe(OH)_2+OH^-$	-0.56	$PbO_2+H_2O+2e^- = PbO+2OH^-$	0.247
$H_2GaO_3^-+H_2O+3e^- = Ga+4OH^-$	-1.219	$Pd(OH)_2+2e^- = Pd+2OH^-$	0.07
$2H_2O+2e^- = H_2+2OH^-$	-0.8277	$Pt(OH)_2+2e^- = Pt+2OH^-$	0.14
$Hg_2O+H_2O+2e^- = 2Hg+2OH^-$	0.123	$ReO_4^-+4H_2O+7e^- = Re+8OH^-$	-0.584
$HgO+H_2O+2e^- = Hg+2OH^-$	0.0977	$S+2e^- = S^{2-}$	-0.47627

续表

电极反应	E/V	电极反应	E/V
$S+H_2O+2e^-=HS^-+OH^-$	-0.478	$SeO_3^{2-}+3H_2O+4e^-=Se+6OH^-$	-0.366
$2S+2e^-=S_2^{2-}$	-0.42836	$SeO_4^{2-}+H_2O+2e^-=SeO_3^{2-}+2OH^-$	0.05
$S_4O_6^{2-}+2e^-=2S_2O_3^{2-}$	0.08	$SiO_3^{2-}+3H_2O+4e^-=Si+6OH^-$	-1.697
$2SO_3^{2-}+2H_2O+2e^-=S_2O_4^{2-}+4OH^-$	-1.12	$HSnO_2^-+H_2O+2e^-=Sn+3OH^-$	-0.909
$O_2+2H_2O+2e^-=H_2O_2+2OH^-$	-0.146	$Sn(OH)_3^{2-}+2e^-=HSnO_2^-+3OH^-+H_2O$	-0.93
$O_2+2H_2O+4e^-=4OH^-$	0.401	$Sr(OH)+2e^-=Sr+2OH^-$	-2.88
$O_3+H_2O+2e^-=O_2+2OH^-$	1.24	$Te+2e^-=Te^{2-}$	-1.143
$HO_2^-+H_2O+2e^-=3OH^-$	0.878	$TeO_3^{2-}+3H_2O+4e^-=Te+6OH^-$	-0.57
$2SO_3^{2-}+3H_2O+4e^-=S_2O_3^{2-}+6OH^-$	-0.571	$Th(OH)_4+4e^-=Th+4OH^-$	-2.48
$SO_4^{2-}+H_2O+2e^-=SO_3^{2-}+2OH^-$	-0.93	$Tl_2O_3+3H_2O+3e^-=2Tl^++6OH^-$	0.02
$SbO_2^-+2H_2O+3e^-=Sb+4OH^-$	-0.66	$ZnO_2^{2-}+2H_2O+2e^-=Zn+4OH^-$	-1.215
$SbO_3^-+H_2O+2e^-=SbO_2^-+2OH^-$	-0.59		

附录二　常用电化学分析仪器操作技能鉴定表示例

酸度计的使用——直接电位法测定水样的 pH 值(适用于大多数型号酸度计的操作)

操作人：________ 班级：________ 学号：________

项　　目	要求	记录	分值	得分	备注
标准缓冲溶液的准备(3 分)	塑料瓶储存/未用塑料瓶储存		3		
烧杯的洗涤(2 分)	规范/不规范		2		
电极预处理和安装(5 分)	正确/错误		5		
酸度计预热(3 分)	进行/未进行		3		
酸度计测量模式选择(2 分)	正确/不正确		2		
试液 pH 值的初测(5 分)	正确/不正确		5		
标准缓冲溶液的选择(5 分)	正确/不正确		5		
酸度计校正(12 分)	正确、规范/不正确、不规范		12		
原始记录(15 分)	完整、及时		5		
	清晰、规范		5		
	真实、无涂改		5		
数据处理(8 分)	计算正确		3		
	有效数字修约及保留		5		
平行测定偏差(15 分)	<1%		15		
	≥1%、<2%		12		
	≥2%、<3%		9		
	≥3%、<5%		5		
	≥5%		0		
测量准确度(10 分)	pH±0. 01		10		
	pH±0. 02		5		
	pH±0. 03		0		
实验结果(5 分)	完整、明确		5		缺结果扣 10 分
实验习惯(5 分)	文明、台面整洁		5		损坏仪器不得分
实操时间(5 分)	开始时间		5		每超 3min 扣 1 分，超 10min 扣 5 分
	结束时间				
	分析时间				
总分					

考评员：________ 日期：________

附录三 几种离子在常用支持电解质中的波峰电位

离子	支持电解质	还原波 E_p	氧化波 E_p	备 注
Tl^+	1N HCl	-0.53V	-0.48V	不灵敏
	1N KCl	-0.53V	-0.47V	很灵敏
	1N NH_4Cl/NH_4OH	-0.53V	-0.47V	
	1N H_2SO_4	-0.50V	-0.46V	
	1N NaOH	-0.52V	-0.45V	
	1N HAc/NaAc	-0.50V	-0.44V	
Cd^{2+}	1N HCl	-0.67V	-0.64V	很灵敏
	1N KCl	-0.66V	-0.62V	很灵敏
	1N NH_4Cl/NH_4OH	-0.84V	-0.82V	很灵敏
	1N H_2SO_4	-0.60V	-0.57V	很灵敏
	1N HAc/NaAc	-0.64V	-0.62V	很灵敏
	3.6N KBr-0.6NHCl	-0.76V	-0.74V	很灵敏
Cu^{2+}	1N HCl	-0.23V	-0.16V	不灵敏
	1N KCl	-0.24V	-0.17V	不灵敏
	1N NH_4Cl/NH_4OH	-0.56V	-0.48V	有极大，可加动物胶抑制
	1N H_2SO_4	-0.01V	+0.03V	不灵敏
Pb^{2+}	1N HCl	-0.45V	-0.42V	很灵敏
	1N KCl	-0.45V	-0.42V	很灵敏
	1N NH_4Cl/NH_4OH	-0.54V	-0.52V	有极大，可加动物胶抑制
	1N H_2SO_4	-0.41V	-0.38V	
	1N NaOH	-0.77V	-0.73V	有极大，可加动物胶抑制
	1N HAc/NaAc	-0.50V	-0.46V	很灵敏
	3.6N KBr-0.6N HCl	-0.57V	-0.55V	很灵敏
Ni^{2+}	1N KCl	-1.17V	-1.05V	不灵敏，氧化峰极钝
	1N NH_4Cl/NH_4OH	-1.12V	-1.42V	有极大，可加动物胶抑制
	1N H_2SO_4	无峰	无峰	与 H^+ 峰相邻，导数波可分辨
Sn^{2+}	1N HCl	-0.50V	-0.46V	很灵敏
	1N KCl	-0.38V	-0.35V	很灵敏
	1N H_2SO_4	-0.46V	-0.43V	不灵敏
	3.6NKBr-0.6N HCl	-0.52V	-0.51V	很灵敏
Zn^{2+}	1N HCl	-1.08V	-1.01V	氧化峰较还原峰波形尖锐
	1N KCl	-1.07V	-0.99V	氧化峰的波形和灵敏度均较还原峰好
	1N NH_4Cl/NH_4OH	-1.39V	-1.30V	有极大，可加动物胶抑制
	1N H_2SO_4	-1.10V	-1.00V	不灵敏
	1N NaOH	-1.55V	无峰	
	1N HAc/NaAc	-1.08V	-1.00V	

续表

离子	支持电解质	还原波 E_p	氧化波 E_p	备　注
In^{3+}	1N HCl	-0.61V	-0.59V	很灵敏
	1N KCl	-0.61V	-0.59V	不灵敏
	1N NH_4Cl/NH_4OH	-0.96V	-0.79V	有极大，加少量动物胶可抑制
	1N H_2SO_4	-0.53V	-0.51V	灵敏度低，氧化峰的波形很好，还原峰的波形极钝有轻微极大，可加动物胶抑制
	1N NaOH	-1.14V	-1.03V	很灵敏
	1N HAc/NaAc	-0.68V	-0.66V	
	3.6NKBr-0.6N HCl	-0.62V	-0.60V	
Sb^{3+}	1N HCl	-0.15V	-0.13V	很灵敏
	1N KCl	-0.17V	-0.15V	氧化峰的波形极好
	1N NH_4Cl/NH_4OH	-0.85V	-0.79V	氧化峰的波形不好
	1N NaOH	-1.27V	-1.14V	
	1N HAc/NaAc	-0.62V	-0.52V	不灵敏
Bi^{3+}	1N HCl	-0.10V	-0.08V	很灵敏
	1N KCl	-0.11V	-0.09V	
	1N NH_4Cl/NH_4OH	-0.62V	-0.45V	
	1N NaOH	-0.74V	-0.46V	很灵敏
	1N HAc/NaAc	-0.69V	-0.65V	微量氧的存在，严重影响波峰

注：(1) 相对于饱和甘汞电极；

(2) 表中 1N=1mol/L。

附录四　常用电化学分析术语汉英对照

电化学分析：electrochemical analysis
电解法：electrolytic analysis method
电重量法：electrogravimetry
库仑法：coulometry
库仑滴定法：coulometric titration
电导法：conductometry
电导分析法：conductometric analysis
电导滴定法：conductometric titration
电位法：potentiometry
直接电位法：dirext potentiometry
电位滴定法：potentiometric titration
伏安法：voltammetry
极谱法：polarography
溶出法：stripping method
电流滴定法：amperometric titration
化学双电层：chemical double layer
相界电位：phase boundary potential
金属电极电位：electrode potential
化学电池：chemical cell
液接界面：liquid junction boundary
原电池：galvanic cell
电解池：electrolytic cell
负极：cathrode
正极：anode
电池电动势：eletromotive force
指示电极：indicator electrode
参比电极：reference electroade
标准氢电极：standard hydrogen electrode
一级参比电极：primary reference electrode
饱和甘汞电极：standard calomel electrode
银-氯化银电极：silver silver-chloride electrode
液接界面：liquid junction boundary
不对称电位：asymmetry potential
表观 pH 值：apparent pH
复合 pH 电极：combination pH electrode
离子选择电极：ion selective electrode
敏感器：sensor
晶体电极：crystalline electrodes
均相膜电极：homogeneous membrance electrodes
非均相膜电极：heterog eneous membrance electrodes
非晶体电极：non- crystalline electrodes
刚性基质电极：rigid matrix electrode
流流体载动电极：electrode with a mobile carrier
气敏电极：gas sensing electrodes
酶电极：enzyme electrodes
金属氧化物半导体场效应晶体管：MOSFET
离子选择场效应管：ISFET
总离子强度调节缓冲剂：Total Ion Strength Adjustment Buffer，TISAB
永停滴定法：dead-stop titration
双电流滴定法(双安培滴定法)：double amperometric titration
流动注射分析法：Flow Injection Analysis，FIA
顺序注射分析法：Sequentical Injection Analysis，SIA

附录五 常用仪器分析术语及含义

（注：以下术语按首字母排序）

保留时间 retention time

保留时间指的是被分离样品组分从进样开始到柱后出现该组分浓度极大值时的时间，也既从进样开始到出现某组分色谱峰的顶点时为止所经历的时间，称为此组分的保留时间，用 t_R 表示，常以分(min)为时间单位。保留时间是由色谱过程中的热力学因素所决定，在一定的色谱操作条件下，任何一种物质都有一确定的保留时间，可作为定性的依据。

程序升温气相色谱法 programmed temperature（gas）chromatography

在气相色谱分析中，色谱柱温度对分离效能有重要影响，当样品中所含组分沸程较宽时，应采用程序升温色谱法。所谓程序升温色谱法，是指色谱柱的温度按照组分沸程设置的程序连续地随时间线性或非线性逐渐升高，使柱温与组分的沸点相互对应，以使低沸点组分和高沸点组分在色谱柱中都有适宜的保留、色谱峰分布均匀且峰形对称。各组分的保留值可以色谱峰最高处的相应温度即保留温度表示。

单色器 monochrometer

将光源发出的光分离成所需要的单色光的器件称为单色器。单色器由入射狭缝、准直镜、色散元件、物镜和出射狭缝构成。其中色散元件是关键部件，作用是将复合光分解成单色光。入射狭缝用于限制杂散光进入单色器，准直镜将入射光束变为平行光束后进入色散元件。物镜将出自色散元件的平行光聚焦于出口狭缝。出射狭缝用于限制通带宽度。

电感耦合等离子体质谱仪 Inductively Coupled Plasma mass spectrometer(ICP-MS)

电感耦合等离子体质谱仪是一种多元素微量分析和同位素分析仪器。用电感耦合等离子体(ICP)作为离子源，元素在 ICP 中离子化，所产生的离子被引入质谱计进行分析。这种仪器灵敏度很高，是目前进行无机元素分析的最有力工具之一。

顶空气相色谱法 headspace gas chromatography，GC-HS

顶空气相色谱法也称液上气相色谱分析，是一种对液体或固体样品中所含挥发性成分进行气相色谱分析的间接测定方法。将被分析样品放在一个密闭容器中(通常为可密封的小玻璃瓶)，在一恒定的温度下达到热力学平衡，以样品容器上部空间的蒸气作为样品进行色谱分析。当样品瓶中当液上的蒸气压相当低时，色谱峰面积 A_i 的大小与样品中挥发性组分的蒸气压 PI 成正比，$A_i = C_i PI$，式中 c_i 是校正因子。在真实体系中，蒸气分压可表示为 $P_i = P_{0l} \chi_i \gamma_i$，$P_{oi}$为组分 i 的饱和蒸气压，χ_i 是组分 i 的摩尔分数，γ_i 是组分 i 的活度系数。

分光光度法 spectrophotometry

分光光度法又称吸收光度法(absorption spectrophotometry)。是利用物质本身对光的吸收特性或借助加入显色剂使被测物质显色，根据其对不同波长单色光的吸收程度而对物质进行定量分析的一类分析方法。可用于物质的定性鉴定；由某物质在一定波长处测得的吸光度与其浓度作图得到的工作曲线可用于该物质的定量分析。由于分光光度法灵敏较高，选择性较好，设备简单，在各行各业中都得到广泛应用。

分光光度滴定 photometric titration

分光光度滴定是将滴定操作与吸光度测量相结合的一种分析方法。将一定量的标准溶液滴定到待测溶液中，同时测定待测溶液体系在适当波长处的吸光度，通过吸光度对滴定剂用量作图(称光度滴定曲线)来确定反应终点的方法。它不仅能应用于配位、酸碱、氧化还原反应，有时还能用于沉淀反应。其特点是终点的确定较指示剂法更为灵敏和准确，还可以用于有色溶液的滴定。

傅立叶变换红外光谱仪 Fourier transform infrared spectrometer，FT-IR

光源发出的光进入 Michelson 干涉仪，然后经样品吸收后，测定光强随动镜移动距离的变化，再经傅立叶变换得到物质的红外光谱的仪器。具有高灵敏度、高分辨率等优点。

高效液相色谱法 High Performance Liquid Chromatography，HPLC

高效液相色谱法是指具有操作简便、分离速度快、分离效率高和检测灵敏度高等优良性能的液相色谱体系。液相色谱法早在 1903 年就由俄国植物学家 Tswett 发明，但早期的液相色谱法(古典液相色谱)柱效低、分离时间长，难以解决复杂样品的分离。到了 20 世纪 60 年代中后期，粒度小而均匀、传质速率快的色谱填料相继出现，使柱效显著提高，高压输液泵的使用解决了流动相流速慢的问题。从此液相色谱有了飞跃的发展，为区别于古典液相色谱法而称高效液相色谱法。HPLC 几乎可以分离和分析任何物质，是最有效和应用最广泛的分离分析技术。

固定相 stationary phase

固定相是指柱色谱或平板色谱中既起分离作用又不移动的那一相。固定相的的选择对样品的分离起着重要作用，有时甚至是决定性的作用。不同类型的色谱采用不同的固定相，如气-固色谱的固定相为各种具有吸附活性的固体吸附剂；气-液色谱的固定相是载体表面涂渍的固定液，液相色谱中的固定相为各种键合型的硅胶小球，离子交换色谱中的固定相为各种离子交换剂，排阻色谱中的固定相为各种不同类型的凝胶，等等。

键合固定相 bonded stationary phase

键合固定相是指通过化学反应将固定相(功能分子)键合到基质表面后得到的色谱固定相。键合固定相耐高温和有机溶剂，是当今液相色谱中使用最广泛的色谱固定相。

红移 bathochromic shift 或 red shift

红移指由于使用不同的溶剂或引入取代基所引起的化合物的光谱(紫外-可见吸收或荧光等)的吸收峰向长波长方向移动的现象，其机理可由跃迁能级的变化来阐明。例如，当化合物溶于极性溶剂时，会产生溶剂化作用，由于激发态和基态的电荷分布不同而使这两种状态的溶剂化程度不同。溶剂的极性愈大，有机分子的成键 π 轨道向反键 $\pi*$ 轨道的跃迁能愈小，即激发态的极性大于基态，激发态能级降低比基态大，从而光谱发生红移。

化学电离 chemical ionization

化学电离是质谱法常用的一种电离方式。其原理是：首先使反应气电离，由被电离的反应气离子与被分析物分子发生分子-离子反应，从而使被分析物离子化。从化学电离的条件分，有低压(<0.1Pa)化学电离、中压(1~2000Pa)化学电离和大气压化学电离。从化学反应的类型分，有正化学电离和负化学电离。正化学电离发生的分子-离子反应主要有质子转移反应、电荷交换反应、亲电加成反应；负化学电离发生的分子-离子反应主要有电子捕获反应、负离子加成反应等。

基线 baseline

在色谱分析中，当只有流动相通过而没有样品通过检测器时，记录所得到的检测信号随时间变化的曲线，正常情况下应为一条直线。

激发光谱 excitation spectrum

以各种不同波长的单色光激发发光体，测定一定波长下发光强度随激发波长变化的曲线称为激发光谱。激发光谱反映了不同波长激发光引起的发光的相对效率。激发光谱可供鉴别发光物质，在进行发光测定时选择适宜的激发波长。一般激发光谱与吸收光谱大致相同，随激发态各能级间能量转移机理的不同有时也会有很大差异。磷光的激发光谱与受单线态-三线态跃迁制约的吸收光谱相比灵敏度高很多。

检测器 detector

检测器是检测色谱分离组分物理或化学性质或含量变化(多数情况是将其转化为相应的电压、电流信号)的一种仪器装置。它是色谱系统中的关键部件，色谱分离过程的眼睛。对检测器的要求是：灵敏度高，线性范围宽，重现性好，稳定性好，响应速度快，对不同物质的响应有规律性及可预测性。检测器通常分为积分型和微分型两类。

空心阴极灯 hollow cathode lamp

空心阴极灯是一种特殊形式的低压辉光放电光源，放电集中于阴极空腔内。当在两极之间施加几百伏电压时，便产生辉光放电。在电场作用下，电子在飞向阳极的途中，与载气原子碰撞并使之电离，放出二次电子，使电子与正离子数目增加，以维持放电。正离子从电场获得动能。如果正离子的动能足以克服金属阴极表面的晶格能，当其撞击在阴极表面时，就可以将原子从晶格中溅射出来。除溅射作用之外，阴极受热也要导致阴极表面元素的热蒸发。溅射与蒸发出来的原子进入空腔内，再与电子、原子、离子等发生第二类碰撞而受到激发，发射出相应元素的特征的共振辐射。

蓝移 blue shift，亦称紫移(hypsochromic shift)

蓝移指因使用不同溶剂或引入取代基所引起的化合物吸收光谱的吸收峰向短波长方向的移动。例如，羰基中氧的孤对(n)电子引起的 $n \rightarrow \pi^*$ 跃迁，在极性溶剂中就发生蓝移。这是由于激发态氧原子形成氢键的程度比基态时低所致。

朗伯-比尔定律 Lambert-Beer's Law

当一束平行的单色光通过一定均匀的某吸收溶液时，该溶液对光的吸收程度 A 与吸光物质的浓度 c 和光通过的液层厚度 b 的乘积成正比。这种关系称为朗伯-比尔定律，其数学表达式为 $A = Kbc$。

离子色谱法 Ion Chromatography，IC

狭义地讲，离子色谱法是基于离子性化合物与固定相表面离子性功能基团之间的电荷相互作用实现离子性物质分离和分析的色谱方法；广义地讲，离子色谱法是基于被测物的可离解性(离子性)进行分离的液相色谱方法。1975 年 Small 发明的离子色谱是以低交换容量离子交换剂作固定相、用含有合适淋洗离子的电解质溶液作流动相使无机离子得以分离，并成功地用电导检测器连续测定流出物的电导变化。但随着色谱固定相和检测技术的发展，非离子交换剂固定相和非电导检测器也广泛用于离子性物质的分离分析。根据分离机理，离子色谱可分为离子交换色谱、离子排斥色谱、离子对色谱、离子抑制色谱和金属离子配合物色谱等几种分离模式(方式)。其中离子交换色谱是应用最广泛的离子色谱方法，是离子色谱日常分析工作的主体，通常要采用专门的离子色谱仪进行分析。离子色谱法已经广泛地用于环境、食品、材料、工业、生物和医药等许多领域。

离子交换色谱法 Ion Exchange Chromatography, IEC

离子交换色谱法指的是以离子交换剂(如聚苯乙烯基质离子交换树脂)作固定相，基于流动相中溶质(样品)离子和固定相表面离子交换基团之间的离子交换作用而达到溶质保留和分离的离子色谱法。分离机理除电场相互作用(离子交换)外，还常常包括非离子性吸附等次要保留作用。其固定相主要是聚苯乙烯和多孔硅胶作基质的离子交换剂。离子交换色谱法最适合无机离子的分离，是无机阴离子的最理想的分析方法。

离子排斥色谱法 Ion Exclusion Chromatography, ICE

离子排斥色谱法是基于溶质和固定相之间的 Donnan 排斥作用的离子色谱法。在固定相与流动相的界面存在一个假想的 Donnan 膜，游离状态的离子因受固定相表面同种电荷的排斥作用而无法穿过 Donnan 膜进入固定相，在空体积(排斥体积)处最先流出色谱柱。而弱离解性物质可以部分穿过 Donnan 膜进入固定相，离解度越低的物质越容易进入固定相，其保留值也就越大。于是，不同离解度的物质就可以通过离子排斥色谱法得以分离。在离子排斥柱上还存在体积排阻和分配作用等次要保留机理。最常用的离子排斥色谱固定相是具有较高交换容量的全磺化交联聚苯乙烯阳离子交换树脂，这种阳离子交换树脂一般不能用于阳离子的离子交换色谱分离。离子排斥色谱对于从强酸中分离弱酸，以及弱酸的相互分离是非常有用的。如果选择适当的检测方法，离子排斥色谱还可以用于氨基酸、醛及醇的分析。因为其英文名称也可写作 Ion Chromatography Exclusion，故常以 ICE 作为其简写形式，以与离子交换色谱法的简写形式(IEC)相区别。

离子源 ion source

离子源是质谱仪的主要组成之一，实现样品离子化的区域。由电离室、离子束的加速场、聚焦透镜等构成。它的作用是使被分析物电离，变成分子离子或碎片离子。离子源的种类很多，主要有电子电离源(EI)、化学电离源(CI)、射频火花源(RFS)、电感耦合等离子体离子源(ICP)、场致电离源(FI)、场解吸电离源(FD)、快原子轰击源(FAB)、激光解吸电离源(LD)、热喷雾电离源(TS)、电喷雾电离源(ESI)等。

流动相 mobile phase

在色谱柱中存在着相对运动的两相，一相为固定相，一相为流动相。流动相是指在色谱过程中载带样品(组分)向前移动的那一相。在气相色谱中，流动相是气体，称为载气(不参与分离作用)。在液相色谱中，流动相是液体，称为洗脱液或淋洗剂(参与分离作用)。流动相的作用是载带样品进入色谱柱进行分离(参与或不参与)，再载带被分离组分进入检测器进行检测，最后流出色谱系统放空或收集。

Michelson 干涉仪 Michelson interferometer

Michelson 是人名，该干涉仪由 Michelson 于 1881 年提出。光源发出的光经半透镜分成两束，分别通过动镜和定镜。动镜移动产生光程差，光程差与时间有关，产生干涉信号，得到干涉信号随时间变化的干涉图。

麦氏重排 McLafferty rearrangement

麦氏重排是 Mclatterty 对质谱分析中离子的重排反应提出的经验规则。在质谱中，位于含有杂原子双键的 γ-位氢原子，通过六元过渡态转移到杂原子上的过程称之为麦氏重排。一般，经过麦氏重排后常发生在双键基团 α，β 位之间的键裂解。

摩尔吸光系数 molar absorptivity

根据比尔定律，吸光度 A 与吸光物质的浓度 c 和吸收池光程长 b 的乘积成正比。当 c 的单位为 g/L，b 的单位为 cm 时，则 $A = abc$，比例系数 a 称为吸收系数，单位为 L/g · cm；当 c 的单位为 mol/L，b 的单位为 cm 时，则 $A = \varepsilon bc$，比例系数 ε 称为摩尔吸收系数，单位为 L/mol · cm，数值上 ε 等于 a 与吸光物质的摩尔质量的乘积。它的物理意义是：当吸光物质的浓度为 1 mol/L，吸收池厚为 1cm，以一定波长的光通过时，所引起的吸光度值 A。ε 值取决于入射光的波长和吸光物质的吸光特性，亦受溶剂和温度的影响。显然，显色反应产物的 ε 值愈大，基于该显色反应的光度测定法的灵敏度就愈高。

内标法 internal standard method

为了使谱线强度由于实验条件波动而引起的变化得到补偿，通常用分析线和内标线强度对比元素含量的关系来进行光谱定量分析，这种方法称为内标法。内标法是盖纳赫 1925 年提出来的。内标法中提供内标线的元素称为内标元素。内标元素的选择原则是其含量必须适量和固定；内标元素与被测元素化合物在光源作用下应具有相似的蒸发性质。

凝胶色谱法 gel chromatography

凝胶色谱法又称体积排斥色谱、空间排阻色谱、分子筛色谱等，是以化学惰性的多孔性物质作固定相，溶质分子不是与固定相发生相互作用，而是受固定相孔径大小的影响而达到分离的一种液相色谱分离模式。比固定相孔径大的溶质分子不能进入孔内，迅速流出色谱柱，不能被分离。比固定相孔径小的分子才能进入孔内而产生保留，溶质分子体积越小，进入固定相孔内的机率越大，于是在固定相中停留(保留)的时间也就越长。凝胶色谱法主要用于有机高分子化合物的分离和分子量分布的测定。

凝胶过滤色谱 Gel Filtration Chromatography，GFC

凝胶过滤色谱又称水系凝胶色谱，是以水或缓冲溶液作流动相的凝胶色谱。水溶性高分子化合物的分离采用这种体系。

凝胶渗透色谱 Gel Permeation Chromatography，GPC

凝胶渗透色谱又称非水系凝胶色谱或亲脂凝胶色谱，是以能溶解非交联和非凝胶型聚乙烯以及其他高分子的有机溶剂作流动相的凝胶色谱。主要适合于非水溶性(脂溶性)高分子的分离。

气相色谱法 Gas Chromatography，GC

气相色谱法是以气体作为流动相的色谱法。根据所用固定相状态的不同，气相色谱法又可分为气-固色谱法和气-液色谱法。前者用多孔型固体为固定相，后者则用蒸气压低、热稳定性好、在操作温度下呈液态的有机或无机物质涂在惰性载体上(填充柱)或涂在毛细管内壁(开口管柱)作为固定相。气相色谱法的优点是：分析速度快，分离效能高，灵敏度高，应用范围广，其局限性在于不能用于热稳定性差、蒸气压低或离子型化合物等的分析。

气-固色谱法 Gas-Solid Chromatography，GSC

GSC 是指以气体作为流动相(称为载气)、以固体吸附剂作为固定相的气相色谱法。作为固定相的固体吸附剂，通常是用各种多孔性物质，例如分子筛、硅胶、活性炭、碳分子筛、氧化铝以及高分子多孔小球等。一般气-固色谱法的分离机理为吸附-脱附，故属于吸附色谱法。

气-液色谱法 Gas-Liquid Chromatography，GLC

GLC 是指以气体为流动相(称为载气)、以液体为固定相的气相色谱法。作为固定相的液体(称为固定液)应是蒸气压低、热稳定性好、有较高操作温度的有机或无机化合物。将它们涂在惰性载体上作为填充柱的固定相、或直接涂在毛细管内壁(开口管柱)作为固定相。气-液色谱法的主要分离机理为溶解-解析作用，故属于分配色谱法。

气-质联用仪 Gas Chromatography Mass Spectrometer(GC/MS)

将气相色谱仪与质谱仪连接起来组合成的分析装置称之为气质联用仪。在气质联用仪中，气相色谱仪作为质谱仪的进样系统，用来分离被分析物，质谱仪用来检测被分析物质谱仪作为气相色谱仪的检测器，充分发挥了气相色谱的高效分离能力和质谱定性的专一性。是解决复杂混合物分离和鉴定的快速、有效的分离法。由于质谱操作需要高真空，因此当色谱柱流量大于 4mL/min 时需要有一接口。气相色谱要求样品必须汽化，才能进入色谱柱进行分，所以气质联用仪适用于分析小分子、易挥发、热稳定的化合物。气质联用仪通常使用电子电离源来使样品电离，操作条件稳定，得到的质谱图可以与标准谱库比较，因此是应用最广的一种分析仪器。

热导检测器 Thermal Conductivity Detector，TCD

热导检测器是依据各种化合物都具有不同的热导率，利用热敏元件(钨丝或铂丝、铼钨丝等)组成的平衡电桥测量热导率发生变化的仪器装置。纯载气通过电桥中的一臂(参考臂)，混有被分离组分的载气通过电桥中的另一臂(测量臂)，由于两臂热导率的差别，其电阻值发生变化，电桥产生不平衡电位，以电压的信号输出得到该组分的色谱峰。热导检测器的灵敏度取决于载气和被测物质热导率的差值，差值越大，灵敏度越高，当被测物质的热导率大于载气时，则产生反峰。热导检测器的灵敏度最高可达 10^{-6}数量级，线性范围约为 10^5。

容量因子 capacity factor

容量因子又称分配比、容量比、分配容量，它是衡量色谱柱对被分离组分保留能力的重要参数，用 k'表示。k'的定义是某组分在固定相和流动相中分配量(质量、体积或物质的量)之比，k'值大者，在柱内保留强；反之，保留弱；若 $k'=0$，则表示该组分在固定相上不保留，此时测得的保留体积即为死体积(V_M)。

色谱图 chromatogram

色谱图是指被分离组分的检测信号随时间分布的图像。色谱图形状随色谱方法和检测记录的方式不同而不同，迎头色谱和顶替色谱的色谱图为一系列台阶；在洗脱法色谱中，若采用微分型检测器时，分离组分的检测信号随时间变化的图形为近似于高斯分布的一组色谱峰群，色谱图的纵坐标为检测器的响应信号，横坐标为时间、体积或距离。

斯托克斯位移 Stokes shift

光致发光的光谱一般出现在比吸收光能量更低(长波长)处，这种现象称为斯托克斯效应。被光激发后物质的电子在从激发态回到基态发光之前，会与周围的原子发生作用使其激发能的一部分以热等其他形式发生非辐射失活，因此产生能量差。这种激发光与发光之间的能量差称为斯托克斯位移。

伸缩振动 stretching vibration

伸缩振动指原子间距离沿键轴方向的周期性变化。有对称伸缩振动和非对称伸缩振动两种形式。一般出现在红外光谱的高波数区。

生色团 chromophore

生色团指分子中含有的，能对光辐射产生吸收、具有 p →p * 跃迁的不饱和基团。这类基团与不含非键电子的饱和基团成键后，使该分子的最大吸收位于 200nm 或 200nm 以上，摩尔吸光系数较大(一般不小于 5000)。简单的生色团由双键或叁键体系组成，例如，>C ═C<，>C ═O，—N ═N—，—C C—，—C N—等。

石墨炉原子化器 graphite furnace atomizer

石墨炉原子化器由加热电源、保护气控制系统和石墨管状炉组成。加热电源供给原子化器能量，电流通过石墨管产生高热高温，最高温度可达到 3000℃。保护气控制系统保护石墨管不被烧蚀，内气路中 Ar 气从管两端流向管中心，由管中心孔流出，以有效地除去在干燥和灰化过程中产生的基体蒸气，同时保护已原子化了的原子不再被氧化。在原子化阶段，停止通气，以延长原子在吸收区内的平均停留时间，避免对原子蒸气的稀释。石墨炉原子化器原子化在石墨管中进行。许多元素的相对灵敏度可达 10^{-9} ~ 10^{-12} g/mL，绝对灵敏度为 10^{-10} ~ 10^{-13} g。与其他几种非火焰法相比，适用元素较多，稳定性较好，应用较广。

梯度洗脱 gradient elution

为了在合理的时间内有效地同时分离弱保留和强保留组分，在洗脱过程中逐渐增加流动相流速、流动相强度或改变柱温的方法。在气相色谱中主要采用的是改变温度的程序升温法，而在液相色谱中温度的影响较小，主要采用的梯度洗脱是改变流动相强度的流动相梯度。

填料 packing material

填料是用作色谱固定相的材料。通常制备成 5 ~ 10μm 粒径的球形颗粒，并对其表面进行修饰和改造，以适合不同物质成分的分离。

通带 bandpass

通带亦称谱带半宽度(half bandwidth)或有效带宽。无论仪器中光学系统的质量多么高，经单色器单色化后的光总是有一定的波长(宽度)范围，即具有以所指定波长(额定波长)为中心分布的一定波长范围。通带即指最大吸光度值的一半处的谱带宽度。

涡流扩散 eddy diffusion

在色谱过程中，指溶质分子在前进过程中形成的类似于"涡流"的紊乱流动。当溶质随流动相流向色谱柱出口时，溶质和流动相受到填料颗粒的阻力，不断改变流动方向，致使同一溶质的不同分子在通过填料的过程中所走的路径不一样，所取路径最长和最短的溶质分子流出色谱柱的时间相差越大，则导致色谱峰的展宽越严重。

弯曲振动 bending vibration

弯曲振动指具有一个共有原子的两个化学键键角的变化，或与某一原子团内各原子间的相互运动无关的、原子团整体相对于分子内其他部分的运动。弯曲振动一般出现在低波数区。

吸附色谱法 adsorption chromatography

吸附色谱法是以吸附剂作固定相，基于溶质在固定相活性表面的吸附亲和力达到分离的液相色谱方法。

压片法 pellet method

压片法是测定固体样品的一种常用红外测定技术。将固体样品 0. 5 ~ 1. 0mg 与 150mg 左右的溴化钾结晶一起粉碎，用压片机压成透明均匀的薄片，在固体样品架上测量。

液膜法 liquid film method

液膜法是测定液体样品的一种红外测定技术。适用于不易挥发(沸点高于80℃)的液体或黏稠溶液。使用两块KBr或NaCl盐片，将液体滴1~2滴到盐片上，用另一块盐片将其夹住，用螺丝固定后放入样品室测量。

液-质联用仪 Liquid Chromatography Mass Spectrometry（LC/MS or LC-MS）

液-质联用仪是指液相色谱与质谱仪连接的联用装置 。混合物样品溶液通过液相色谱分离后，按洗脱顺序进入质谱仪，对各组分进行质谱分析。由于质谱仪是在高真空下工作，样品在引入质谱仪之前，必须除去液相色谱流动相中的大量溶剂。因此液相色谱与质谱之间需加一接口。通常用液-质联用仪适用于分析大分子、热不稳定、难挥发的化合物。

荧光光谱 fluorescence spectrum

荧光光谱又称荧光发射光谱，指荧光强度随荧光发射波长或波数变化的函数关系曲线。横坐标可用波长或波数，纵坐标可用荧光强度或光子数来表示。一般实验测定得到的荧光光谱反映的是分光器、检测器等固有的波长特性，为表观荧光光谱。而测定得到的凝聚态物质的荧光光谱一般与激发波长无关，反映物质真实的荧光特性。由于激发态分子的寿命容易受化学反应、与溶剂的相互作用的影响，因此荧光光谱比吸收光谱更能敏锐地反映分子的状态变化。

有机质谱法 Organic Mass Spectrometry，OMS

有机质谱法是对有机化合物进行定性定量分析的质谱方法。对于纯的有机化合物，可以直接将样品引入质谱仪器，测定化合物的分子量，并可根据得到的化合物相关碎片信息，推断化合物的可能结构。对于组分复杂的有机化合物，可通过联用仪器进行分析。如气相色谱、液相色谱仪与质谱仪串联使用。对于小分子、热稳定、易挥发的组分，使用气相色谱-质谱联用仪进行分析；对于大分子、热不稳定、不易汽化的极性化合物，则可以使用液相色谱-质谱联用仪进行分析。

原子发射光谱 atomic emission spectroscopy

原子发射光谱是指被热能、电能或其他能量激发的原子从激发态跃迁至较低激发态或基态时，以光子的形式释放出能量，辐射出特征波长的谱线。把原子所辐射的特征谱线按波长或频率的次序进行排列，称为原子发射光谱。

原子吸收光谱的轮廓 atomic absorption spectrum of the contour

原子吸收光谱线并不是严格几何意义上的线，而是占据着有限的相当窄的频率或波长范围，即有一定的宽度。原子吸收光谱的轮廓以原子吸收谱线的中心波长和半宽度来表征。中心波长由原子能级决定。半宽度是指在中心波长的地方，极大吸收系数一半处，吸收光谱线轮廓上两点之间的频率差或波长差。半宽度受到很多实验因素的影响。

原子化器 atomizer

原子化器是提供能量，使试样干燥，蒸发和原子化的一种装置。在原子吸收光谱分析中，试样中被测元素的原子化是整个分析过程的关键环节。实现原子化的方法，最常用的有两种：一是火焰原子化法，另一种是非火焰原子化法，其中应用最广的是石墨炉电热原子化法。

载气 carrier gas

在气相色谱法中，流动相为气体，称其为载气。载气的作用是以一定的流速载带气体样品或经汽化后的样品气体一起进入色谱柱进行分离，再将被分离后的各组分载入检测器进行检测，最后流出色谱系统放空或收集，载气只是起载带而基本不参与分离作用。常用的载气有氢、氦、氮、氩、二氧化碳等，对载气的选择和净化处理视检测器、色谱柱以及分析的要求而定。

增色效应 hyperchromic effect

增色效应是紫外-可见吸收光谱法中的术语，指物质对特定波长光的吸收能力增加的效应。

紫外-可见吸收光谱 ultraviolet and visible absorption spectrum

在紫外-可见区(200~780nm)将不同波长的单色光依次通过被分析物质，逐点测定或扫描各对应波长处的吸光度，绘制所得吸光度~波长曲线，称为该被分析物质的紫外-可见吸收光谱。紫外-可见吸收光谱是物质分子对不同波长光的选择性吸收的结果，是对物质进行光度定性、定量分析的基础。紫外-可见吸收光谱是带状光谱。

紫外-可见分光光度计 ultraviolet and visible spectrophotometer

紫外-可见分光光度计是用于测定物质的紫外-可见吸收光谱的仪器。由光源、单色器、样品室、检测器以及数据处理及记录装置等主要部件构成。

纵向扩散 longitudinal diffusion

纵向扩散又称轴向扩散，在色谱过程中，指溶质分子在移动方向上向前和向后的扩散。它是由浓度梯度所引起，样品从柱入口加入，样品带像一个塞子随流动相向前推进，由于存在浓度梯度，塞子必然会自发地向前和向后扩散，从而引起谱的带展宽。

质谱图 mass spectrum

不同质荷比的离子经质量分析器分开后，到检测器被检测并记录下来，经计算机处理后以质谱图的形式表示出来。在质谱图中，横坐标表示离子的质荷比(m/z)值，从左到右质荷比的值增大，对于带有单电荷的离子，横坐标表示的数值即为离子的质量；纵坐标表示离子流的强度，通常用相对强度来表示，即把最强的离子流强度定为100%，其他离子流的强度以其百分数表示，有时也以所有被记录离子的总离子流强度作为100%，各种离子以其所占的百分数来表示。

助色团 auxochrome

助色团指的是分子中本身不吸收辐射而能使分子中生色基团的吸收峰向长波长移动并增强其强度的基团，如羟基、胺基和卤素等。当吸电子基(如$-NO_2$)或给电子基(含未成键 p 电子的杂原子基团，如$-OH$，$-NH_2$ 等)连接到分子中的共轭体系时，都能导致共轭体系电子云的流动性增大，分子中 $\pi \rightarrow \pi^*$ 跃迁的能级差减小，最大吸收波长移向长波，颜色加深。这些基团被称为助色团。助色团可分为吸电子助色团和给电子助色团。

附录六 国际化学元素相对原子质量表

序号	名称	元素符号	相对原子质量
1	氢(qīng)	H	1.0079
2	氦(hài)	He	4.0026
3	锂(lǐ)	Li	6.941
4	铍(pí)	Be	9.0122
5	硼(péng)	B	10.811
6	碳(tàn)	C	12.011
7	氮(dàn)	N	14.007
8	氧(yǎng)	O	15.999
9	氟(fú)	F	18.998
10	氖(nǎi)	Ne	20.17
11	钠(nà)	Na	22.9898
12	镁(měi)	Mg	24.305
13	铝(lǚ)	Al	26.982
14	硅(guī)	Si	28.085
15	磷(lín)	P	30.974
16	硫(liú)	S	32.06
17	氯(lǜ)	Cl	35.453
18	氩(yà)	Ar	39.94
19	钾(jiǎ)	K	39.098
20	钙(gài)	Ca	40.08
21	钪(kàng)	Sc	44.956
22	钛(tài)	Ti	47.9
23	钒(fán)	V	50.9415
24	铬(gè)	Cr	51.996
25	锰(měng)	Mn	54.938
26	铁(tiě)	Fe	55.84
27	钴(gǔ)	Co	58.9332
28	镍(niè)	Ni	58.69
29	铜(tóng)	Cu	63.54
30	锌(xīn)	Zn	65.38
31	镓(jiā)	Ga	69.72
32	锗(zhě)	Ge	72.59
33	砷(shēn)	As	74.9216
34	硒(xī)	Se	78.9

续表

序号	名称	元素符号	相对原子质量
35	溴(xiù)	Br	79. 904
36	氪(kè)	Kr	83. 8
37	铷(rú)	Rb	85. 467
38	锶(sī)	Sr	87. 62
39	钇(yǐ)	Y	88. 906
40	锆(gào)	Zr	91. 22
41	铌(ní)	Nb	92. 9064
42	钼(mù)	Mo	95. 94
43	锝(dé)	Tc	99
44	钌(liǎo)	Ru	101. 07
45	铑(lǎo)	Rh	102. 906
46	钯(bǎ)	Pd	106. 42
47	银(yín)	Ag	107. 868
48	镉(gé)	Cd	112. 41
49	铟(yīn)	In	114. 82
50	锡(xī)	Sn	118. 6
51	锑(tī)	Sb	121. 7
52	碲(dì)	Te	127. 6
53	碘(diǎn)	I	126. 905
54	氙(xiān)	Xe	131. 3
55	铯(sè)	Cs	132. 905
56	钡(bèi)	Ba	137. 33
57	镧(lán)	La	138. 905
58	铈(shì)	Ce	140. 12
59	镨(pǔ)	Pr	140. 91
60	钕(nǚ)	Nd	144. 2
61	钷(pǒ)	Pm	147
62	钐(shān)	Sm	150. 4
63	铕(yǒu)	Eu	151. 96
64	钆(gá)	Gd	157. 25
65	铽(tè)	Tb	158. 93
66	镝(dī)	Dy	162. 5
67	钬(huǒ)	Ho	164. 93
68	铒(ěr)	Er	167. 2
69	铥(diū)	Tm	168. 934
70	镱(yì)	Yb	173. 0

续表

序号	名称	元素符号	相对原子质量
71	镥(lǔ)	Lu	174.96
72	铪(hā)	Hf	178.4
73	钽(tǎn)	Ta	180.947
74	钨(wū)	W	183.8
75	铼(lái)	Re	186.207
76	锇(é)	Os	190.2
77	铱(yī)	Ir	192.2
78	铂(bó)	Pt	195.08
79	金(jīn)	Au	196.967
80	汞(gǒng)	Hg	200.5
81	铊(tā)	Tl	204.3
82	铅(qiān)	Pb	207.2
83	铋(bì)	Bi	208.98
84	钋(pō)	Po	209
85	砹(ài)	At	201
86	氡(dōng)	Rn	222
87	钫(fāng)	Fr	223
88	镭(léi)	Ra	226.03
89	锕(ā)	Ac	138.905
90	钍(tǔ)	Th	140.12
91	镤(pú)	Pa	140.91
92	铀(yóu)	U	144.2
93	镎(ná)	Np	147
94	钚(bù)	Pu	150.4
95	镅(méi)	Am	151.96
96	锔(jú)	Cm	157.25
97	锫(péi)	Bk	158.93
98	锎(kāi)	Cf	162.5
99	锿(āi)	Es	164.93
100	镄(fèi)	Fm	167.2
101	钔(mén)	Md	168.934
102	锘(nuò)	No	173.0
103	铹(láo)	Lr	174.96
104	𬬻(lú)	Rf	261
105	𬭊(dù)	Dd	262
106	𬭳(xǐ)	Sg	266

续表

序号	名称	元素符号	相对原子质量
107	𨨏(bō)	Bh	264
108	𨭆(hēi)	Hs	269
109	䥑(mài)	Mt	268
110	鐽(dá)	Ds	271
111	錀(lún)	Rg	272
112		Uub	285
113		Uut	284
114		Uuq	289
115		Uup	288
116		Uuh	292
117		Uus	
118		Uuo	

参 考 文 献

[1] 张胜涛．电分析化学[M]．重庆：重庆大学出版社，2004.
[2] 高俊杰等．仪器分析[M]．北京：国防工业出版社，2005.
[3] 黄一石等．仪器分析(第三版)[M]．北京：化学工业出版社，2013.
[4] 魏培海等．仪器分析(第二版)[M]．北京：高等教育出版社，2006.
[5] 刘玉海等．电化学分析仪器使用与维护[M]．北京：化学工业出版社，2011.
[6] 甘黎明等．仪器分析实验[M]．北京：中国石化出版社，2007.
[7] 刘约权．现代仪器分析(第三版)[M]．北京：高等教育出版社，2015.
[8] 王立家，李宽阁，刘淑兰等．维生素C的营养功能及应用[J]．畜牧兽医科技信息，2009.
[9] 刘丰华，郭惠娟，王莉．维生素C的药理与临床应用[J]．亚太传统医药，2010.
[10] 杨兆宏，程新萍．维生素C的不良反应[J]．西北药学杂志，2009.
[11] 袁长梅．抗坏血酸常用测定方法探讨[J]．生命科学仪器，2009.
[12] 王琦，吴俊森．库仑滴定法测定水果、蔬菜中Vc含量的研究[J]．山东师范大学学报(自然科学版)，2005.
[13] 陈六平等．现代化学实验与技术[M]．北京：科学出版社，2007.